普通高等教育"十三五"规划教材

土木工程类系列教材

计算机绘图与 BIM建模

曾建仙 李俐勋 刘干朗 编著

清华大学出版社

北 京

内 容 简 介

　　本书立足于软件实操和专业应用两大特点,通过典型的实例,讲述CAD和Revit两款基本软件,从而帮助读者完成从初学者到应用型BIM工程师的转变。本书除了精简基本操作外,更注重推荐使用与本专业相关的实用的操作技巧和常规做法,并从专业应用的角度着手理解软件的基本逻辑框架。

　　本书可作为应用型普通高等院校建筑学、土木工程、工程造价、工程管理、城市地下空间工程、道路桥梁及渡河工程、交通工程等专业的教材,也可作为土木建筑工程相关技术人员的学习参考资料。

图书在版编目(CIP)数据

计算机绘图与BIM建模/曾建仙,李俐勋,刘干朗编著.—北京:清华大学出版社,2020.8(2021.1重印)
普通高等教育"十三五"规划教材　土木工程类系列教材
ISBN 978-7-302-54669-6

Ⅰ.①计…　Ⅱ.①曾…②李…③刘…　Ⅲ.①土木工程-建筑设计-计算机辅助设计-应用软件-高等学校-教材　Ⅳ.①TU201.4

中国版本图书馆 CIP 数据核字(2020)第 006405 号

责任编辑:秦　娜　赵从棉
封面设计:陈国熙
责任校对:刘玉霞
责任印制:杨　艳

出版发行:清华大学出版社
　　　　　网　　　址:http://www.tup.com.cn, http://www.wqbook.com
　　　　　地　　　址:北京清华大学学研大厦 A 座　　　　邮　　　编:100084
　　　　　社 总 机:010-62770175　　　　　　　　　　　邮　　　购:010-62786544
　　　　　投稿与读者服务:010-62776969, c-service@tup.tsinghua.edu.cn
　　　　　质量反馈:010-62772015, zhiliang@tup.tsinghua.edu.cn
印 装 者:北京嘉实印刷有限公司
经　　销:全国新华书店
开　　本:185mm×260mm　　　　　印　　张:18　　　　　字　　数:435 千字
版　　次:2020 年 8 月第 1 版　　　　印　　次:2021 年 1 月第 2 次印刷
定　　价:55.00 元

产品编号:081854-01

　　BIM 技术的出现给建筑行业及其从业人员带来深远的变革,如何在移动互联网时代既可以轻松快乐地学习专业知识,又可以通过掌握 BIM 技术,提升就业或择业的竞争力是当下的热点问题。通过学习 CAD 和 Revit 两款基本软件,我们既可承上启下,又可紧跟时代步伐,了解 BIM 技术的基本原理,可更确切地理解互联网和大数据时代背景下建筑模型信息化的发展需求和方向,掌握行业动态,为行业服务。

　　目前,由于 BIM 软件及其学习资料的种类繁多,故应用型普通高等院校对 BIM 的教学定位尚较模糊,相应教材也较为缺乏,本书期望可以为填补这一空白、为 BIM 技术在应用型普通高等院校教学的落地做应有的努力。本书作者均为多年的建筑结构设计人员、审图人员,同时也是计算机绘图及工程制图教师、BIM 等级考试的培训教师。其中第 1、2 章由李俐勋(福建工程学院)编写,第 3~8 章由曾建仙(福建工程学院)编写,刘干朗审核。

　　本书在内容安排上由浅入深,循序渐进,均以 AutoCAD 2016 和 Revit 2016 为例。第 1章介绍计算机绘图的基本操作,适合 CAD 初学者使用;第 2 章推荐使用 CAD 的操作技巧和常规做法,适合土木建筑工程相关技术人员提高绘图效率;第 3 章介绍 Revit 的基本操作和基本建模,适合 BIM 建模的初学者,也供参加 BIM 等级考试的人员参考;第 4 章为族的参数化建模,着重介绍几种典型的族的建模方式及图形编译功能,展示 Revit 参数化建模的基本逻辑框架,使读者基本可自行批量建族或修改族;第 5 章介绍 BIM 的基本建模,按照房屋建筑信息化建模的顺序,依次介绍各种构件信息化建模的方法,可供参加 BIM 等级考试的人员参考;第 6 章为场地、明细表及其他;第 7 章为制图要求与信息设置,除了介绍出图设置要求的实现方法外,还注重介绍用于工程信息管理和图纸管理的信息化设置方法;第 8章为施工图的出图与打印,根据《房屋建筑制图统一标准》(GB/T 50001—2017)的要求,详解符合制图标准的施工图出图方法和要点。

　　本书可作为应用型普通高等院校建筑学、土木工程、工程造价、工程管理、城市地下空间工程、道路桥梁及渡河工程、交通工程等专业的教材,也可作为土木建筑工程相关技术人员的学习参考资料,并注重以下特色。

* **零点起步　由浅入深**:通过典型实例,由浅入深,并注重理解软件的图形辅助编译功能的基本逻辑框架。
* **案例教学　紧扣真题**:精选典型案例,并紧扣 CAD 及 BIM 等级考试大纲及真题。
* **归纳技巧　精简实用**:归纳总结常用的技巧,并注重精简实用,提高学习效率。
* **移动立体　碎片学习**:移动终端扫描即可学习,合理利用教材和移动终端的各自优势。

　　由于时间仓促,且作者水平有限,书中有不足之处敬请谅解,并恳请专家和广大读者指正,不胜感激!

作　者

2020 年 5 月

本书简化操作流程的使用说明

在掌握了第 1 章 AutoCAD 的基本操作后，为方便读者快速阅读，除了第 1 章外，其他章节均采用【】→【】的方式作为操作流程上的关键节点，【】内的内容可以是命令、菜单、对话框名称、对话框内的设置、页面或选项中的内容、格式、方法、常规做法、操作技巧等，可配合图片及配套视频进行操作，详见具体的章节，简化样例如下。

样例一：命令名 CIRCLE(C)。

操作说明：在命令行窗口输入命令名 CIRCLE(命令简写 C)。

样例二：路径：【绘图】→【圆】→【圆心，半径】。

操作说明：单击菜单栏的【绘图】菜单，指向【圆】，打开子菜单，然后单击【圆心，半径】命令。

样例三：路径：【默认】→【绘图】→【圆▼】→【圆心，半径】。

操作说明：在功能区【默认】选项卡的【绘图】面板上单击【圆】按钮下方的向下箭头▼，打开子面板，然后单击【圆心，半径】按钮。

目 录

第 1 章

AutoCAD 的基本操作

1.1 AutoCAD 的绘图准备

1.1.1 AutoCAD 的主要功能

AutoCAD 制图软件是计算机辅助设计(computer aided design)领域最流行的软件,功能强大、使用方便,在国内外广泛应用于机械、建筑、家居、纺织等诸多行业,拥有极广大的用户群。AutoCAD 制图软件具有如下特点:

- 完善的图形绘制功能及强大的图形编辑功能;
- 较强的数据交换能力,能够以多种方式进行二次开发和用户定制;
- 支持多种硬件设备及多种操作平台;
- 良好的通用性和易用性;
- 是 Revit 等 BIM 软件的基础。

1.1.2 AutoCAD 的安装、启动与关闭

1. AutoCAD 的安装

AutoCAD 的安装与其他软件相似。建议安装之前关闭所有其他应用程序,然后根据安装向导的提示逐步完成安装。初学时可采用默认值,熟练后再根据用户各自的需求进行设置。

2. AutoCAD 的启动

AutoCAD 的启动方式有多种:单击系统桌面左下角的【开始】按钮打开列表,在列表中单击【Autodesk】文件夹后单击【AutoCAD 2016】图标;或双击系统桌面上的【AutoCAD】快捷图标。

3. AutoCAD 的关闭

AutoCAD 关闭程序的方式:单击菜单栏的【文件】菜单,然后单击【退出】命令(图 1-1);或使用键盘在命令行窗口输入命令名 EXIT 或 QUIT;或单击屏幕右上方的【关闭】按钮。

AutoCAD 关闭文件的方式:单击菜单栏的【文件】菜单,然后单击【关闭】命令(图 1-1);或使用键盘在命令行窗口输入命令名 CLOSE;或单击用户界面右上方的【关闭】按钮。

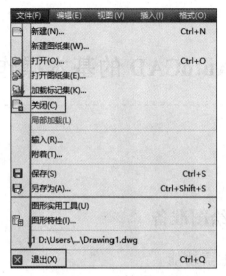

图 1-1　通过【文件】菜单关闭文件或程序

1.1.3　AutoCAD 的用户界面、界面设置

1. AutoCAD 的用户界面

AutoCAD 的用户界面见图 1-2。

1-1

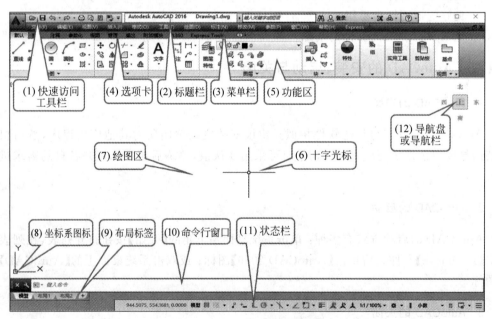

图 1-2　AutoCAD 的用户界面

（1）快速访问工具栏。其中包含若干常用工具按钮，见图 1-3。单击此栏最右侧的下拉按钮▼，打开工具名称列表；单击列表中的工具名称，即可向工具栏内添加或删减工具按钮。

（2）标题栏。用于显示 AutoCAD 的版本信息及当前工作文件的名称。

图 1-3　快速访问工具栏

（3）菜单栏。为典型的 Windows 式下拉菜单，含有多级子菜单，囊括了 AutoCAD 的核心命令和功能。单击菜单中的选项即可执行相应操作，单击屏幕其他部分则展开的菜单自动折叠隐藏。

AutoCAD 下拉菜单中的命令有 3 种类型：

- 带有子菜单的命令，这类命令后带有右单书名号">"；
- 打开对话框的命令，这类命令后面带有省略号"…"；
- 直接执行操作的命令，这类命令后面没有任何符号。

（4）选项卡。显示基于任务的命令、控件的选项板。单击不同选项板按钮，即在下方显示相应的功能区。单击选项卡栏最右侧的下拉按钮▼，可控制功能区的展开与折叠。

（5）功能区。图标型命令工具的集合，其中提供了大量命令按钮及下拉列表。单击命令按钮，即可执行相应操作，同时在命令行窗口提示、指明程序的进程。

AutoCAD 功能区中的命令有两种类型：

- 带有级联选项的命令，这类命令按钮带有向下箭头"▼"；
- 直接执行操作的命令，这类命令按钮没有任何符号。

（6）十字光标。绘图区域中的"十字形"线，其交点坐标反映光标在当前坐标系中的位置。

（7）绘图区。占据大部分的屏幕，显示绘制的内容，默认为黑色。

（8）坐标系图标。为点的坐标确定一个参照系，用户可选择关闭或显示坐标系图标。

（9）布局标签。AutoCAD 放置不同对象的空间，系统默认设置【模型】空间和【布局】空间两个标签。单击相应标签按钮即可在两个空间之间进行切换。

（10）命令行窗口。用来输入命令名和显示命令提示的区域，默认情况下位于绘图区下方。AutoCAD 通过命令行窗口反馈各种信息，包括错误提示，用户应密切关注命令行信息。

（11）状态栏。显示光标位置坐标、绘图工具以及会影响绘图环境的功能按钮，提供对某些最常用的绘图工具的快速访问。

（12）导航盘或导航栏。用户在二维模型空间或三维视觉样式中处理图形时显示的导航工具。通过 ViewCube，用户可在标准视图和等轴测视图之间切换。

2．AutoCAD 的用户界面设置

1）显示 AutoCAD 的菜单

系统变量 MENUBAR 控制是否显示菜单栏。变量值为 0 时隐藏菜单栏，值为 1 时显示菜单栏。

1-2

单击【快速访问工具栏】最右侧的向下箭头▼，然后在列表中单击【显示/隐藏菜单栏】（图 1-4）。

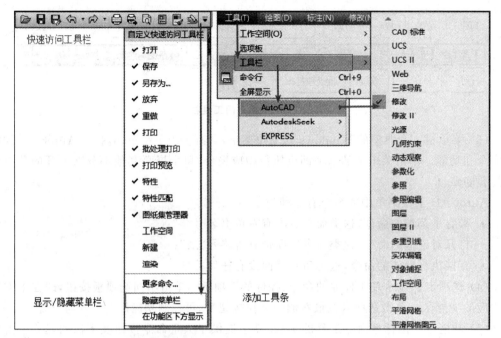

图 1-4　显示/隐藏菜单栏、向屏幕添加工具条

2）显示 AutoCAD 的工具条

单击菜单栏的【工具】菜单，依次指向【工具栏】【AutoCAD】，然后单击列表中的工具条名称（图 1-4），相应的工具条即显示在屏幕上。

将光标放置在工具条的端部，按住左键并移动鼠标，可拖曳工具条移动位置；双击工具条的端部，可将工具条锁定在功能区靶位上；单击工具条上的关闭按钮×，可关闭工具条。

3）显示 AutoCAD 的选项卡和功能区

单击选项卡栏最右侧的上拉按钮▲或下拉按钮▼，可循环切换选项卡和功能区的显示形式。

将光标放置在选项卡上右击，弹出【显示相关工具选项板组】菜单；光标指向【显示选项卡】或【显示面板】，显示对应的名称列表（图 1-5），单击列表中的名称，该选项卡或面板即显示在屏幕上。

4）显示 UCS 坐标系图标

UCSICON 命令可控制 UCS 图标的可见性、位置、外观和可选性。该命令中的选项【特性（P)】将打开【UCS 图标】对话框，用户可在其中对图标的显示形式进行设置。

5）AutoCAD 状态栏的设置

单击状态栏最右侧的【自定义】按钮，显示状态栏名称列表，单击列表中的名称，相应的工具按钮即显示在状态栏中（图 1-6）。

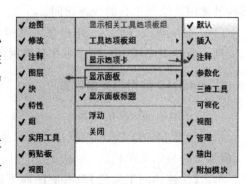

图 1-5　显示选项卡、功能区

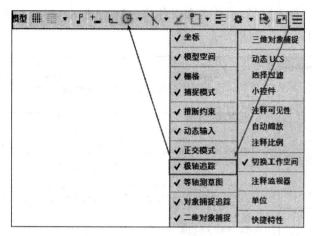

图 1-6　状态栏名称列表

6）改变 AutoCAD 的命令行窗口

通过光标直接拖动命令行窗口的方式，可改变命令行窗口的位置和形状大小。

使用功能键 F2 可切换命令行文本窗口与绘图窗口。

1.1.4　AutoCAD 的文件格式及文件管理

1. AutoCAD 常用文件格式

1-3

DWG 格式：AutoCAD 创建的一种图形文件格式，已成为二维 AutoCAD 的标准格式，很多专业软件直接使用此格式作为默认工作文件格式。通常情况下，AutoCAD 默认保存为此种格式。

DWT 格式：AutoCAD 的样板文件格式，是包含了一些样式设置等内容的样板文件，如图层、标注样式、线型、文字样式、图框等。除 AutoCAD 自带的样板文件，用户也可创建符合个人需要的样板文件。所有样板文件存放在 AutoCAD 安装目录下的 Template 文件夹中，通过【新建】命令打开【选择样板】对话框，即可使用。

DXF 格式：AutoCAD 的一种以文本形式保存图形文件的格式。主要用于与其他软件进行数据交换，许多第三方应用软件都支持 DXF 格式。DXF 格式的文件可使用记事本打开查看。

BAK 格式：AutoCAD 的自动备份文件格式。在保存 AutoCAD 文件的同时，程序会自动创建一个原文件的备份文件，保存在当前目录下。将 BAK 文件的扩展名修改为 DWG，即可使用 AutoCAD 将其打开，但需注意改名时不要覆盖原文件。

SHX 格式：AutoCAD 的形文件格式，存放在 AutoCAD 安装目录下的 Fonts 文件夹中。有三种类型：第一类是符号形，保存用于制作线型或独立调用的符号；第二类是普通字体文件，支持字母、数字及单字节符号的显示；第三类是大字体文件，支持中文、日文、韩文等双字节文字的显示。

2. AutoCAD 常用文件存放

单击菜单栏的【工具】菜单，然后再单击【选项】命令，打开【选项】对话框；单击对话框中的【文件】选项卡,在【搜索路径、文件名和文件位置】列表框中,列出了 AutoCAD 文件的搜索路径、文件名称和文件位置(图 1-7)。

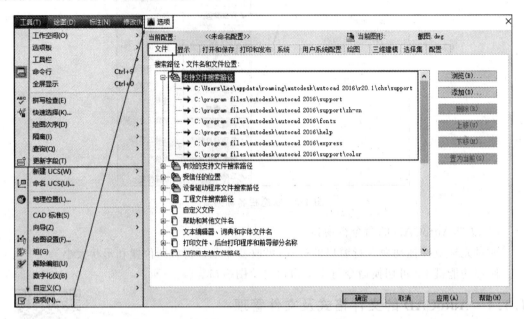

图 1-7　AutoCAD 文件存放位置

3．AutoCAD 常用文件管理

1）新建文件

- 在命令行窗口输入命令名 NEW。
- 使用组合键 Ctrl＋N;
- 单击菜单栏的【文件】菜单,然后单击【新建】命令(图 1-8(a))。
- 单击【版本标志】按钮,在展开的列表中指向【新建】,然后单击【图形】命令(图 1-8(b))。
- 单击【快速访问工具栏】的【新建】按钮。

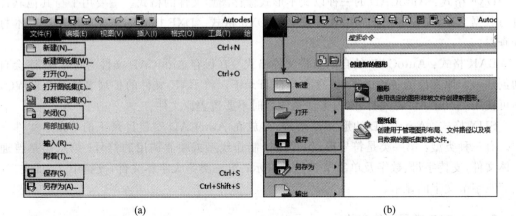

(a)　　　　　　　　　　　　　　　　　(b)

图 1-8　新建文件

进行以上任一操作后,程序打开【选择样板】对话框。在对话框中选择合适的样板,即可新建一个图形文件。AutoCAD 常用样板文件有 acad. dwt(英制)和 acadiso. dwt(公制)。用户保存在 AutoCAD 安装目录下 Template 子目录中的自定义样板文件,也会显示在这里。

　　2) 保存文件

- 在命令行窗口输入命令名 SAVE 或 QSAVE。
- 使用组合键 Ctrl+S。
- 单击菜单栏的【文件】菜单,然后单击【保存】命令(图 1-8(a))。
- 单击【版本标志】按钮,然后单击【保存】命令(图 1-8(b))。
- 单击【快速访问】工具栏的【保存】按钮。

　　进行以上任一操作后,如文件已命名,则程序自动保存文件;如文件未命名,则打开【图形另存为】对话框,供用户选择保存文件的位置、名称及版本信息。在【图形另存为】对话框的下方,有【文件类型】列表框,用户可根据需要选择合适的文件保存版本和类型(图 1-9)。

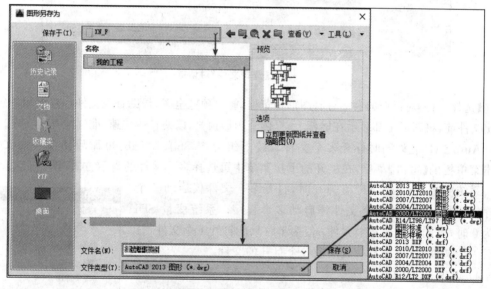

图 1-9　【图形另存为】对话框

　　AutoCAD 版本信息是向下兼容的,高版本的 AutoCAD 可打开使用低版本 AutoCAD 编辑的文件。用户需要根据情况选择合适的文件保存版本,以便日后或他人查看文件。

　　默认情况下,每次保存操作都将更新原文件,并且产生一个同名的原文件的 BAK 文件,保存在当前工作目录下。绘图过程中,应注意及时保存文件,以避免因意外造成的文件丢失。

　　3) 打开文件

- 在命令行窗口输入命令名 OPEN。
- 使用组合快捷键 Ctrl+O。
- 单击菜单栏的【文件】菜单,然后单击【打开】命令(图 1-8(a))。
- 单击【版本标志】按钮,然后单击【打开】命令(图 1-8(b))。
- 单击【快速访问】工具栏的【打开】按钮。

　　进行以上任一操作后程序显示【选择文件】对话框(图 1-10),选择文件后单击【打开】按钮即可打开该文件。

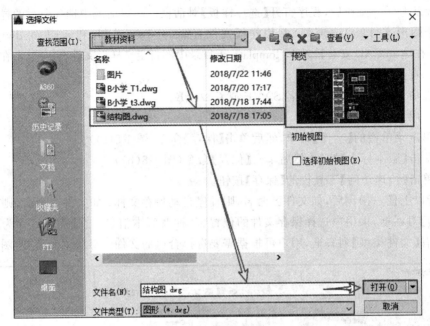

图 1-10 【选择文件】对话框

【选择文件】对话框的右上方有图形预览框,能够预览全图,帮助查找文件。建议用户每次退出文件前,将图形全部显示在屏幕上,提供全图形预览,以便日后快速、准确地查找文件。

AutoCAD 允许同时打开多个文件。按下组合键 Shift+Tab,可循环切换当前文件。单击菜单栏的【窗口】菜单,在展开的下拉菜单中可选择多个文件的显示方式(图 1-11)。

系统变量 TASKBAR 值为 0 时,打开多个文件仅启动一个程序;值为 1 时打开多个文件将启动多个程序。系统变量 SDI 值为 0 时,可同时打开多个文件;值为 1 时只能打开 1 个文件,打开后一个文件时,程序自动关闭前一个打开的文件。

图 1-11 【窗口】下拉菜单

4) 退出、关闭文件

- 在命令行窗口输入命令名 QUIT 或 EXIT 或 CLOSE。
- 单击菜单栏的【文件】菜单,然后单击【退出】或【关闭】命令(图 1-8(a))。
- 单击【版本标志】按钮,然后单击【退出】或【关闭】命令。
- 单击屏幕右上方的退出按钮⊠或操作界面右上方的关闭按钮⊠。

进行以上任一操作后,如对所作操作已进行了保存,则直接关闭文件或退出程序;如未对所作操作进行保存,则系统弹出警告提示框,提醒用户选择是否保存文件。

QUIT(退出)与 CLOSE(关闭)的区别在于,QUIT 既关闭 AutoCAD 程序,也关闭所有已打开的文件;CLOSE 仅关闭当前操作文件,AutoCAD 及其他已打开文件不会关闭。

5) 自动保存文件

- 在命令行窗口输入命令名 OPTIONS 或 CONFIG。
- 单击菜单栏的【工具】菜单,然后单击【选项】命令,程序显示【选项】对话框,单击【打开和保存】选项卡(图 1-12)。

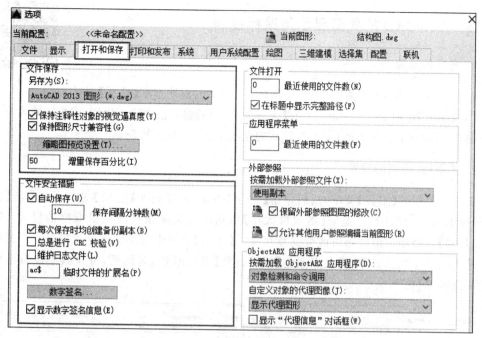

图 1-12　文件的打开和保存设置

在【文件保存】窗口中，提供了控制保存文件的相关设置。在【另存为】列表框中，可指定在使用 SAVE、SAVEAS、QSAVE 和 WBLOCK 等命令保存文件时默认的程序版本及文件格式。

在【文件安全措施】窗格中，提供了控制文件自动保存及加密的相关设置。选中【自动保存】复选框后，可在【保存间隔分钟数】输入框中设定每间隔多长时间保存一次图形。建议选中【每次保存时均创建备份副本】复选框。默认的自动保存的文件扩展名为"ac＄"。

需要注意：自动保存的文件是临时文件，主要用来应对突发状况，尽量减少因异常造成的编辑内容丢失。程序执行下一次自动保存时会覆盖掉前一次保存下来的文件。需要使用临时文件时，先打开【选项】对话框，在【文件】选项卡中找到【自动保存文件位置】；然后打开计算机资源管理器，在相应位置找到扩展名是"ac＄"的临时文件，并将其复制到工作目录下，最后将临时文件的扩展名改为"DWG"，即可使用 AutoCAD 将其打开。

- 自动保存：一次设置后程序定期自动执行。保存下来的文件是安放在程序指定位置处的扩展名为"ac＄"的文件，该文件会因软件操作的继续而被覆盖或删除。
- 手动保存：必须由用户发出保存操作命令才能执行，不会自动执行。默认情况下，保存下来的文件是安放在当前工作目录下的扩展名为"BAK"的文件，与原文件同名。

6）加密文件

单击菜单栏的【工具】菜单，然后单击【选项】命令，程序显示【选项】对话框；单击【打开和保存】选项卡，在【文件安全措施】窗格中单击【数字签名】按钮，可打开【数字签名】对话框。

数字签名是添加到文件中的加密信息块，用来标识创建者并在应用后指示文件能否被更改。如选中【显示数字签名信息】复选框，则在打开带有有效数字签名的文件时，会显示相关信息。

1-4

1.1.5 AutoCAD 的界面显示与鼠标控制

1．光标的设置

单击菜单栏的【工具】菜单,然后单击【选项】命令,程序显示【选项】对话框;单击【显示】选项卡(图 1-13(a)),在【十字光标大小】输入框中输入数值,或拖动输入框右侧的滑动条,可调整十字光标大小。程序默认的光标大小为绘图区的 5%。

2．拾取框、夹点的设置

单击菜单栏的【工具】菜单,然后单击【选项】命令,程序显示【选项】对话框;单击【选择集】选项卡(图 1-13(b))。拖动【拾取框大小】窗格中的滑动条可改变拾取框的尺寸;拖动【夹点尺寸】窗格中的滑动条可改变夹点尺寸。【夹点】窗格中的复选框可指定夹点及其菜单在屏幕上的显示状态。单击【夹点颜色】按钮打开【夹点颜色】对话框,可在其中设置不同状态的夹点的颜色。

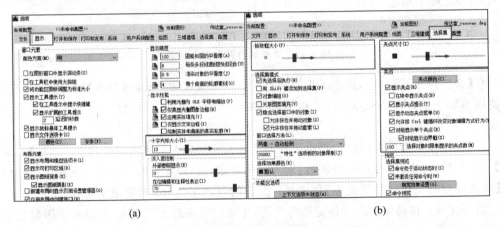

(a)   (b)

图 1-13   十字光标大小和拾取框、夹点设置

3．屏幕颜色的设置、命令行窗口字体的设置

在命令行窗口输入命令名 OPTIONS;或单击菜单栏的【工具】菜单,然后单击【选项】命令,打开【选项】对话框,在【显示】选项卡【窗口元素】窗格中打开【配色方案】列表框,可选择屏幕菜单的明暗方案(图 1-13(a))。单击【颜色】按钮打开【图形窗口颜色】对话框,在【颜色】列表框中可选择主应用程序窗口的背景颜色(图 1-14)。单击【字体】按钮打开【命令行窗口字体】对话框,可指定命令行窗口文字的字体、字形及字号(图 1-14)。

4．鼠标功能的设置

鼠标用于控制 AutoCAD 的光标。光标位于绘图窗口中时为十字形,位于菜单、工具条、对话框中时为空心箭头。

1) 光标的模式

• 标准光标(带小方框的十字光标):等待用户输入指令。

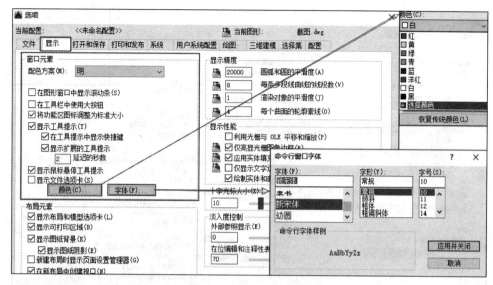

图 1-14　屏幕颜色设置、命令行窗口字体设置

- 选点光标（不带小方框的十字光标）：等待用户输入点。
- 选对象光标（小方框）：等待用户选择对象。

2）鼠标按键的功能

- 左键：定义为拾取键，用于打开菜单、单击命令、选择对象等。
- 右键：确认或弹出菜单，具体取决于光标在屏幕上的位置及处于激活状态的命令。
- 中键滚轮：改变当前视口中视图的比例或位置，即视图的缩放和平移。

滚轮向上滚动则视口显示范围缩小（视图放大）；滚轮向下滚动则视口显示范围扩大（视图缩小）；按住滚轮并移动鼠标可实现视口平移（不缩放视图）；双击滚轮则全部显示，同时调整绘图区域，以适应图形中所有可见对象的范围，或适应视觉辅助工具（如栅格）的范围，取两者中较大者。

3）自定义鼠标右键功能

单击菜单栏的【工具】菜单，然后单击【选项】命令，显示【选项】对话框；单击【用户系统配置】选项卡，在左侧的【Windows 标准操作】窗格中，单击【自定义右键单击】按钮，弹出【自定义右键单击】对话框，用户可根据个人习惯进行选择（图 1-15）。

系统变量 MBUTTONPAN 控制鼠标快捷键功能，其值为 0 时支持【自定义右键单击】对话框中选定的操作；其值为 1 时支持按住按钮或滑轮并拖动的平移操作。

1.1.6　AutoCAD 命令的提示、输入、结束、重复与撤销

AutoCAD 通过执行命令来完成绘图过程。

1. AutoCAD 命令的提示

1-5

（1）将光标放置在任意工具按钮上，AutoCAD 会显示关于该工具的提示，如名称、功能等，（默认）2 秒后显示扩展的工具提示，以帮助用户了解工具的名称、功能和使用方法等（图 1-16）。

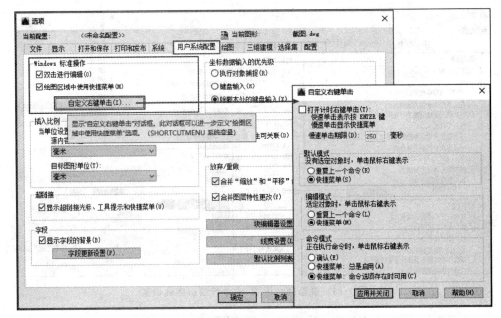

图 1-15　鼠标右键功能设置

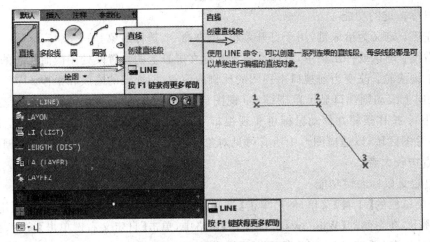

图 1-16　AutoCAD 的命令提示

（2）光标放置在任意工具按钮上，或在任意命令进程中按 F1 键，都可打开"帮助"页面，为用户提供更详细的关于该工具的帮助信息（图 1-17）。

（3）按 F2 键可打开命令行的文本窗口，帮助用户了解之前的操作记录。

（4）命令行窗口及动态输入窗口反馈各种信息，包括错误提示，用户应密切关注。

AutoCAD 为用户提供了完善的帮助系统。在下拉菜单、工具按钮及命令行窗口中，都有提示及帮助按钮，方便用户随时查看帮助文件（图 1-18）。AutoCAD 帮助文件既有基于每个命令和功能的详细介绍，也有帮助初学者快速了解程序的教程、视频以及常见问题解答。使用 AutoCAD 帮助文件，是学习 AutoCAD 最便捷、有效的途径。养成随时查看帮助文件的习惯，了解操作步骤，掌握设置方法，理解建模原理，是学好 AutoCAD 的基础。

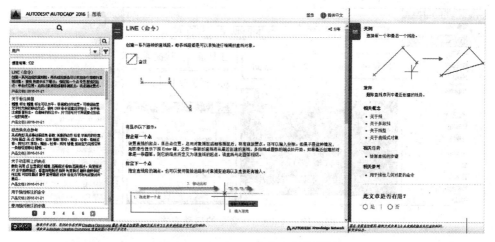

图 1-17　AutoCAD 的命令帮助页面

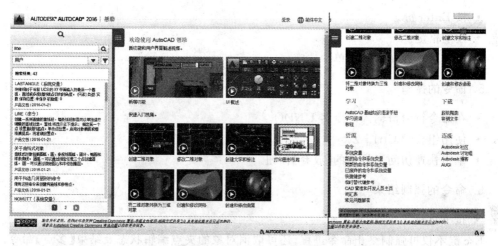

图 1-18　AutoCAD 帮助文件

2. AutoCAD 命令的启动方式（图 1-19）

- 在命令行窗口输入命令名或命令简写。
- 选择菜单栏中的命令。
- 选择工具条上的命令按钮。
- 选择功能区选项卡面板上的按钮。
- 在右键快捷菜单里选择。

3. AutoCAD 命令的结束

- 按 Enter 键。
- 按空格键（非文本编辑命令）。
- 右键单击确认。
- 按 Esc 键（多点，夹点编辑）。
- 单击【确定】按钮（多行文字）。

图 1-19　AutoCAD 命令的启动方式

4. AutoCAD 命令的重复

- 按 Enter 键。
- 按空格键。
- 右键单击后在快捷菜单中选定。

5. 命令的撤销

- 在命令行窗口输入命令名 UNDO。
- 使用组合键 Ctrl＋Z。
- 单击快速访问工具条的【放弃】按钮。

6. 命令的强制结束

- 按 Esc 键。

Esc 键不仅可强制终止命令进程,还可取消对象的夹点编辑状态及结束【多点】命令。

7. 纯 DOS 命令与命令的透明执行

输入命令时,在命令名前加上减号"－",则命令不打开对话框或选项板,而是完全以命令行提示的方式执行。

在某命令执行过程中,如需插入执行另一个命令,可在该命令名前加上单引号"'",这种插入执行命令的方式称为命令的透明执行。不是所有的命令都可透明执行,能透明执行的命令通常是一些查询、改变图形设置或绘图工具的命令,如 GRID、SNAP、OSNAP、ZOOM、PAN、LIST、DIST、FILTER、QSELECT 等命令。绘图、修改类命令不能被透明执行,如画圆时不能插入执行画线命令。

1.1.7　AutoCAD 的模型空间界限、精度显示、辅助绘图功能

1. AutoCAD 的模型空间界限

LIMITS 命令可设置并控制栅格显示的界限,指定绘图区域的矩形边界。因为界限检查只测试输入点,所以对象(例如圆)的某些部分可能会延

伸至界限外。模型空间界限可帮助初学者在建模时有一个参考的范围,适应计算机绘图没有尺度感的环境。

2. AutoCAD 的精度显示

REGEN 命令:在当前视口内重生成整个图形。

REDRAW 命令:刷新当前视口中的显示。

AutoCAD 为提高显示速度,会降低对象的显示精度,如出现圆显示为折线的情况,REGEN 可使用预设的精度重新刷新显示。REDRAW 删除当前视口中的由显示幻灯片(VSLIDE)和某些操作遗留的临时图形及一些零散像素。

3. AutoCAD 的辅助绘图功能

为提高绘图精度与速度,AutoCAD 提供了一系列辅助绘图功能。在屏幕最下方的状态栏中,显示了常用的辅助绘图模式按钮(图 1-20)。将光标悬停在按钮上,会显示该按钮名称功能等提示。

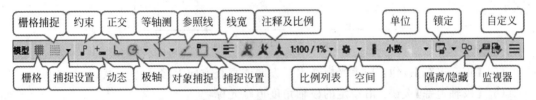

图 1-20　辅助绘图模式按钮

单击按钮旁边的向下箭头▼,或将光标放置在按钮上右键单击,可打开【草图设置】对话框。

(1)显示图形【栅格】按钮:显示覆盖栅格填充图案,以帮助用户直观地显示距离和对齐方式。

(2)【栅格捕捉】模式按钮:按指定的栅格间距限制光标移动,或按指定的增量沿对齐路径追踪光标。

单击栅格捕捉按钮右侧的向下箭头▼,打开【草图设置】对话框,单击【捕捉和栅格】选项卡,可在其中设置栅格间距、捕捉间距、捕捉类型及栅格样式等(图 1-21)。

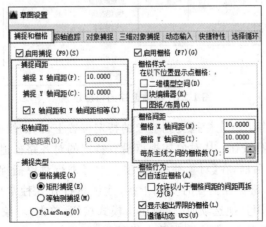

图 1-21　栅格及捕捉设置

（3）【推断约束】按钮：在创建和编辑几何对象时自动应用几何约束。

（4）【动态输入】按钮：附着在光标上的实时提示，如坐标、命令提示等，相当于跟随光标移动的命令行窗口，可用于输入命令并指定选项和值。打开【草图设置】对话框，单击【动态输入】选项卡，可在其中定义动态输入的设置，如标注字段的内容、数量等（图 1-22）。

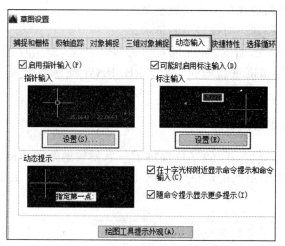

图 1-22　动态输入设置

（5）【正交追踪】按钮：约束光标在水平方向或垂直方向上移动。

（6）【极轴追踪】按钮：沿指定的极轴角度追踪光标。

正交和极轴两种模式不能同时打开。打开【草图设置】对话框，在【极轴追踪】选项卡中，可设置增量角和附加角，以使光标能够在更多角度上进行追踪（图 1-23）。

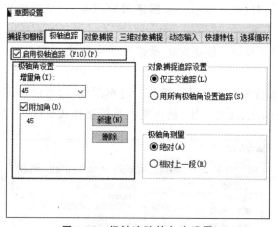

图 1-23　极轴追踪的角度设置

（7）【对象捕捉】按钮：将光标捕捉到对象的特定位置上，例如线的端点、圆心等。

（8）【对象捕捉追踪】按钮：从对象捕捉点沿着特定的对齐路径追踪光标。

打开【草图设置】对话框，在【对象捕捉】选项卡中可进行对象捕捉设置（图 1-24）。为减少 AutoCAD 的计算量，避免在捕捉时受到干扰，建议只打开几种常用的捕捉选项，而不是打开所有选项。需要使用其他选项时，通过单击模式按钮、单击"对象捕捉"工具条上的按钮或按住 Shift 键同时右键单击，在快捷菜单中临时调用。

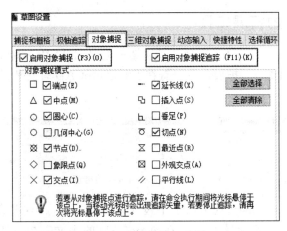

图 1-24 对象捕捉设置

（9）【显示/隐藏线宽】按钮：控制是否显示指定给对象的线宽。

（10）【注释可见性】按钮：控制全部显示或仅显示符合当前注释比例的注释性对象。

（11）【自动缩放】按钮：当注释比例发生更改时，自动将注释比例添加到所有注释性对象。

（12）【注释比例】按钮和【注释缩放】按钮：注释比例用于在【模型】空间中设置注释性对象的注释比例。注释缩放用于确定注释对象的文字高度或全局比例。

（13）【切换工作空间】按钮：AutoCAD 提供了【草图与建模】【三维基础】【三维建模】及【自定义空间】等选项，供用户选择工作的空间。

（14）【单位】按钮：设置当前图形中坐标和距离的显示格式。

（15）【自定义】按钮：提供状态栏工具名称列表，供用户选择显示在状态栏中的工具按钮（图 1-6）。

4．AutoCAD 辅助绘图功能的设置

- 通过单击相应模式工具按钮切换设置。
- 通过单击某些模式工具按钮旁的下拉箭头▼，来访问更多的其他设置。
- 默认设置下状态栏不显示所有工具，单击【自定义】按钮，选择显示在状态栏中的工具。
- 使用键盘上的功能键（F1～F11），快速切换某些设置。常用功能键的作用见表 1-1。

表 1-1 AutoCAD 常用功能键

功能键	作 用	功能键	作 用
F1	获取帮助	F7	打开/关闭图形栅格
F2	切换作图窗口与文本窗口	F8	打开/关闭正交追踪
F3	打开/关闭对象捕捉	F9	打开/关闭栅格捕捉
F4	打开/关闭三维对象捕捉	F10	打开/关闭极轴追踪
F5	等轴测平面切换	F11	打开/关闭对象捕捉追踪
F6	打开/关闭动态输入切换【设计中心】	F12	无

1.1.8 AutoCAD 的拓展工具

AutoCAD 的 Express Tools(拓展工具)是一组用于提高工作效率的工具,可扩展 AutoCAD 的功能(图 1-25)。扩展命令只有在安装 AutoCAD 时安装了 Express Tools 插件才能使用。

图 1-25 Express Tools 功能区

功能区的 Express Tools 选项卡面板中包含许多扩展命令,这些命令还可通过菜单栏的 Express 菜单或输入命令名来启动。在 AutoCAD 的中文菜单和工具栏中不包含这些命令。

1.2 AutoCAD 的基本绘图功能

AutoCAD 绘图过程中,常需要选择点或输入距离。选择点有以下几种方式:光标在屏幕上指定、输入坐标、捕捉对象上的点、追踪对象延长线上的点等。

1.2.1 坐标系,数据的输入方式

AutoCAD 提供了直角坐标系统和极坐标系统,以帮助用户精确绘图。单击屏幕下方状态行的坐标按钮,可打开或关闭坐标系统。

1-7

1. 坐标的输入方式

- 直角坐标的输入方式:X,Y。
- 极坐标的输入方式:L<A。

两种坐标系都可使用相对坐标,只需在坐标值前加符号"@"即可,如@120,450;@200<30。绝对坐标的原点都在图纸界限(0,0)点,相对坐标的原点在"前一点"。

2. 距离的输入方式

- 输入坐标或相对坐标。
- 用光标(可使用正交或极轴模式)指示绘点的方向,然后输入距离数值。

3. 精确指定角度方向

- 使用正交锁定,将光标移动限制在水平和垂直方向。
- 使用极轴追踪,引导光标按指定的角度移动。
- 使用角度替代将光标锁定到指定角度。

4. 精确指定点的位置

- 使用对象捕捉模式来捕捉对象上特定位置的点。

- 使用对象捕捉追踪模式来组合多个对象捕捉。
- 使用栅格捕捉将点选择限制为预先定义的间隔。
- 输入坐标。
- 选点时直接按 Enter 键,将前次命令输入的最后一点作为第一点。
- 使用模式工具(正交或极轴)限定光标角度,然后直接输入距离。

例 1-1: 绘制建筑标高符号,标高符号是底边上高为 3mm 的等腰直角三角形(图 1-26)。

步骤 1　设置辅助绘图模式:①启用极轴追踪,增量角 45°;②启用对象捕捉和对象捕捉追踪,捕捉模式选择端点、中点、交点。

步骤 2　启动直线命令:在命令行窗口输入 LINE;或依次单击菜单栏的【绘图】【直线】命令;或在功能区【默认】选项卡的【绘图】面板上单击【直线】按钮。

步骤 3　在绘图窗口任意位置单击,选定直线的第一点。向左水平移动光标,待出现绿色的水平虚线追踪线时,输入 6,然后按 Enter 键。

步骤 4　向右下方移动光标,待出现 45°追踪线及过前段直线中点的铅垂追踪线时,单击确认。

步骤 5　向右上方移动光标,捕捉到水平直线的右端点时,单击确认。

步骤 6　向右水平移动光标,待出现水平追踪线时,输入 10,然后按 Enter 键。

步骤 7　再一次按 Enter 键,结束直线命令。

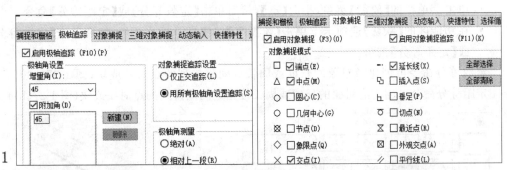

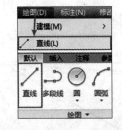

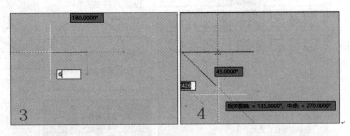

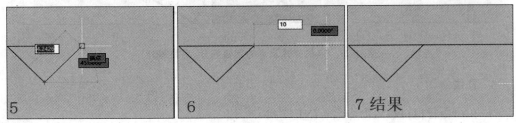

图 1-26　绘制标高符号

1.2.2 点与直线

1. 点的样式

- 在命令行窗口输入命令名 PTYPE。
- 单击菜单栏的【格式】菜单,然后单击【点样式】命令。

进行以上任一操作后,程序显示【点样式】对话框,可在其中设置点的样式及点大小(图 1-27(a))。

2. 单点、多点

- 在命令行窗口输入命令名 POINT(命令简写 PO,下同)。
- 单击菜单栏的【绘图】菜单,指向【点】,然后单击【单点】或【多点】命令。
- 在功能区的【默认】选项卡上单击【绘图▼】按钮打开折叠面板,然后单击【多点】按钮。

使用多点命令时,每次按 Enter 键都将创建一个点对象,必须使用 Esc 键才能结束命令。

3. 定数等分、定距等分

- 在命令行窗口输入命令名 DIVIDE(定数等分)或 MEASURE(定距等分)。
- 单击菜单栏的【绘图】菜单,指向【点】,然后单击【定数等分】或【定距等分】命令。
- 在功能区的【默认】选项卡上单击【绘图▼】按钮打开折叠面板,然后单击【定数等分】或【定距等分】按钮。

定数等分命令可创建沿对象的长度或周长等间隔排列的点对象或块(图 1-27(b))。

定距等分命令可创建沿对象的长度或周长按指定间隔排列的点对象或块(图 1-27(b))。

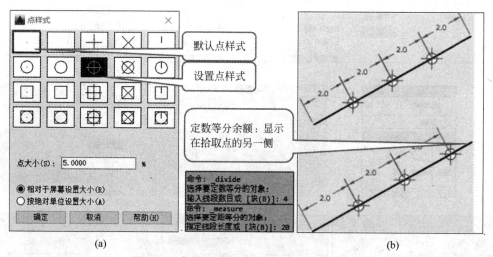

(a)   (b)

图 1-27 点的样式及点的定数等分、定距等分

4. 直线

- 在命令行窗口输入命令名 LINE(L)。
- 单击菜单栏的【绘图】菜单,然后单击【直线】命令。

1-8

- 在功能区【默认】选项卡的【绘图】面板上单击【直线】按钮。

LINE 命令可创建一系列连续的直线段,每条线段都是可单独进行编辑的直线对象。

启动命令后,程序提示见图 1-28。其中的选项"闭合(C)":连接命令执行过程中的第一点和最后一点;选项"放弃(U)":删除直线序列中最新创建的线段。按 Enter 键或空格键结束命令。

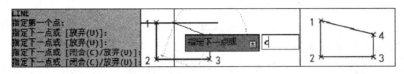

图 1-28　直线命令

AutoCAD 的"帮助"页面,提供了详细的命令操作步骤及说明,用户可随时按 F1 键打开帮助文件,以了解更详细的信息。以下命令不再介绍具体操作步骤,请读者自行查看帮助文件。

1.2.3　多边形与矩形

1-9

1.多边形

- 在命令行窗口输入命令名 POLYGON(POL)。
- 单击菜单栏的【绘图】菜单,然后单击【多边形】命令。
- 在功能区【默认】选项卡的【绘图】面板上单击【多边形】按钮;或单击【矩形】按钮旁的向下箭头▼打开子面板,然后单击【多边形】按钮。

通过定义外接圆、内切圆或边长三种方式创建等边闭合多段线(图 1-29)。创建的多边形是由多段线组成的单一对象。

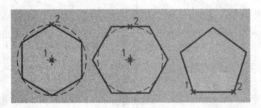

图 1-29　外接圆(C)、内切圆(I)、边长(E)方式创建多边形

2.矩形

- 在命令行窗口输入命令名 RECTANG(REC)。
- 单击菜单栏的【绘图】菜单,然后单击【矩形】命令。
- 在功能区【默认】选项卡的【绘图】面板上单击【矩形】按钮;或单击【多边形】按钮旁的向下箭头▼打开子面板,然后单击【矩形】按钮。

根据指定的参数(长度、宽度、旋转角度)创建矩形多段线和角点类型(圆角、倒角或直角)。

选项"倒角(C)":使用斜线连接矩形相邻两边;"圆角(F)":使用圆弧连接矩形相邻两边;"宽度(W)":指定矩形多段线各段的统一线宽(图 1-30)。

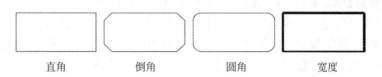

| 直角 | 倒角 | 圆角 | 宽度 |

图 1-30 创建矩形

例 1-2：绘制 A4 图框及标题栏，图幅尺寸为 210mm×297mm，图框尺寸为 200mm×267mm，标题栏尺寸为 150mm×40mm（图 1-31）。

设置辅助绘图模式：①启用栅格及栅格捕捉，栅格间距及捕捉间距均设置为 5；②启用对象捕捉及对象捕捉追踪，捕捉模式选择端点、中点、交点及节点；③启用正交或极轴。

步骤 1 使用矩形命令，创建图幅（选项"尺寸 D"，长度为 210、宽度为 297）。

步骤 2 使用矩形命令，创建图框（选项"宽度 W"，线宽为 0.7；使用栅格捕捉，第一点与图幅矩形左下角点的相对坐标是@5,5；选项"尺寸 D"，长度为 200、宽度为 267）。

步骤 3 使用矩形命令，创建标题栏（第一点选择在图框矩形的右下角点；选项"尺寸 D"，长度为 150、宽度为 40）。

步骤 4 使用直线命令，绘制与标题栏外框重合等长的辅助线。

步骤 5 使用定距等分命令，选择铅垂直线辅助线，将之等分为五行（长度为 8）；使用定数等分命令，选择水平直线辅助线，将之等分为四列。

步骤 6 使用直线命令，捕捉等分点，创建标题栏的分格。

步骤 7 删除辅助直线及等分点。

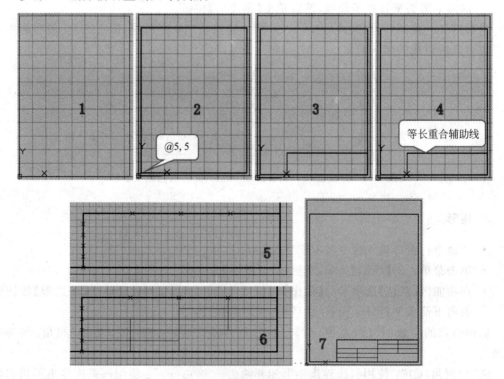

图 1-31 绘制 A4 图框及标题栏

1.2.4　圆弧、圆、圆环、椭圆

1．圆弧

- 在命令行窗口输入命令名 ARC。
- 单击菜单栏的【绘图】菜单,指向【圆弧】,在展开的子菜单中选择一种创建圆弧的方式并单击对应命令。
- 在功能区【默认】选项卡的【绘图】面板上,单击【圆弧▼】按钮打开子面板,然后选择一种创建圆弧的方式并单击对应按钮。

程序提供了多种方式创建圆弧,用户应根据已知条件,来选择合适的创建圆弧的方式。图 1-32(a)是使用【圆弧】命令中的【三点】方式沿顺时针方向创建的圆弧。

2．圆

- 在命令行窗口输入命令名 CIRCLE(C)。
- 单击菜单栏的【绘图】菜单,指向【圆】,在展开的子菜单中选择一种创建圆的方式并单击对应命令。
- 在功能区【默认】选项卡的【绘图】面板上,单击【圆▼】按钮打开子面板,然后选择一种创建弧的方式并单击对应按钮。

程序提供了多种方式创建圆,用户应根据已知条件,选取合适的创建圆的方式。图 1-32(b)是使用【圆】命令中的【相切、相切、半径】方式创建的与两个已知圆都相切的圆。

3．圆环

- 在命令行窗口输入命令名 DONUT。
- 单击菜单栏的【绘图】菜单,然后单击【圆环】命令。
- 在功能区的【默认】选项卡上单击【绘图▼】按钮打开折叠面板,然后单击【圆环】按钮。

圆环由两条首尾相连的圆弧多段线组成,多段线的宽度由指定的内径和外径决定。将内径指定为 0,则圆环将填充为实心圆。

圆环的填充模式由命令 FILL 控制,模式为 ON 时,圆环显示为填充(图 1-32(c));模式为 OFF 时,圆环仅显示外轮廓(图 1-32(d))。

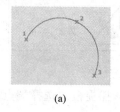

(a)　　　　　　　　　　(b)　　　　　　　　　(c)　　　　　　　　(d)

图 1-32　圆弧、圆、圆环举例

4．椭圆

- 在命令行窗口输入命令名 ELLIPSE(EL)。
- 单击菜单栏的【绘图】菜单,指向【椭圆】,在展开的子菜单中选择一种创建椭圆的方

式并单击对应命令。

- 在功能区【默认】选项卡的【绘图】面板上,单击【椭圆▼】按钮打开子面板,然后选择一种创建椭圆的方式并单击对应按钮。

命令中输入的前两个点确定椭圆第一条轴的位置和长度;第三个点确定椭圆圆心与第二条轴端点之间的距离。

例 1-3:按 1∶1 比例,绘制圆及直线的组合图形(图 1-33)。

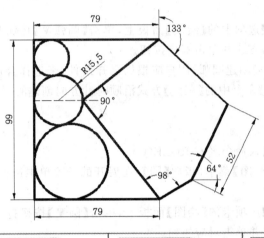

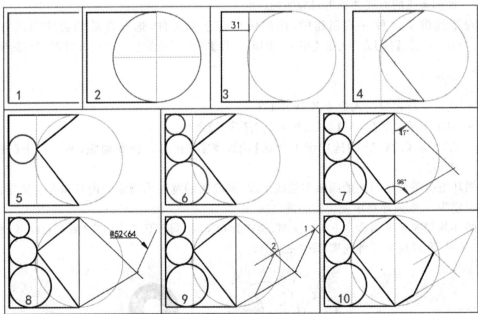

图 1-33 使用圆、直线命令创建组合图形

设置辅助绘图模式:启用极轴。启用对象捕捉及对象捕捉追踪,捕捉模式选择端点、中点、交点及圆心。

步骤 1 使用【直线】命令,绘制长度分别为 79、99 和 79 的三段直线。

步骤 2 使用【圆心、直径】命令,利用对象捕捉追踪,创建辅助线圆 Φ99。

步骤 3 使用【直线】命令,利用对象捕捉追踪,创建辅助直线。

步骤 4 使用【直线】命令,过辅助线交点及长度为 79 的水平直线端点,创建互相垂直的直线。

　　步骤 5　使用【两点】画圆命令,利用对象捕捉追踪,创建中间的圆。

　　步骤 6　使用【相切、相切、相切】画圆命令,创建另外两个圆。

　　步骤 7　使用【旋转】命令,对直线进行复制旋转,旋转角度为 $-98°$;使用【直线】命令,利用角度替代,替代角度为 $-43°$;创建相对角度为 $98°$ 和 $133°$ 的两条相交直线。

　　步骤 8　使用【直线】命令,利用相对极坐标,过步骤 7 创建的两条直线的交点,创建长度为 52、相对角度为 $64°$ 的直线。

　　步骤 9　使用【复制】命令,先后复制对应边到 1、2 两点。

　　步骤 10　使用【修剪】及【删除】命令,得到最终图形。

　　作图过程及最终图形见图 1-33。

　　例 1-4:按 1∶1 比例,绘制圆及圆弧的组合图形。

　　设置辅助绘图模式:启用正交或极轴;启用对象捕捉及对象捕捉追踪,捕捉模式选择端点、交点及圆心。

　　步骤 1　使用【圆心、半径】命令,绘制圆 R18 和圆 R32,两圆圆心水平间距为 120。

　　步骤 2　使用【相切、相切、半径】命令,创建圆 R68,另一方向重复一次。

　　步骤 3　使用【修剪】命令,将圆 R68 修剪为圆弧。

　　步骤 4　使用【相切、相切、半径】命令,创建圆 R120。

　　步骤 5　使用【相切、相切、半径】命令,创建圆 R90。

　　步骤 6　使用【修剪】命令,将圆 R90 及圆 R120 修剪为圆弧,完成绘图。

　　作图过程及最终图形见图 1-34。

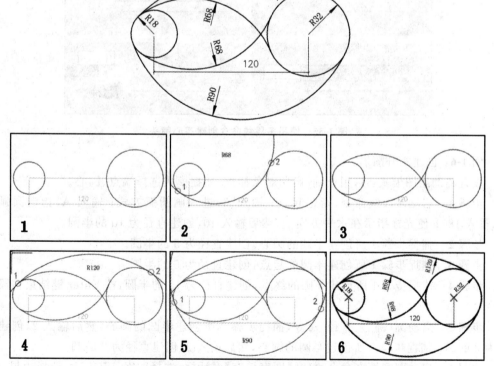

图 1-34　使用圆、圆弧命令创建组合图形

1.2.5 多段线

1-11

1. 多段线

- 在命令行窗口输入命令名 PLINE(PL)。
- 单击菜单栏的【绘图】菜单,然后单击【多段线】命令。
- 在功能区【默认】选项卡的【绘图】面板上单击【多段线】按钮。

创建由直线段、圆弧段或两者组合的复合单一对象。选项"圆弧(A)"及"直线(L)"控制创建方式,由直线转为圆弧或由圆弧转为直线;选项"半宽(H)"和"宽度(W)"控制多段线的线宽,起点宽度和端点宽度可不同,不输入端点宽度时,起点宽度将作为默认的端点宽度,端点宽度在再次修改之前将作为所有后续线段的统一宽度。

例 1-5:绘制实心箭头符号。

设置辅助绘图模式:启用正交或极轴。

步骤 1 启动多段线命令,第一点任意,使光标指示在水平方向上,输入 10。

步骤 2 输入 W,指定起点宽度 2。

步骤 3 指定端点宽度 0。

步骤 4 光标指示在水平方向上,输入 5。按 Enter 键结束命令。

作图过程及最终图形见图 1-35。

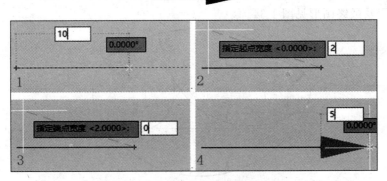

图 1-35 使用多段线命令创建实心箭头

例 1-6:创建八卦图形。

设置辅助绘图模式:启用极轴,启用对象捕捉,捕捉模式选择端点、圆心。

步骤 1 启动多段线命令,指定起点;输入 A,进入画圆弧方式;输入 A,指定圆弧角度,输入 180;使光标指示在水平方向上,然后输入 10,创建直径为 10 的半圆。

步骤 2 捕捉步骤 1 所创建半圆的圆心,创建直径为 5 的半圆。

步骤 3 捕捉步骤 1 所创建半圆的起点,创建直径为 5 的半圆。

步骤 4 捕捉步骤 1 所创建半圆的终点,创建直径为 10 的半圆,按 Enter 键结束多段线命令。

步骤 5 启动圆(圆心、直径)命令,捕捉步骤 2 所创建半圆的圆心,然后输入 2,创建直径为 2 的圆;捕捉步骤 3 所创建半圆的圆心,然后输入 2,创建直径为 2 的圆。

步骤 6 启动图案填充命令,打开【图案填充】对话框,选择图案:SOLID,选择边界:拾取点,然后选择图示的填充范围,单击【确定】按钮,进行填充。

作图过程及最终图形见图 1-36。

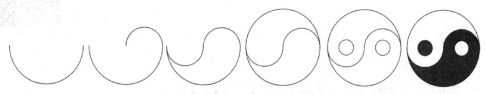

图 1-36　使用多段线命令创建八卦图形

2. 多段线编辑

- 在命令行窗口输入命令名 PEDIT(PE)。
- 单击菜单栏的【修改】菜单,指向【对象】,然后在子菜单中单击【多段线】命令。
- 在功能区【默认】选项卡上单击【修改▼】按钮打开折叠面板,然后单击【编辑多段线】
  按钮。

将线条、圆弧转换为二维多段线,将多段线转换为样条曲线或拟合多段线(图 1-37)。

多个系统变量会影响此转换。系统变量 PEDITACCEPT 设定为 1 时将不显示提示,选定的对象自动转换为多段线。系统变量 PLINECONVERTMODE 决定是使用线性线段还是圆弧段绘制多段线。系统变量 DELOBJ 决定原始几何图形是保持不变还是删除。

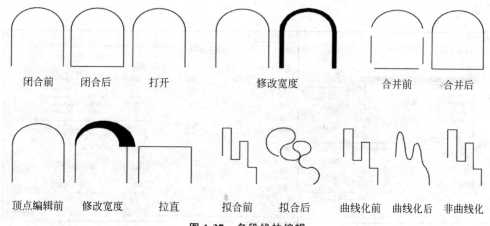

图 1-37　多段线的编辑

多段线编辑命令的主要选项功能列举如下:

(1) 宽度(W):可修改整条多段线的线宽,使多段线的各段都具有同一线宽。

(2) 合并(J):合并多段线、直线或圆弧,使其成为一条多段线。通过设置的模糊距离来控制在多大的范围内延伸或添加对象,使未首尾相连的对象合并;通过选择合并类型来控制使用何种方式(延伸或添加)合并对象。

(3) 编辑顶点(E):可在多段线上移动、插入或删除顶点,修改任意两点间的线宽,打断多段线,或将圆弧拉直等。

(4) 拟合(F)、样条曲线(S)、非曲线化(D):从指定的多段线生成拟合曲线、B 样条曲线或将样条曲线恢复成多段线。

1-12

1.2.6 多线

1. 多线

- 在命令行窗口输入命令名 MLINE(ML)。
- 单击菜单栏的【绘图】菜单,然后单击【多线】命令。

多线由多条平行线组成。默认的多线样式 STANDARD 包含两条实线,用户可自行创建多线样式。多线命令的选项"对正(J)"确定在光标的什么位置绘制多线,对正类型"无(Z)"表示多线中心线绘制在光标位置上。选项"比例(S)"控制多线的全局宽度,多线比例不影响多线元素的线型比例。

2. 多线样式

- 在命令行窗口输入命令名 MLSTYLE。
- 单击菜单栏的【格式】菜单,然后单击【多线样式】命令。

进行以上操作后打开【多线样式】对话框,可创建新的多线命名样式,以控制多线元素的数量和各元素的特性(图 1-38)。程序默认的多线样式 STANDARD 由两条平行的实线元素组成。

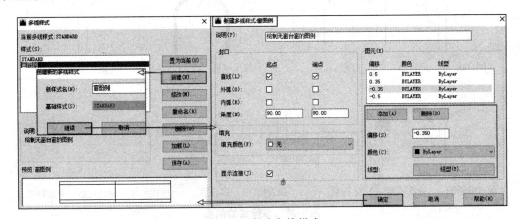

图 1-38　创建多线样式

3. 多线编辑

- 在命令行窗口输入命令名 MLEDIT。
- 单击菜单栏的【修改】菜单,指向【对象】,然后在子菜单中单击【多线】命令。

进行以上操作后打开【多线编辑工具】对话框,其中提供了"十字交叉""T字相交""角点结合""顶点、多线中断"四种情况下的多线编辑按钮(图 1-39)。

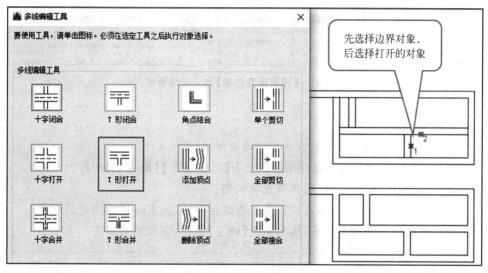

图 1-39　多线编辑工具及多线编辑示例（T 形打开）

1.2.7　图案填充

1. 图案填充

1-13

- 在命令行窗口输入命令名 HATCH。
- 单击菜单栏的【绘图】菜单，然后单击【图案填充】命令。
- 在功能区【默认】选项卡的【绘图】面板上单击【图案填充】按钮；或单击按钮旁的向下箭头▼打开子面板，然后单击【图案填充】按钮。

可选择使用"填充图案""实体填充"或"渐变填充"来填充封闭区域或选定的对象。功能区关闭时，显示【图案填充和渐变色】对话框（图 1-40）。功能区显示时，显示【图案填充创建】上下文选项卡（图 1-41）。系统变量 HPDLGMODE 设置为 1，将显示对话框；设置为 2，将显示选项卡。

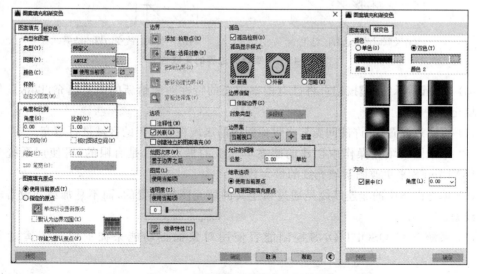

图 1-40　【图案填充和渐变色】对话框

图 1-41　【图案填充创建】上下文选项卡

2．图案填充的一般步骤

（1）使用拾取点或拾取对象的方式指定填充区域（图 1-42）。

（2）选择填充的图案：可选择使用的图案有【填充图案】【渐变色】两种类别。

（3）指定角度、比例、关联性、边界等选项的值。

（4）单击【预览】按钮，检查各选项设置是否满足要求，按 Esc 键返回对话框。

（5）修改选项设置至满足要求，然后单击【确定】按钮，完成图案填充。

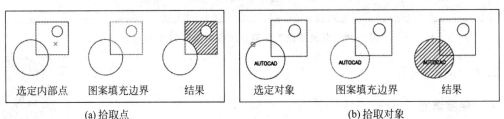

(a) 拾取点　　　　　　　　　　　　　　　　(b) 拾取对象

图 1-42　指定填充边界的方式

3．使用技巧

（1）AutoCAD 允许用户编辑 acad.pat 和 acadiso.pat 文件来自定义填充图案。

（2）默认情况下，有边界的图案填充是关联的，即边界对象的变化将自动应用于图案填充（图 1-43）。图案填充的关联性由系统变量 HPASSOC 控制，也可使用【选项】选项板、【特性】选项板或【图案填充编辑】对话框中的【关联】按钮来更改图案填充的关联性。

(a) 关联时改变边界的结果　　　　　　　(b) 不关联时改变边界的结果

图 1-43　图案填充边界的关联性

（3）使用【继承特性】按钮可将已有图案填充的特性匹配给新的图案填充，以帮助保持图案填充的一致性。

（4）可通过设置【允许的间隙】，将近似封闭的区域视为封闭的区域进行填充。

（5）单个图案填充操作中创建的图案填充线的最大数目是有限的，可使用系统变量 HPMAXLINES 来更改图案填充线的最大数目。

（6）填充图案中的非连续线是通过预定义的填充图案设置的，而不是加载和设置非连续的线型。

（7）系统变量 OSOPTIONS 控制能否使用对象捕捉功能来捕捉填充图案对象上的点。

1.2.8　样条曲线与修订云线

1. 样条曲线

- 在命令行窗口输入命令名 SPLINE。
- 单击菜单栏的【绘图】菜单,指向【样条曲线】,然后单击【拟合点】或【控制点】命令。
- 在功能区【默认】选项卡上单击【绘图▼】按钮打开折叠面板,然后单击【样条曲线拟合】或【样条曲线控制点】按钮。

使用拟合点或控制点定义非均匀有理 B 样条曲线。默认情况下,拟合点与样条曲线重合,而控制点通过定义控制框来设置样条曲线的形状(图 1-44(a))。

2. 修订云线

- 在命令行窗口输入命令名 REVCLOUD。
- 单击菜单栏的【绘图】菜单,然后单击【修订云线】命令。
- 在功能区【默认】选项卡上单击【绘图▼】按钮打开折叠面板,再单击【修订云线】按钮旁的向下箭头打开子面板,然后单击【矩形】【多边形】或【徒手画】按钮。

通过选择角点、多边形或拖动光标来创建修订云线,也可将对象(圆、多段线、样条曲线等)转换为修订云线。可使用修订云线来亮显要查看的图形部分(图 1-44(b))。

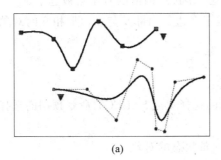　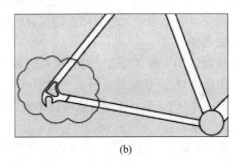

(a)　　　　　　　　　　　　　(b)

图 1-44　样条曲线与修订云线

3. 徒手画线

- 在命令行窗口输入命令名 SKETCH。

徒手绘制对于创建不规则边界或使用数字化仪追踪非常有用。用户可徒手绘制草图,然后将它们转换成直线、多段线或样条曲线。如果需要直接将图纸上的地图轮廓绘制到图形中,在【数字化仪】模式下使用数字化仪将十分便捷。注意:绘制草图时不能关闭【数字化仪】模式。

1.3　AutoCAD 的基本编辑功能

AutoCAD 提供了以下两种图形编辑的途径:
- 先执行编辑命令,然后选择要编辑的对象。
- 先选择要编辑的对象,然后执行编辑命令。

1.3.1　对象选择与夹点编辑

1-14

选择对象是进行对象编辑的前提。AutoCAD 可编辑单个对象,也可把多个对象组成整体,一次性同时编辑多个对象,比如选择集和对象组。

1. 选择对象

1)选择对象的模式

AutoCAD 提供了多种选择对象构造成选择集的方法,在选择对象状态下输入下述括号内的字母并按 Enter 键,可启用相应的选择模式。

- 点选:使用光标拾取框,单击要选取的对象。被选中的对象会高亮显示。
- 窗选(W):由左向右,以两个对角顶点确定矩形窗口,完全位于矩形内部的对象会被选中,与其相交的对象不会选中。
- 窗交(C):由右向左,以两个对角顶点确定矩形窗口,完全位于矩形内部及与其相交的对象都会被选中。
- 框选(BOX):矩形(由两个对角顶点确定)内部或与之相交的所有对象会被选中。如果矩形的对角顶点是从右至左指定的,则框选与窗交等效。反之,框选与窗选等效。
- 栏选(F):绘制折线,所有与折线相交的对象会被选中。
- 圈围(WP):确定一个封闭多边形,所有位于多边形内部的对象会被选中。
- 圈交(CP):确定一个封闭多边形,所有位于多边形内部及与多边形相交的对象都会被选中。
- 接触(FS):所有与选定对象接触的对象都会被选中。
- 上一个(L):选中最近一次创建的可见对象。
- 前一个(P):选中最近一次编辑命令使用的选择集或 SELECT 命令预制的选择集中的对象。
- 全部(ALL):选中当前空间所有处于可编辑状态的对象。
- 删除(R):从当前选择集中移走对象。
- 移走(Shift):最便捷的移除对象方法。按住 Shift 键同时选择对象,则被选中的对象会从当前选择集中移走。
- 添加(ADD):从删除对象状态返回继续向选择集中添加对象状态。
- 放弃(U):放弃最近添加到选择集里的对象,可连续重复执行直到选择集为空。
- 三维对象的选择在 Revit 部分介绍。

2)选择对象模式的设置

单击菜单栏的【工具】菜单,然后单击【选项】命令打开【选项】对话框,单击对话框中的【选择集】选项卡,在【选择集模式】窗格中可设置选择对象的模式。

"用 Shift 键添加到选择集"复选框,可控制选项是从选择集中删除还是添加到其中。

系统变量 PICKADD 可控制后续选项替换当前选择集(0)或添加到其中(1 或 2)。

3)选择集

选择集是由一个或若干个对象构成的组。构成选择集的方法很多,如"选择类似对象""快速选择""选择过滤器""对象组"等,都是基于对象类型将具有相同特性的对象选择出来,构成集合,以便一次性对其进行编辑。选择集的构成方法将在第 2 章介绍。

2.夹点编辑

在没有命令执行的状态下单击对象,所选对象上会高亮显示蓝色的小方格,这就是夹点。对于不同的对象,夹点的位置与数量各不相同。

单击菜单栏的【工具】菜单,然后单击【选项】命令打开【选项】对话框,单击对话框中的【选择集】选项卡,在【夹点尺寸】和【夹点】窗格中可设置夹点显示的大小和颜色。系统变量 GRIPS 控制夹点功能的开闭:1 代表打开,0 代表关闭。

使用夹点可对对象进行拉伸、移动、旋转、缩放、复制、镜像等操作。单击对象上的某个夹点,该夹点由蓝色变成高亮显示的红色,表示该夹点进入编辑状态。右键单击弹出的菜单显示可使用的编辑命令列表(图 1-45(a))。使用空格键、Enter 键或 Ctrl 键可循环选择这些编辑命令。默认启动的第一个编辑命令与所选定的夹点有关,例如选定直线端点时默认启动的是拉伸命令(图 1-45(b)),而选定直线中点时默认启动的是移动命令(图 1-45(c))。

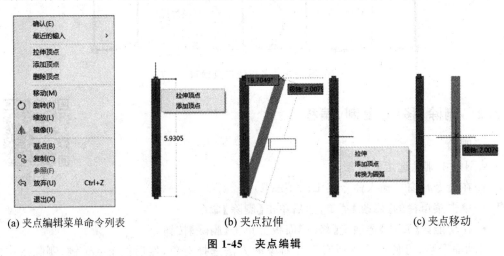

(a) 夹点编辑菜单命令列表   (b) 夹点拉伸   (c) 夹点移动

图 1-45　夹点编辑

1) 夹点编辑的技巧

- 按住 Shift 键后再选择对象上的夹点,可同时对多个夹点进行编辑。
- 当选择对象上的多个夹点来拉伸对象时,选定夹点间的对象形状将保持不变。
- 文字、块参照、直线中点、圆心和点对象上的夹点将移动对象而不是拉伸对象。
- 如果选择象限夹点来拉伸圆或椭圆,并在输入新半径命令提示下指定距离(而不是移动夹点),此距离是指从圆心测量的距离(即半径),而不是从选定的夹点测量的距离。

2) 多段线的夹点编辑

- 拉伸线段:先选择多段线再选择夹点,然后将其拖动到新位置。
- 添加/删除顶点:光标放置在顶点夹点上,显示菜单后单击【添加顶点】【删除顶点】命令。
- 直线转换为圆弧:光标放置在线段的中间夹点上,显示菜单后单击【转换为圆弧】命令。

- 圆弧转换为直线：光标放置在圆弧的中间夹点上，显示菜单后单击【转换为直线】命令。

多段线的夹点编辑示例见图 1-46。

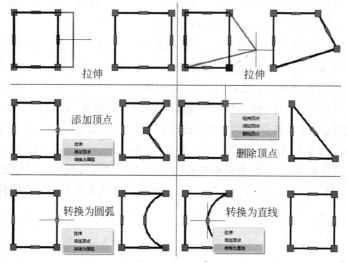

图 1-46　多段线夹点编辑

1.3.2　删除、移动、复制、偏移

1-15

1）删除

从图形中删除选定的对象。

- 在命令行窗口输入命令名 ERASE(E)。
- 单击菜单栏的【修改】菜单，然后单击【删除】命令。
- 在功能区【默认】选项卡【修改】面板上单击【删除】按钮。

启动命令后，可使用前述所有选择对象的方法选择对象，然后按 Enter 键，删除选中的对象。

启动命令后，直接输入一个选项如 L(上一个创建的对象)、P(前一个选择集)、ALL(所有对象)，则输入选项对应的对象即可被删除。输入"?"可获得所有选项的列表。

如果意外删错了对象，可使用 UNDO 命令或 OOPS 命令将其恢复。

2）移动

在指定方向上按指定距离移动对象。

- 在命令行窗口输入命令名 MOVE(M)。
- 单击菜单栏的【修改】菜单，然后单击【移动】命令。
- 在功能区【默认】选项卡【修改】面板上单击【移动】按钮。

选中对象后按 Enter 键，先指定基点再指定第二点。使用坐标、栅格捕捉、对象捕捉和其他工具可精确移动对象。

3）复制

在指定方向上按指定距离生成对象的副本。

- 在命令行窗口输入命令名 COPY(CO)。

- 单击菜单栏的【修改】菜单,然后单击【复制】命令。
- 在功能区【默认】选项卡【修改】面板上单击【复制】按钮。

使用坐标、栅格捕捉、对象捕捉和其他工具可精确复制对象。选项"模式(O)"控制复制只产生一个副本还是进行多重复制;选项"阵列(A)"指定在线性阵列中排列的副本数量(图 1-47(a))。

4) 偏移

按照指定的距离创建与选定对象平行或同心的几何对象。

- 在命令行窗口输入命令名 OFFSET(O)。
- 单击菜单栏的【修改】菜单,然后单击【偏移】命令。
- 在功能区【默认】选项卡【修改】面板上单击【偏移】按钮。

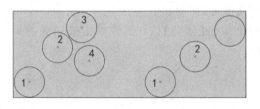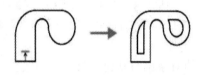

(a) 多重复制与阵列复制　　　　　　　　　　(b) 多段线偏移

图 1-47　复制与偏移

如偏移的是直线,则创建直线的平行线;如偏移的是圆,则创建更大或更小的同心圆或圆弧;如果偏移的是多段线,将生成平行于原始对象的多段线。在偏移距离大于可调整的距离时,多段线将自动进行修剪(图 1-47(b))。

系统变量 OFFSETGAPTYPE 控制偏移多段线时处理线段之间潜在间隙的方式。值为 0 时将线段延伸至投影交点;值为 1 时将线段在其投影交点处进行圆角,每个圆弧段的半径等于偏移距离;值为 2 时将线段在其投影交点处进行倒角,每个倒角到其相应顶点的垂直距离等于偏移距离。

1.3.3　旋转与缩放

1) 旋转

可围绕基点将选定的对象旋转到一个指定的角度,旋转的同时可复制。

- 在命令行窗口输入命令名 ROTATE(RO)。
- 单击菜单栏的【修改】菜单,然后单击【旋转】命令。
- 在功能区【默认】选项卡【修改】面板上单击【旋转】按钮。

可输入角度值、使用光标拖动或者指定参照角度来控制对象旋转的角度,具体规则如下:

(1) 默认情况下,输入正角度值则逆时针旋转对象,输入负角度值则顺时针旋转对象。

(2) 绕基点拖动对象并指定第二点时,使用正交、极轴追踪或对象捕捉将更加精确。

(3) 使用选项"参照(R)",可旋转对象,使其与绝对角度对齐。

(4) 使用选项"复制(C)",旋转对象的同时,创建选定对象的副本。

2) 缩放

放大或缩小选定对象,并保持缩放后对象各部分比例不变。

- 在命令行窗口输入命令名 SCALE(SC)。
- 单击菜单栏的【修改】菜单,然后单击【缩放】命令。
- 在功能区【默认】选项卡【修改】面板上单击【缩放】按钮。

　　缩放比例因子大于 1 时将放大对象,小于 1 时将缩小对象。选项"参照(R)",可缩放对象使其与绝对长度相等。需要注意:缩放将更改选定对象的所有标注尺寸。

1.3.4　修剪与延伸

1-16

1)修剪

修剪对象至与其他对象的边相接。

- 在命令行窗口输入命令名 TRIM(TR)。
- 单击菜单栏的【修改】菜单,然后单击【修剪】命令。
- 在功能区【默认】选项卡【修改】面板上单击【修剪】按钮;或单击按钮旁的向下箭头▼打开子面板,然后单击【修剪】按钮。

2)延伸

延伸对象至与其他对象的边相接。

- 在命令行窗口输入命令名 EXTEND(EX)。
- 单击菜单栏的【修改】菜单,然后单击【延伸】命令。
- 在功能区【默认】选项卡【修改】面板上单击【延伸】按钮;或单击按钮旁的向下箭头▼打开子面板,然后单击【延伸】按钮。

　　首先要选择边界,按 Enter 键后再选择要修剪或延伸的对象(图 1-48)。在首次出现"选择对象"提示时直接按 Enter 键,则将所有对象作为边界。

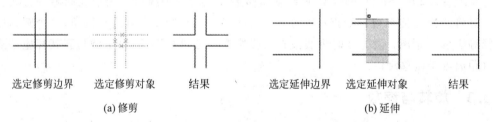

|选定修剪边界　　选定修剪对象　　结果　　　　选定延伸边界　　选定延伸对象　　结果|

(a) 修剪　　　　　　　　　　　　　　(b) 延伸

图 1-48　修剪与延伸对象

　　选择的边界无需与修剪或延伸的对象相交,程序可将对象修剪或延伸至边界延长后相交的地方。只有使用"窗交""栏选"或"全部选择",才能选择包含块的边界。

　　Shift 键提供了在修剪和延伸之间切换的简便方法:在选择修剪(或延伸)对象时按住 Shift 键,程序自动改为延伸对象(或修剪对象)。当系统变量 COMMANDPREVIEW 值为 1 时,将显示这两种命令结果的交互式预览。

1.3.5　拉伸与拉长

1)拉伸

拉伸与选择窗口交叉的对象,调整对象的大小使其在某一方向上增大或缩小。

- 在命令行窗口输入命令名 STRECTH(S)。

- 单击菜单栏的【修改】菜单,然后单击【拉伸】命令。
- 在功能区【默认】选项卡【修改】面板上单击【拉伸】按钮。

使用由右至左的方式创建窗口(窗交),与窗口相交的对象将相对于基点拉伸;其他方式选择的对象将相对于基点移动(图1-49)。某些对象类型(例如圆、椭圆和块)无法拉伸。

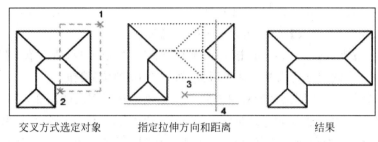

交叉方式选定对象　　　指定拉伸方向和距离　　　　　　结果

图 1-49　拉伸对象

2) 拉长

将对象拉长或者缩短,不仅可改变线对象的长度,还可改变圆弧的包含角。

- 在命令行窗口输入命令名 LENGTHEN(LEN)。
- 单击菜单栏的【修改】菜单,然后单击【拉长】命令。
- 在功能区【默认】选项卡上单击【修改▼】按钮打开折叠面板,然后单击【拉长】按钮。

拉长的类型有四种,包括增量拉长、百分数拉长、全部拉长和动态拉长。

(1) 增量拉长(DE):指定从端点开始测量的增量长度或角度。

(2) 百分数拉长(P):按总长或角度的百分比指定新长度或新角度,百分数值不能为负值或0。

(3) 全部拉长(T):指定对象的总绝对长度或包含角。

(4) 动态拉长(DY):动态拖动对象的端点。

1.3.6　倒角与圆角

1) 倒角

使用成角度的直线连接两个对象(也可在三维对象间使用)。

- 在命令行窗口输入命令名 CHAMFER(CHA)。
- 单击菜单栏的【修改】菜单,然后单击【倒角】命令。
- 在功能区【默认】选项卡上单击【修改▼】按钮打开折叠面板,然后单击【倒角】按钮;或单击按钮旁的向下箭头▼打开子面板,然后单击【倒角】按钮。

倒角可使用距离和角度两种方法进行定义(图1-50)。

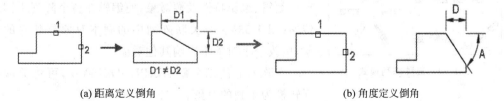

(a) 距离定义倒角　　　　　　　　　　　　　(b) 角度定义倒角

图 1-50　倒角的两种定义方法

如果距离值或角度值设为 0,则选定的对象将被修剪或延伸直至相交,而不创建成斜线。

2)圆角

在两个对象之间创建相切圆弧(也可在三维对象间使用)。

- 在命令行窗口输入命令名 FILLET(F)。
- 单击菜单栏的【修改】菜单,然后单击【圆角】命令。
- 在功能区【默认】选项卡上单击【修改▼】按钮打开折叠面板,然后单击【圆角】按钮或单击按钮旁的向下箭头▼打开子面板,然后单击【圆角】按钮。

利用圆角命令可在不同类型的对象之间创建圆弧。其所创建的圆弧,方向和长度由选择对象时的拾取点确定,程序始终选择距离拾取点最近的位置绘制圆角。如果半径 R 设为 0,则选定的对象将被修剪或延伸直至相交,而不创建圆弧。在选择第二个对象时按住 Shift 键,将按圆角半径为零来延伸或修剪选定对象以形成锐角(图 1-51)。

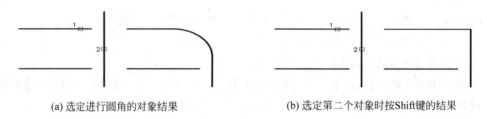

(a) 选定进行圆角的对象结果　　　　　(b) 选定第二个对象时按Shift键的结果

图 1-51　圆角

1.3.7　阵列与镜像

1-17

1)阵列

创建按照指定模式排列的多个对象副本。

- 在命令行窗口输入命令名 ARRAY(ARRAYRECT、ARRAYPATH 、ARRAYPOLAR)。
- 单击菜单栏的【修改】菜单,指向【阵列】打开子菜单,然后单击【矩形阵列】【路径阵列】或【环形阵列】命令。
- 在功能区【默认】选项卡上单击【阵列】按钮旁的向下箭头▼打开子面板,然后单击【矩形阵列】【路径阵列】或【环形阵列】按钮。

创建多个对象副本的排列模式有三种:矩形、路径、环形(图 1-52)。

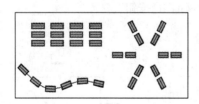

图 1-52　三种阵列模式

选项"关联(AS)"控制阵列中的对象是相互关联的还是独立的。关联阵列类似于块,在关联阵列中可通过夹点编辑、编辑特性及源对象,使编辑在整个阵列中同时传递(图 1-53)。非关联阵列中的副本对象是独立的对象,更改一个对象不影响其他对象。

在阵列上使用分解(EXPLODE)命令,可将关联阵列转换为单独的对象。

打开传统【阵列】对话框需在命令行窗口输入命令名 ARRAYCLASSIC。传统对话框

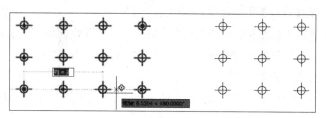

图 1-53　关联阵列的夹点编辑

不支持"关联"和"路径阵列"功能。

2）镜像

创建选定对象的镜像图像副本。

- 在命令行窗口输入命令名 MIRROR(MI)。
- 单击菜单栏的【修改】菜单后，单击【镜像】命令。
- 在功能区【默认】选项卡【修改】面板上单击【镜像】按钮。

通过指定镜像线的第一点、第二点来确定一条直线，选定的对象将相对于这条直线被镜像。系统变量 MIRRTEXT 控制镜像文字的方向，其值为 0 时文字正向，值为 1 时文字反向（图 1-54）。系统变量 MIRRHATCH 控制镜像时是否保留填充图案的原方向。

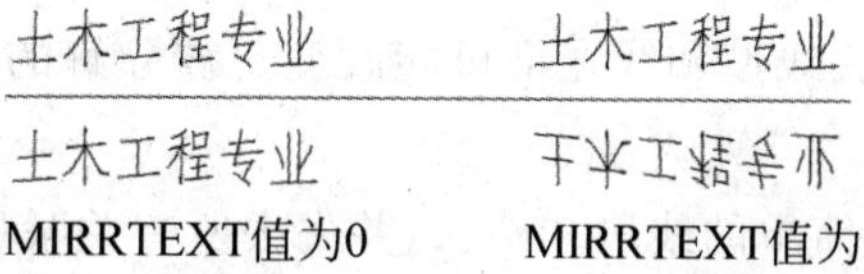

土木工程专业　　　　土木工程专业

土木工程专业　　　　土木工程专业

MIRRTEXT值为0　　　MIRRTEXT值为1

图 1-54　系统变量 MIRRTEXT 对文字方向的控制

1.3.8　打断、合并与分解

1）打断、打断于点

在两个指定点之间创建间隔，将对象打断为两个对象。

- 在命令行窗口输入命令名 BREAK(BR)。
- 单击菜单栏的【修改】菜单，然后单击【打断】命令。
- 在功能区【默认】选项卡上单击【修改▼】按钮打开折叠面板，然后单击【打断】或【打断于点】按钮。

如点不在对象上，则自动投影到该对象上。BREAK 命令常用于为块或文字创建空间（图 1-55）。

程序默认选择对象时的点作为打断的第一点。如需要在其他地方打断对象，应使用选项"第一点（F）"以重新指定打断的第一点。可通过输入"@0"来指定第二个点以使第一点和第二点重合。注意：不能在一点打断闭合对象，例如圆。

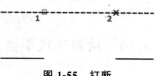

图 1-55　打断

2）合并

合并线性和曲线对象的端点，创建单个复合对象。

- 在命令行窗口输入命令名 JOIN(J)。

- 单击菜单栏的【修改】菜单,然后单击【合并】命令。
- 在功能区【默认】选项卡上单击【修改▼】按钮打开折叠面板,然后单击【合并】按钮。

合并多个对象,而无需指定源对象。使用时应注意以下几点:

(1) 合并共线对象将产生直线。

(2) 合并具有相同圆心和半径的共面圆弧可产生圆弧或圆,并以逆时针方向进行加长。

(3) 将样条曲线、椭圆圆弧或螺旋合并在一起可产生样条曲线。

(4) 合并共面直线、圆弧、多段线可产生多段线。

(5) 可使用 PEDIT 命令中的选项"合并(J)"来将一系列直线、圆弧和多段线合并为单个多段线。

(6) 构造线、射线及闭合的对象无法合并。

3) 分解

分解多段线、标注、图案填充或块参照等复合对象,将其转换为单个的元素。

- 在命令行窗口输入命令名 EXPLODE(X)。
- 单击菜单栏的【修改】菜单,然后单击【分解】命令。
- 在功能区【默认】选项卡【修改】面板上单击【分解】按钮。

任何被分解对象的颜色、线型和线宽都可能改变。被分解的对象可使用 GROUP 命令重新编组。

(1) 多段线将被分解为简单的线段和圆弧,并失去所有关联的宽度信息。

(2) 被分解的标注或图案填充将失去其所有的关联性,标注或图案填充对象被替换为独立的对象。

(3) 不能分解外部参照和它们依赖的块。

1.3.9　对齐

对齐:在二维或三维空间中将对象与其他对象对齐。

- 在命令行窗口输入命令名 ALIGN(AL)。
- 在功能区【默认】选项卡上单击【修改▼】按钮打开折叠面板,然后单击【对齐】按钮。

可指定一对、两对或三对源点和定义点来移动、旋转或倾斜选定的对象,从而将它们与其他对象上的点对齐(图 1-56)。

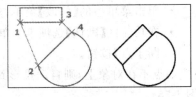

图 1-56　对齐

1.3.10　绘制建筑平面图(一)

1-18　　　1-19

某住宅建筑标准层平面图见图 1-57。抄绘其第一部分:绘制轴线、墙体、门窗及其他构件。

设置辅助绘图模式:启用极轴,增量角为 45°,附加角为 30°;启用对象捕捉及对象捕捉追踪,捕捉模式选择端点、中点、圆心、象限点、交点;启用线宽显示。

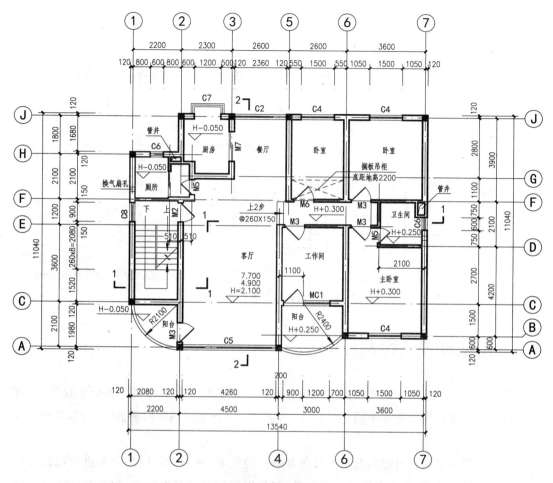

标准层平面图 1:100

未注明门边墙梁均为120mm

图 1-57　建筑平面图

　　步骤 1　使用【直线】命令,绘制 1、A 两条轴线;然后使用【偏移】命令,创建其余各轴线。

　　步骤 2　使用【偏移】命令,偏移各轴线,取得门窗洞口的位置,然后使用【多段线】命令,沿轴线创建墙体,线宽设置为 0.5。

　　步骤 3　删除辅助线,整理墙体轮廓线。

　　步骤 4　使用【直线】【圆弧】命令,绘制门窗图例。

　　步骤 5　使用【直线】命令,绘制楼梯、台阶、家具等。

　　墙体轮廓线也可使用【多线】命令绘制。设置新的多线样式,名称为【墙体轮廓】,样式设置参数见图 1-58。启动【多线】命令后,对正类型选择为【无】,比例选择为【2.4】及【1.2】(按墙厚),样式选择为【墙体轮廓】。绘图步骤及多线样式见图 1-58。

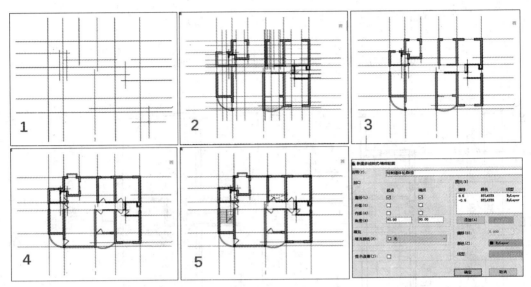

图 1-58　绘制建筑平面图(一)

1.4　图层设置及控制

　　图层是在图形中按功能或用途来组织对象的主要工具。图层的概念类似于投影片,将不同特性的对象分别绘制在不同的投影片(图层)上,再将不同的图层叠放在一起,成为一张完整的图样。

　　充分利用图层功能可提高制图的速度和修改的效率,便于对不同的对象进行编辑与管理,通过图层控制来隐藏不需要显示的信息,降低图形的视觉复杂程度,提高显示性能。图层集成了颜色、线型、线宽、打印样式以及状态,在不同的图层设置不同的样式,类似于Word 中集成了字型、段落等的样式,方便在制图过程中引用。将不同设置的图层保存起来,就可通过更换当前图层使所绘制的对象具有与当前图层相同的特性。图层的三种状态(关闭、冻结和锁定)可方便图形的绘制和修改,还可设置可见但不可打印的辅助图层,帮助初学者高效完成任务。

1.4.1　图层特性管理器

- 在命令行窗口输入命令名 LAYER(LA)。
- 单击菜单栏的【格式】菜单,然后单击【图层】命令。
- 在功能区【默认】选项卡【图层】面板上单击【图层特性】按钮。

　　进行以上任一操作后将打开【图层特性管理器】(图 1-59)。AutoCAD 默认设置一个图层 0 层,其所有特性均为默认值。用户可在此基础上根据需要自行新建、删除和重命名图层,更改它们的特性,设置布局视口中的特性替代以及添加图层说明等。

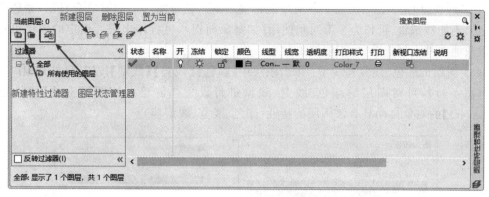

图 1-59　图层特性管理器

1.4.2　图层设置

1-20

使用图层功能绘图前,用户需通过【图层特性管理器】对图层的各项特性进行设置(图 1-59)。

(1) 状态:显示图层状态是否为【当前】。选择某图层后单击【置为当前】按钮(或同时按 Alt＋C 键),即可将该图层设置为当前图层。对象将被创建在当前图层上。

(2) 名称:程序默认新建图层名称为图层 1、2、3…,单击某图层名称,可对名称进行编辑。《房屋建筑制图统一标准》(GB/T 50001—2017)中规定了计算机辅助制图文件图层的命名格式(图 1-60)。

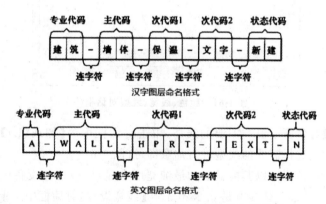

图 1-60　计算机辅助制图文件图层的命名格式

(3) 打开/关闭:控制图层上的对象是否显示在屏幕上。关闭图层上的对象不显示,能够被编辑,不能打印出来。关闭的图层可使用,但在其上创建的对象不显示。

(4) 解冻/冻结:控制图层上的对象是否显示及能否被编辑。冻结图层上的对象不显示,不能被编辑,不能作为参考对象使用(如对象捕捉),也不能打印出来。冻结的图层不能使用。

关闭的图层与冻结的图层在屏幕显示上看起来是一样的。关闭图层上的对象将继续参与程序的运算(如重新显示);冻结图层上的对象会退出程序运算,这将缩短程序的响应时间。

（5）解锁/锁定：控制图层上的对象能否被编辑。锁定图层上的对象会显示，颜色变淡（褪色），不能被编辑，可作为参考对象使用（如对象捕捉），可打印出来。锁定的图层可被使用，但只能在其上创建对象，不能编辑对象。

（6）图层的颜色、线宽和线型：单击图层中【颜色】【线宽】【线型】按钮，将打开相应的对话框（图 1-61），可对图层的颜色、线宽、线型进行设置。创建在该图层上的【特性随层（ByLayer）】的对象自动具有该图层的特性（颜色、线宽、线型等）。

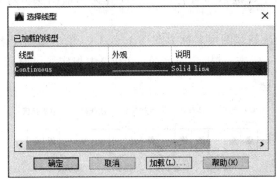

图 1-61　颜色、线宽、线型对话框

如【选择线型】对话框中没有需要的线型，单击对话框中的【加载（L）】按钮，打开【加载或重载线型】对话框，选择需要的线型进行加载即可（图 1-62）。

线宽为 0 的线将被程序以其能显示的最细宽度来显示，被打印设备以其能打印的最细宽度来打印。AutoCAD 默认线宽是 0.25mm，在【线宽设置】对话框中可重新设置默认线宽（图 1-63）。建议将土木工程施工图中的细线线宽定义为【默认】。

（7）图层透明度：控制图层中的透明度级别。图层透明度的百分比在 0～90 之间，0 为不透明，50 为半透明，最高为 90。图层透明度使图层对象层叠时显示的效果更富有层次感。图 1-64 展示了对象颜色相同但图层透明度不同时的效果。

（8）图层打印样式：程序默认为颜色打印样式。

（9）图层打印：通过单击打印机图标来控制该图层是否打印。进行过尺寸标注的文件，AutoCAD 会自动生成测量点（Defpoints）图层，此图层可使用，但不会被打印出来。

（10）图层说明：用户可编辑关于图层设置的说明，以便将来或他人使用。

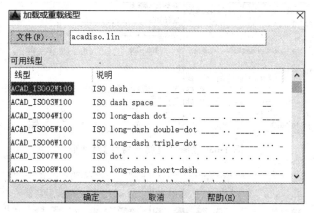

图 1-62 加载或重载线型

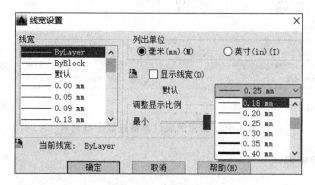

图 1-63 线宽设置

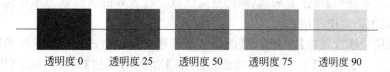

透明度 0　　透明度 25　　透明度 50　　透明度 75　　透明度 90

图 1-64 颜色相同而图层透明度不同时的效果

1.4.3 图层使用技巧

1. 图层过滤器

1-21

【图层过滤器】通过过滤指定的图层特性,将较长的图层列表减少为仅与过滤器相关的图层,缩短用户查找和修改图层设置的时间。

单击【图层特性管理器】左上方的【新建特性过滤器】(或同时按 Alt＋P 键),将打开【图层过滤器特性】对话框,可进行过滤特性设置并命名保存。【过滤器预览】可显示符合过滤器条件的图层。

图 1-65 展示了将"图层颜色为红色"作为过滤条件创建的一个图层过滤器。

图 1-66 展示了不使用和使用图层过滤器时,在【图层特性管理器】中显示的图层列表。

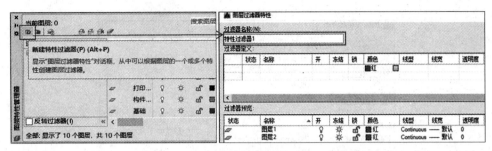

图 1-65 【图层过滤器特性】对话框

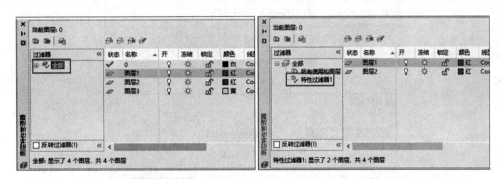

(a) 不使用图层过滤器　　　　　　　　　　(b) 使用图层过滤器

图 1-66　使用图层过滤器过滤图层列表

2. 图层状态管理器

在操作图纸时如需经常开关、冻结或锁定某些特定的图层,用户可将设置好的图层状态利用【图层状态管理器】保存下来,以避免重复设置。设置好的图层状态还可保存后在图层设置相同的其他图纸中使用。

单击【图层特性管理器】左上方的【图层状态管理器】按钮,或单击菜单栏的【格式】菜单后单击【图层状态管理器】命令;或在功能区【默认】选项卡【图层】面板上单击【图层▼】按钮打开折叠面板,然后单击【图层状态】列表框打开下拉列表,在列表中单击【管理图层状态】按钮。进行以上操作后都可打开【图层状态管理器】。图层状态的设置和使用步骤见图 1-67。

(1) 在【图层状态管理器】中单击【新建】按钮,设置好名称、空间、格式等后单击【编辑】按钮。

(2) 程序弹出【编辑图层状态】对话框,在其中设置各图层的状态。单击【确认】按钮完成图层状态设置。

(3) 在【图层状态管理器】中选择要使用的图层状态,然后在【要恢复的图层特性】窗格中选择需要的复选框,单击【恢复】按钮完成图层状态的使用。

3. 图层面板

通过功能区的【图层】面板可快速访问大部分关于图层设置的命令(图 1-68(a))。

4. 图层工具

单击菜单栏的【格式】菜单,指向【图层工具】,在子菜单中包含了大量基于对象的对图层

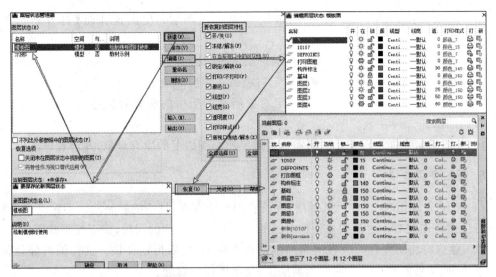

图 1-67　图层状态的设置和使用步骤

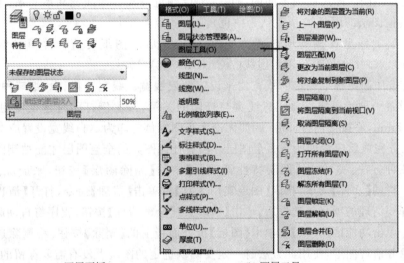

(a) 图层面板　　　　　　　　　　　(b) 图层工具

图 1-68　图层面板和图层工具

进行状态设置的工具(图 1-68(b))。常用的图层工具列举如下:

(1) 将对象的图层置为当前(命令名 LAYMCUR,下同):将选定对象所在的图层设置为当前图层。

(2) 图层匹配(LAYMCH):更改选定对象所在的图层,匹配至目标图层上。

(3) 将对象复制到新图层(COPYTOLAYER):在指定的图层上创建选定对象的副本。

(4) 更改为当前图层(LAYCUR):将选定对象的图层特性更改为当前图层。

(5) 图层隔离(LAYISO):只显示选定对象所在图层,关闭其他图层;反向操作是【取消图层隔离】

(6) 图层冻结(LAYFRZ):冻结选定对象所在图层;反向操作是【解冻所有图层(LAYTHW)】

(7) 图层关闭（LAYOFF）：关闭选定对象所在图层；反向操作是【打开所有图层（LAYON）】。

(8) 图层锁定（LAYLCK）：锁定选定对象所在图层。

(9) 图层解锁（LAYULK）：解除选定对象所在图层的锁定。

(10) 图层合并（LAYMRG）：将选定对象所在图层中的所有对象移到目标图层上，并删除原始图层。

(11) 图层删除（LAYDEL）：删除选定对象所在图层上的所有对象，并清理该图层。

5. 图层使用建议

(1) 0 层是 AutoCAD 的默认图层，在所有图形中存在，且不能被删除。不建议用户对 0 层进行任何特性改写。建议用户创建自己的具有有意义名称的图层，而不使用此图层。

(2) 建议将块所包含的所有图元都创建在 0 层上，然后再定义块。这样做的好处是在插入该块时，块将安放在插入时的当前层上，便于图层的管理。

(3) 图层的数量应以精简为原则，在够用的基础上越少越好。

(4) 建议不同的图层使用不同的颜色。图层颜色宜与打印线宽联系起来，不建议使用白色作为其他图层的颜色（0 层默认为白色）。

(5) 图层的线型比例均应设置为 1，以便于日后的图纸交流。常用线型有连续线（Continous）、点划线（CENTER）、虚线（ACAD-ISO02W100）。

(6) 应按照制图标准规定的线宽比来设定图层线宽。线宽有粗、中、细三种即可，有需要时可再设置一种特粗线。要注意线宽与打印的关系，按比例打印时建议使用 0.25mm/0.5mm/0.7mm，不按比例打印时（例如无论大小图幅都打印为 A4）线宽设置应减小一级。

(7) 任务完成后应清理所有多余图层。没有任何图元的全空图层才能被删除。删除图层有以下三种方法：①使用【图层特性管理器】中的【删除图层】按钮，来删除选定图层。②单击菜单栏的【文件】菜单，指向【图层实用工具】后单击【清理】命令，打开【清理】对话框，在其中选择要清理的项目复选框后，单击【清理】或【全部清理】按钮，程序将自动删除所有全空图层。③单击功能区【默认】选项卡【图层】折叠面板上的【删除】按钮，将删除选定图层上的所有对象并清理图层，使用此方法时一定要确认选定的图层上没有需要保留的图元。

(8) 图层合并是清理图层的另外一种方法。单击菜单栏的【格式】菜单，指向【图层工具】展开子菜单，单击【图层合并】命令；或在命令行窗口输入命令名 LAYMRG（MGR），都可将选定对象所在的图层进行合并。

(9) 包含标注对象的图形文件将自动创建 Defpoints 图层。此图层被 AutoCAD 定义为"不打印"且不能更改，任何绘制在这个图层上的对象都不能被打印出来。

(10) 设置好一组标准图层后，可将该图形文件另存为样板文件（dwt），以便在将来使用。

(11) 对于复杂图形，应考虑更复杂的图层命名标准，例如按照《房屋建筑制图统一标准》（GB/T 50001—2017）中规定的图层命名方式。这样的命名约定易于控制图层的顺序及图层列表中图层显示的顺序，也便于工程中的协同工作。

(12) 建议创建特定的图层来安放后台构造、参考几何图形以及通常不需要查看或打印的注释。

(13) 建议单独为布局视口创建特定的图层。

（14）建议将所有图案填充放置在单独的图层上，以便在一个操作中将它们全部打开或关闭。

（15）图层标准对于团队项目非常重要。建立并遵从统一的图层标准，图形组织将随着时间的推移，在部门间变得更有逻辑、更一致、更兼容以及更易于维护。

1.4.4 绘制建筑平面图（二）

某住宅建筑标准层平面图见图 1-57。抄绘其第二部分：设置图层及图层特性，并将对象放置在相应图层上。

1-22

1-23

步骤 1 打开 1.3.10 节所绘制的建筑平面图（一）（图 1-58）。

步骤 2 打开【线型管理器】，加载虚线（ACAD_ISO02W100）和点划线（CENTER）。

步骤 3 打开【图层特性管理器】，新建墙体、轴线、门窗等图层，为各图层设置颜色、线型和线宽。

步骤 4 使用"快速选择"或"选择类似对象"工具，将相同类别的图形对象（如门窗）选择出来，然后使用【特性】选项板，将选定图形对象放置在相应图层（门窗图层）上。

步骤 5 重复步骤 4，直至将所有对象都放置在对应的图层上。图层设置、线型样式及绘图结果见图 1-69。

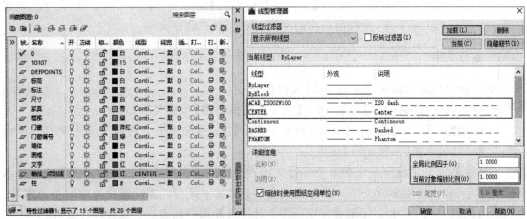

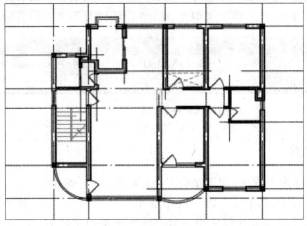

图 1-69 绘制建筑平面图（二）

1.5 AutoCAD 的文字标注

1-24

1.5.1 创建文字

AutoCAD 创建文字的方式有两种：单行文字和多行文字。

1．单行文字

- 在命令行窗口输入命令名 TEXT(DT)。
- 单击菜单栏的【绘图】菜单，指向【文字】，然后单击【单行文字】命令。
- 在功能区【默认】选项卡【注释】面板上单击【文字】按钮下方的向下箭头▼打开子面板，然后单击【单行文字】按钮。

创建一行或多行文字，每行文字都是独立的对象。注释等简短的输入项，建议使用单行文字。

（1）当前文字样式不是注释性且没有固定高度时，命令行窗口显示【指定高度】提示；当前文字样式为注释性时，命令行窗口显示【指定图纸文字高度】提示。

（2）创建的文字使用当前文字样式。在【样式】选项下输入"？"，将列出当前文字样式、关联的字体文件、字体高度及其他参数。

（3）重复执行 TEXT 命令时，在【指定文字的起点】提示下直接按 Enter 键，文字将放置在前一次创建的文字下方，并按前一次的字高、角度、样式创建文字。

2．多行文字

- 在命令行窗口输入命令名 MTEXT(MT)。
- 单击菜单栏的【绘图】菜单，指向【文字】，然后单击【多行文字】命令。
- 在功能区【默认】选项卡【注释】面板上单击【文字】按钮下方的向下箭头▼打开子面板，然后单击【多行文字】按钮。

创建由若干文字段落组成的单个多行文字对象。图纸说明等较长的输入项或需要特殊格式的文字，建议使用多行文字。多行文字支持：①文字换行；②设置段落中的单个字符、单词或短语的格式；③栏；④堆叠文字；⑤项目符号和编号列表；⑥制表符和缩进。

多行文字【文字格式】对话框，显示类似于 Word 等软件关于文字设置的内容（图 1-70）。

图 1-70 【文字格式】对话框

3．文字的高度和宽度

工程图纸中的字统称为工程字，应满足《房屋建筑制图统一标准》（GB/T 50001—2017）中关于字高、字宽的规定。图纸中汉字的高度不能小于 3.5mm，字母、数字、符号的高度不能小于 2.5mm；且并列时数字要比汉字小一号。图纸中常用字高有：2.5mm（数字最小高度)、3.5mm(汉字最小高度)、5mm、7mm、10mm、14mm、20mm 等。

打印在图纸上的文字高度与打印比例有关,例如:模型中高度是 100mm 的字,以 1∶1 打印比例打印,打印出来的字高是 100mm;以 1∶100 打印比例打印,打印出来的字高就是 1mm,即打印获得的文字高度＝模型中文字高度×打印比例。用户需要根据打印比例预设模型中文字的高度。

文字宽度因子是字体文件所提供字体的高宽比的系数。字体文件编制时已经对文字预设了一个高宽比,宽度因子在此基础上再继续加大或缩小文字的宽高比。建议图形文件中汉字的宽度因子取 1,字母、数字等可取小于 1 的数值,但不宜小于 0.75(过于细长的字可能难以辨认)。建议:TrueType 字体宽度因子取 1,SHX 字体宽度因子取 0.75～1。

1.5.2　单行文字与多行文字的互相转换

1. 单行文字转换为多行文字

- 在命令行窗口输入命令名 TXT2MTXT。
- 单击菜单栏的 Express 菜单,指向 Text,然后单击 Convert Text to Mtext 命令。
- 在功能区 Express Tools 选项卡 Text 面板上单击 Convert Text to Mtext 按钮。

扩展命令 TXT2MTXT 可将使用 TEXT 命令创建的单行文字对象从图形中删除,创建出新的多行文字对象,并尽可能保持其文字大小、字体和颜色不变。

命令启动后直接按 Enter 键将显示 Text to Mtext Options 对话框,其中的 Selection set order 选项可指定多行文字中的文字排列次序。

2. 多行文字转换为单行文字

使用【分解】命令可将多行文字分解为单行文字。

1.5.3　文字字体与文字样式

1-25

1. 文字字体

AutoCAD 可使用的字体文件主要分为两类:一类是 AutoCAD 自定义的 SHX 字体;一类是操作系统中的 TrueType 字体。

(1) TrueType 字体通常单独使用,用户可自行将 TrueType 字体文件添加到 Windows 操作系统的 Fonts 目录下。土木工程制图常用的 TrueType 字体文件有黑体、宋体、楷体等。

(2) SHX 文件即形文件,分为字形与符号形两种。

符号形用于插入特殊符号、图形及定义线型等。字形用于书写文字或符号。字形又分为大字体与小字体。大字体用于书写中文、日文、韩文等双字节文字,小字体用于书写字母、数字、符号等。

SHX 字体不能单独使用,需要大字体文件与小字体文件配合才能书写包含汉字、字母、数字和符号的文字。用户可自行添加 SHX 字体文件到 AutoCAD 安装目录中的 Fonts 目录下。常用的 SHX 字体文件有 txt.shx 和 hztxt.shx、rshz.shx 和 hzdc.shx 等。

2．文字样式

AutoCAD 通过文字样式使用文字字体，文字样式决定文字的外观。"标准"文字样式默认存在于所有图形中。用户可根据需要创建新的文字样式或修改已有文字样式，并可将该图形另存为样板文件（dwt），以便将来使用。

- 在命令行窗口输入命令名 STYLE（ST）。
- 单击菜单栏的【格式】菜单，然后单击【文字样式】命令。
- 在功能区【注释】选项卡【文字】面板上单击面板标题旁的右下箭头↘。

进行以上操作后都可打开【文字样式】对话框，可在其中设置新的文字样式。

1）设置使用 TrueType 字体的文字样式

在【文字样式】对话框中单击【新建】按钮，打开【新建文字样式】对话框；使用便于理解识别的名称如"黑体"，为新建文字样式命名，然后单击【确定】按钮，该样式名自动添加到左侧的样式列表中。在【文字样式】对话框右侧的【字体名】列表框中选择需要的字体文件如"T 黑体"，然后单击【应用】按钮。一个名为"黑体"的文字样式就设置好了（图 1-71）。

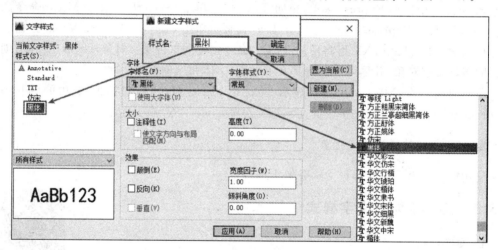

图 1-71 【文字样式】对话框

2）设置使用 SHX 字体的文字样式

使用 SHX 字体文件设置文字样式，需要在选择字体名之前，选中【使用大字体】复选框，然后分别在【SHX 字体】列表框和【大字体】列表框中选择需要的字体文件如"rshz.shx"和"hzdc.shx"（图 1-72）。其余操作与设置使用 TrueType 字体的文字样式相同。

3．关于文字样式及文字字体的一些技巧

（1）新创建的文字对象，使用当前的文字样式。

（2）使用多行文字（MT）命令创建文字时，即使选择了使用 SHX 字体文件的文字样式，系统也将自动寻找 TrueType 字体文件进行替换。

（3）文字样式及使用到的字体文件在够用的前提下，越少越好。

（4）拓展命令"文字分解"（TXTEXP），可将文字分解为图形对象，避免在不同的环境下打开文件时文字发生变化。另外将文字分解，还可得到空心文字或利用文字轮廓线建模。

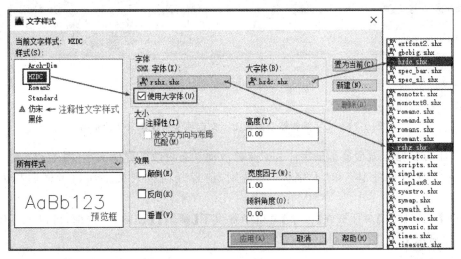

图 1-72　设置【使用大字体】的文字样式

（5）在常用的字体文件名前加"1""@"等特殊符号，可使之排列在名称列表的前面，便于查找。

（6）定义文字样式时，可不指定高度、宽度因子及倾斜角度，以使该样式适用于各种情况。

（7）系统变量 MTEXTCOLUMN 控制多行文字的默认分栏效果，值为 0 时，不分栏；值为 1 时，显示自动调整高度的动态栏；值为 2 时，显示手动调整高度的动态栏。

1.5.4　文字编辑与文字效果

1. 文字编辑

- 在命令行窗口输入命令名 TEXTEDIT（DDEDIT）或 MTEDIT。

1-26

- 单击菜单栏的【修改】菜单，依次指向【对象】【文字】，然后单击【编辑】命令。
- 直接双击要编辑的文字对象即可进入文字编辑。

对于单行文字，系统变量 TEXTED 值为 0 时，将显示在位文字编辑器；值为 1 时，将显示【编辑文字】对话框（图 1-73）。

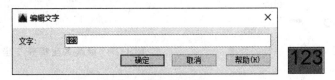

图 1-73　【编辑文字】对话框和在位文字编辑器

对于多行文字，如功能区处于活动状态，将显示【文字编辑器】功能区上下文选项卡；如功能区关闭，将显示在位文字编辑器（图 1-74）。

2. 文字效果

（1）【文字样式】对话框在【字体】列表框中列出了程序可使用的全部字体名称。单击字

图 1-74　文字编辑器功能区上下文选项卡和在位文字编辑器

体名,左下方预览框就会显示随字体和效果修改而动态更改的样例文字(图1-72)。

(2) 注意"T@字体"和"T字体"的区别,前者竖向排列文字而后者横向排列文字(图1-75(a))。

(3)【文字样式】对话框在【效果】窗格中提供了【颠倒】【反向】单选框,可以上下颠倒或左右反向显示文字(图1-75(b))。

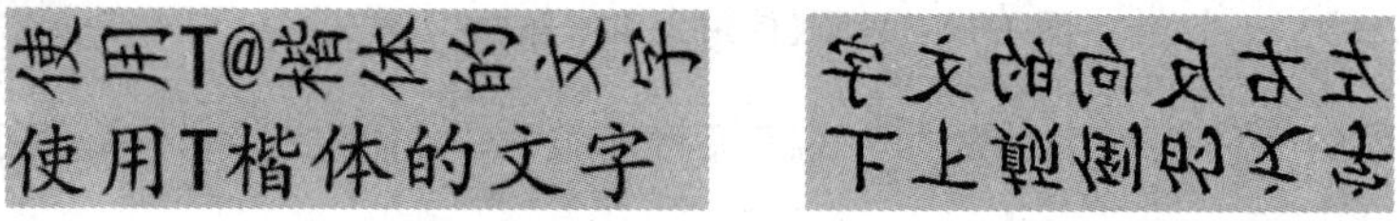

(a) T@字体和T字体　　　　　　　(b) 上下颠倒或左右反向

图 1-75　文字效果

(4) 文字的大小即字高。定义字高时,TrueType 字体约定的是其中数字的高度,SHX字体约定的是其中汉字的高度。

(5) 多行文字可使用【文字编辑器】上下文选项卡中的【堆叠】按钮,将选定的文字缩小后上下叠放,并根据插入字符的不同产生不同的堆叠效果(图1-76)。

3. 文字对齐的方法

(1) 选择需要对齐的文字,打开【特性】选项板,将 X 坐标设置到同一数值,则文字左对齐到同一列;将 Y 坐标设置到同一数值,则文字对齐到同一行(图1-77)。

图 1-76　不同文字堆叠字符的效果　　　　图 1-77　修改 X 坐标或 Y 坐标对齐文字

(2) 文字对齐命令 TEXTALIGN(TA)可将多个文字对象沿垂直、水平或倾斜方向对齐到基准对象。

(3) 选择文字后单击【文字编辑器】中的【上角标】按钮或【下角标】按钮,被选择的文字则以较小的字高显示在前列文字的右上方或右下方(图1-78)。

4. 用于文字显示控制的命令和系统变量

(1) 系统变量 QTEXT 设置为"关"(OFF)则关闭快速文字模式,显示文字具体内容;

设置为"开"(ON)则打开快速文字模式,仅显示文字外框线而不显示文字内容。

(2) 系统变量 TEXTFILL 值为 0 时以轮廓线显示 TrueType 字体文字(空心字),值为 1 时以填充形式显示 TrueType 字体文字。修改设置后需执行"消隐"(HIDE)命令才能刷新显示结果(图 1-79)。

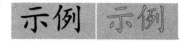　

图 1-78　上角标与下角标按钮及文字效果　　　　图 1-79　文字填充模式打开和关闭的效果

(3) 命令 TXTEXP 可将选定文字改为空心字。

(4) 命令 FILL 控制图案填充、二维实体和宽多段线等填充对象的显示,设置为"打开"则填充对象,设置为"关闭"则不填充对象。

(5) 系统变量 FILLMODE 控制图案填充、二维实体和宽多段线等填充对象的显示,值为 0 时不填充对象,值为 1 时填充对象。

(6) 系统变量 MIRRTEXT 控制文字镜像后保持文字方向(0)还是镜像显示文字(1)。

1.5.5　特殊字符

AutoCAD 提供多种输入特殊字符的方式,常用方式有以下两种。

1-27

1. 使用文字编辑器中的字符列表

在【文字编辑器】上下文选项卡或【文字格式】对话框中,单击【@符号】按钮,可打开字符列表框。单击列表中的【其他】选项,可进一步打开【字符映射表】,表中包含更多的字符。使用字符映射表中的【分组依据】,可更快速地找到所需要的字符(图 1-80)。

选择字符后单击【复制】按钮,然后返回多行文字后按 Ctrl＋V 组合键或右键进行粘贴。

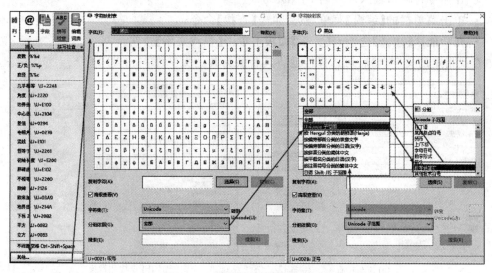

图 1-80　字符下拉列表和字符映射表

2. 使用特殊字符控制码

直接输入特殊字符的控制码也可输入字符,但是在输入特殊字符控制码之前必须设置使用正确字体文件的文字样式,否则这些控制码输入后也有可能显示为问号或方框。不同字体文件的特殊字符控制码不相同,常用特殊字符控制码详见表1-2,更多的控制码可在AutoCAD帮助文件中查找。

表 1-2　AutoCAD 常用特殊字符控制码

匹　配　符	含　义	匹　配　符	含　义
％％O	上划线	％％P	正负号±
％％U	下划线	％％％	百分号％
％％D	度(°)	\U+2082	上角标2
％％C	直径ϕ	\U+00B2	下角标2

1.5.6　拼写检查与文字查找

1. 拼写检查

- 在命令行窗口输入命令名 SPELL。
- 单击菜单栏的【工具】菜单,然后单击【拼写检查】命令。
- 在功能区【注释】选项卡【文字】面板上单击【拼写检查】按钮。

拼写检查命令可检查图形文件中所有文字的拼写,包括注释文字、单行文字和多行文字、块属性中的文字、外部参照等(图1-81(a))。该命令可透明执行。

2. 文字查找

- 在命令行窗口输入命令名 FIND。
- 单击菜单栏的【编辑】菜单,然后单击【查找】命令。
- 在功能区【注释】选项卡【文字】面板上单击【查找文字】按钮。

查找指定的文字,然后可选择性地将其替换为其他文字(图1-81(b))。

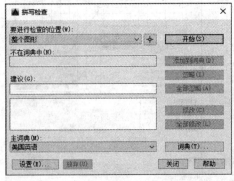
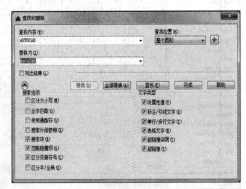

(a) 拼写检查　　　　　　　　　　　　　　(b) 查找和替换

图 1-81　【拼写检查】对话框与【查找和替换】对话框

可使用匹配符或通配符来查找包含特定字段的文字。AutoCAD 常用文字查找匹配符见表 1-3。

表 1-3　AutoCAD 常用文字查找匹配符

匹　配　符	含　义	匹　配　符	含　义
♯（井号）	匹配任意数字字符	～（波浪号）	匹配不包含自身的任意字符串
@（at）	匹配任意字母字符	[ ]（方括号）	匹配括号中包含的任意一个字符
.（句点）	匹配任意非数字字母字符	[～]（方括号波浪号）	匹配括号中未包含的任意字符
*（星号）	匹配任意字符串	[_]（方括号下过线）	指定单个字符的范围
?（问号）	匹配任意单个字符	'（单引号）	逐字读取其后的字符

1.6　AutoCAD 的尺寸标注及控制

1.6.1　创建尺寸标注样式

1-28

尺寸标注是工程设计过程中重要的环节。图形只能表达建筑物的形状，建筑各部分的大小和准确位置只能通过尺寸来表达。《房屋建筑制图统一标准》（GB/T 50001—2017）规定：尺寸包括尺寸界线、尺寸线、尺寸起止符号及尺寸数字四个组成部分。物体的大小必须以尺寸标注中的尺寸数字为准，不得从图上量取。尺寸标注样式是标注设置的命名集合，用来控制标注尺寸的外观。设置出满足国家制图标准的尺寸样式是正确标注尺寸的第一步。

- 在命令行窗口输入命令名 DIMSTYLE(D)。
- 单击菜单栏的【格式】菜单，然后单击【标注样式】命令。
- 在功能区【注释】选项卡【标注】面板上单击【标注样式】列表框，然后单击【管理标注样式】按钮；或单击【标注】按钮旁的右下箭头↘。

进行以上任一操作将打开【标注样式管理器】对话框。AutoCAD 预设的两个标注样式 ISO-25 及 Standard，都不能满足我国房屋建筑制图标准的要求，需用户自己设置。

1. 设置国标基础样式

ISO-25 样式更接近房建制图标准的要求，可在其基础上修改出满足国家标准的基础标注样式。单击【标注样式管理器】中的【新建】按钮，打开【创建新标注样式】对话框，输入【新样式名】如 GB，在【基础样式】列表框中选择"ISO-25"，然后单击【继续】按钮（图 1-82）。

在打开的【新建标注样式】对话框中修改以下内容：

（1）单击【线】选项卡，在【尺寸界线】窗格中修改【超出尺寸线】和【起点偏移量】两项内容，国标规定这两项取值 2～3mm（图 1-83(a)）。

（2）单击【文字】选项卡，在【文字外观】窗格中修改【文字样式】和【文字高度】两项内容，选择合适的文字样式及文字的高度。【文字位置】可根据需要选择性修改（图 1-83(b)）。

（3）单击【调整】选项卡，在【标注特征比例】窗格中进行选择。如在【布局】空间则选择【将标注缩放到布局】；如在【模型】空间则选择【使用全局比例】。打印比例为 1∶1 时，全局比例取 1；打印比例为 1∶100 时，全局比例取 100；以此类推（图 1-84(a)）。

（4）单击【主单位】选项卡，在【线性标注】窗格中将【小数分隔符】选择为【句点】（图 1-84(b)）。

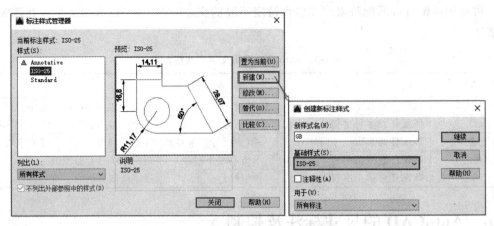

图 1-82 【标注样式管理器】对话框

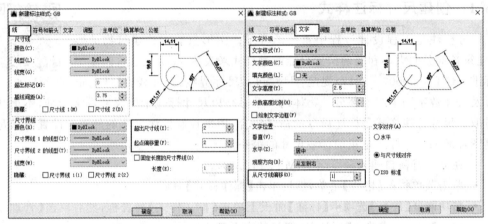

(a)【线】选项卡 (b)【文字】选项卡

图 1-83 【新建标注样式】对话框——【线】选项卡、【文字】选项卡

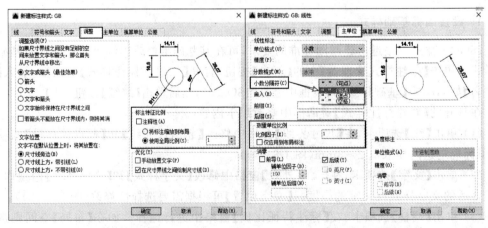

(a)【调整】选项卡 (b)【主单位】选项卡

图 1-84 【新建标注样式】对话框——【调整】选项卡、【主单位】选项卡

单击【确定】按钮返回【标注样式管理器】对话框，"GB"标注样式会显示在样式列表中。

2．设置标注子样式

1）线性尺寸标注样式

在【标注样式管理器】对话框中单击【新建】按钮，打开【创建新标注样式】对话框，【基础样式】选择"GB"，切记：将【用于】列表框中默认的"所有标注"改为"线性标注"（图 1-85(a)）。

单击【继续】按钮，打开【新建标注样式】对话框，对话框上方的新建标注样式名为"GB：线性"。单击【符号和箭头】选项卡，在【箭头】窗格中将箭头改为"建筑标记"（图 1-85(b)）。

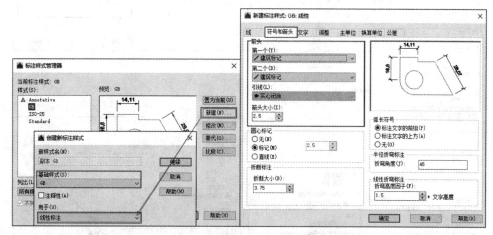

(a) 新建线性标注样式　　　　　　　(b) 符号和箭头选项卡

图 1-85　设置线性标注子样式

单击【确定】按钮返回【标注样式管理器】对话框，"线性"标注样式会显示在样式列表中。

2）直径标注样式

在【标注样式管理器】对话框中单击【新建】按钮，打开【创建新标注样式】对话框，【基础样式】选择"GB"。切记：将【用于】列表框中默认的"所有标注"改为"直径标注"。

单击【继续】按钮，打开【新建标注样式】对话框，对话框上方的新建标注样式名为"GB：直径"。单击【文字】选项卡，在【文字对齐】窗格中选择"ISO 标准"；单击【调整】选项卡，在【优化】窗格中选择"手动放置文字"和"在尺寸界线之间绘制尺寸线"（图 1-86）。

单击【确定】按钮返回【标注样式管理器】，"直径"标注样式会显示在样式列表中。

3）半径标注样式

在【标注样式管理器】对话框中单击【新建】按钮，打开【创建新标注样式】对话框，【基础样式】选择"GB"。切记：将【用于】列表框中默认的"所有标注"改为"半径标注"。

单击【继续】按钮，打开【新建标注样式】对话框，对话框上方的新建标注样式名为"GB：半径"。在【文字】和【调整】选项卡进行与直径标注样式设置相同的修改。单击【确定】按钮返回【标注样式管理器】对话框，"半径"标注样式会显示在样式列表中。

4）角度标注样式

在【标注样式管理器】对话框中单击【新建】按钮，打开【创建新标注样式】对话框，【基础样式】选择"GB"。切记：将【用于】列表框中默认的"所有标注"改为"角度标注"（图 1-87(a)）。

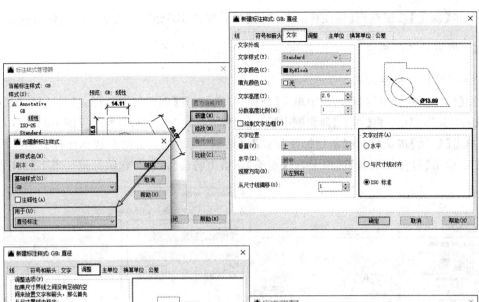

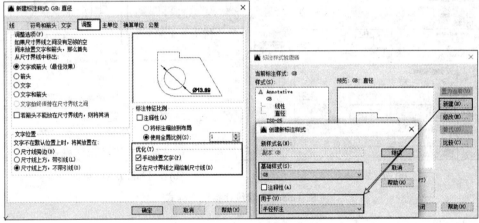

图 1-86　设置直径、半径标注子样式

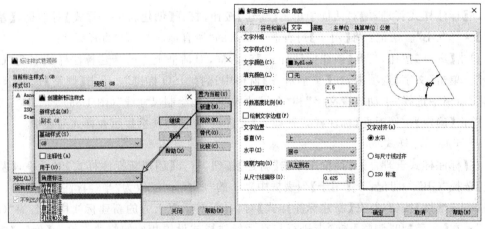

(a) 新建角度标注样式　　　　　　　(b) 文字选项卡

图 1-87　设置角度标注子样式

　　单击【继续】按钮，打开【标注样式管理器】对话框，对话框上方的新建标注样式名为"GB：角度"。单击【文字】选项卡，在【文字对齐】窗格中选择"水平"（图 1-87(b)）。

单击【确定】按钮返回【标注样式管理器】对话框,"角度"标注样式会显示在样式列表中。
至此,我们设置好了四种标注样式:线性、直径、半径、角度(图 1-88)。

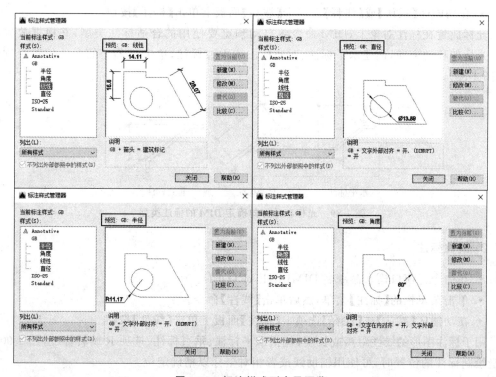

图 1-88　标注样式列表及预览

3. 标注样式使用注意事项

AutoCAD 使用"当前标注样式"创建标注。

在【标注样式管理器】对话框中使用【修改】选项更改标注样式中的设置,则图形中所有
使用该样式的标注都将自动随之改变。

在【标注样式管理器】对话框中使用【修改】选项更改标注基础样式,则基于该基础样式
设置的标注子样式也随之改变。

在【标注样式管理器】对话框中使用【替代】选项更改标注样式,程序会在样式列表中创建
一个样式替代。这个更改不会影响之前所做的标注,而是影响之后使用这个样式创建的标注。

图形中的所有标注样式都会在【标注样式】列表中列出。

1.6.2　常用的尺寸标注

土木工程制图常用的尺寸标注方法有 7 种:DIM、线性、对齐、连续、直
径、半径、角度。

1-29

1. DIM 命令

可在同一命令任务中创建多种类型的标注,通过选项更改标注类型。DIM 支持的标注
类型包括垂直标注、水平标注、对齐标注、旋转的线性标注、角度标注、半径标注、直径标注和

连续标注。

- 在命令行窗口输入命令名 DIM。
- 在功能区【默认】或【注释】选项卡【注释】面板上单击【标注】按钮。

光标放置在标注对象上,DIM 命令将自动预览要使用的合适标注类型,并根据放置尺寸时光标的移动方向,创建水平标注、对齐标注或垂直标注,单击屏幕上的合适位置绘制标注(图 1-89)。

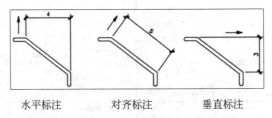

水平标注　　　　对齐标注　　　　垂直标注

图 1-89　光标移动方向确定 DIM 的标注类型

2. 线性标注

- 在命令行窗口输入命令名 DIMLINEAR(DLI)。
- 单击菜单栏的【标注】菜单,然后单击【线性】命令。
- 在功能区【默认】或【注释】选项卡【标注】面板上单击【线性】按钮。

用于标注图形的线性距离或长度,包括水平标注、垂直标注、选项 R 旋转标注(图 1-90)。确定绘制标注的位置时,可使用辅助线或者相对坐标以精确定位。

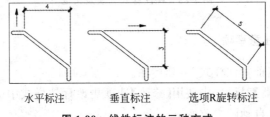

水平标注　　　　垂直标注　　　　选项R旋转标注

图 1-90　线性标注的三种方式

3. 对齐标注

- 在命令行窗口输入命令名 DIMALIGNED(DAL)。
- 单击菜单栏的【标注】菜单,然后单击【对齐】命令。
- 在功能区【默认】或【注释】选项卡【标注】面板上单击【线性】按钮旁的向下箭头▼打开子面板,然后单击【对齐】按钮。

4. 连续标注

- 在命令行窗口输入命令名 DIMCONTINUE(DCO)。
- 单击菜单栏的【标注】菜单,然后单击【连续】命令。
- 在功能区【注释】选项卡【标注】面板上单击【连续】按钮。

自动从上一个标注的尺寸界线或者从选定的界线开始,继续创建其他标注,并自动排列尺寸线。

5. 直径标注、半径标注

- 在命令行窗口输入命令名 DIMDIAMETER(DDI)、DIMRADIUS(DRA)。
- 单击菜单栏的【标注】菜单,然后单击【直径】【半径】命令。
- 在功能区【默认】或【注释】选项卡【标注】面板上单击【线性】按钮旁的向下箭头▼打开子面板,然后单击【直径】【半径】按钮。

6. 角度标注

- 在命令行窗口输入命令名 DIMANGULAR(DAN)。
- 单击菜单栏的【标注】菜单,然后单击【角度】命令。
- 在功能区【默认】或【注释】选项卡【标注】面板上单击【线性】按钮旁的向下箭头▼打开子面板,然后单击【角度】按钮。

对齐标注、连续标注、直径标注与半径标注、角度标注示例见图 1-91。

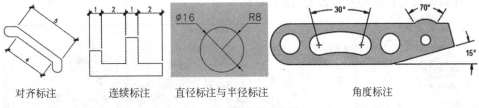

对齐标注　　　连续标注　　　直径标注与半径标注　　　角度标注

图 1-91　常用尺寸标注

1.6.3　尺寸标注样式的控制

1-30

1. 在模型空间里为图样标注尺寸

最终所得图纸结果如何与建模比例、测量比例、全局比例、打印比例有关。假定模型空间的 1 个长度单位等于 1mm,这四个比例之间的关系描述如下。

(1) 建模比例是模型与实物的线性尺寸之比,即模型中 1mm 代表实物上多少毫米。例如:实际物体长度为 100mm,建模比例为 1:100,那么模型的长度就是 1mm;如果建模比例为 1:1,模型长度就是 100mm,以此类推。尺寸标注时测量的是模型长度。

(2) 打印比例是模型对象长度与打印出来的图纸对象长度之间的比例,即模型上的 1mm 打印到图纸上是多少毫米。例如:模型长度为 100mm,打印比例为 1:1,则打印出来的图纸对象长度就等于 100mm;若打印比例为 1:100,打印出来的图纸对象长度就等于 1mm;以此类推。

(3) 测量比例是尺寸测量点之间的距离和尺寸数字的数值之间的比例,两测量点之间的长度(即模型长度)乘以测量比例就是尺寸数字的数值。例如:模型长度为 100mm,测量比例取 1,标注出来的尺寸数字是 100;如果测量比例取 2,标注出来的尺寸数字是 200;以此类推。

要使尺寸数字等于实物长度,须使测量比例与建模比例成反比。例如:建模比例为 1:1,

测量比例就等于1,若建模比例为1∶100,测量比例就等于100;以此类推。

(4)全局比例将调整模型空间中尺寸标注的字高、线宽、线长等元素,使之与打印比例配合,得到满足制图标准的尺寸标注。若打印比例为1∶100,则全局比例等于100;若打印比例为1∶1,则全局比例等于1;以此类推。全局比例不影响尺寸数字的数值,而是影响尺寸数字的字高。

综上所述,要想得到打印在标准图纸上的1∶100的建筑平面图,有两种相对简便的方式:

- 建模比例1∶1,测量比例1,全局比例100,打印比例1∶100。
- 建模比例1∶100,测量比例100,全局比例1,打印比例1∶1。

其他方式用户可根据这四个比例之间的关系自行推定。

2. 修改全局比例与测量比例

(1)全局比例和测量比例可在【标注样式管理器】的【调整】选项卡和【主单位】选项卡中进行修改。需要注意的是:从【标注样式管理器】中修改这两个比例,将使模型空间中所有使用该样式的尺寸标注都发生改变(图1-92)。

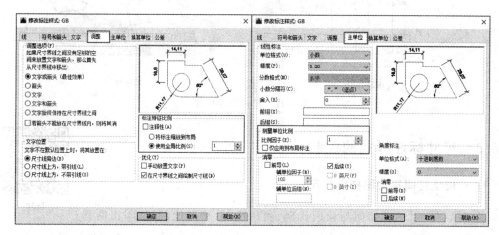

图1-92 全局比例与测量比例

(2)全局比例和测量比例还可通过系统变量来改变。使用系统变量修改这两个比例,将在【标注样式】列表中产生一个替代样式。系统变量修改之后所做的尺寸标注按新的比例标注,变量修改之前已做的尺寸标注不会发生改变。

- 测量比例因子:DIMLFAC,按Enter键后输入具体比例值。
- 全局比例因子:DIMSCALE,按Enter键后输入具体比例值。

3. 标注样式替代

在不更改当前标注样式的情况下更改尺寸标注系统变量,与不修改标注样式而是直接修改标注的系统变量等效。某些标注特性是通用的,适合设置为永久标注样式。其他基于单个标准应用的标注特性,可作为替代以便更有效地应用。设置标注样式替代的方式有以下两种。

(1)在【标注样式管理器】中使用【替代】选项,打开【替代当前样式】对话框,修改设置。

(2)在命令提示下直接更改系统变量。

　　"替代样式"将被应用到修改之后所有使用该标注样式创建的标注,直到撤销替代样式或将其他标注样式置为当前为止。

1.6.4　尺寸标注的编辑

1-31

1. TEXTEDIT(ED)命令

- 在命令行窗口输入命令名 TEXTEDIT(ED)。
- 单击菜单栏的【修改】菜单,依次指向【对象】【文字】,然后单击【编辑】命令。
- 双击要编辑的尺寸数字。

　　进行以上操作后显示在位文字编辑器,可对尺寸数字进行编辑(同文字编辑)。TEXTEDIT 命令可对多种文字对象进行编辑。

2. DIMEDIT(DED)命令

- 在命令行窗口输入命令名 DIMEDIT(DED)。
- 单击菜单栏的【标注】菜单,指向【对齐文字】,然后单击【默认】命令。
- 在功能区【注释】选项卡【标注】面板上,单击【标注▼】按钮打开折叠面板,然后单击【倾斜】按钮。

　　可编辑标注文字、尺寸界线,旋转、修改或恢复标注文字,更改尺寸界线的倾斜角。

3. DIMTEDIT 命令

- 在命令行窗口输入命令名 DIMTEDIT。
- 单击菜单栏的【标注】菜单,指向【对齐文字】,然后单击除【默认】以外的命令。
- 在功能区【注释】选项卡【标注】面板上,单击【标注▼】按钮打开折叠面板,然后单击【文字角度】【左对正】【居中对正】或【右对正】按钮。

　　通过拖动的方式移动文字和尺寸线,及文字对正方式。

4. 打开【特性】选项板

- 在命令行窗口输入命令名 PROPERTIES(PRO)。
- 单击菜单栏的【修改】菜单,然后单击【特性】命令。
- 按 Ctrl+1 组合键。

　　在【特性】选项板中对选定标注的尺寸数字通过【文字】列表中的【文字替代】进行修改。

5. EXPLODE 分解命令

- 在命令行窗口输入命令名 EXPLODE。
- 单击菜单栏的【修改】菜单,然后单击【分解】命令。
- 在功能区【默认】选项卡【修改】面板中单击【分解】按钮。

　　将标注分解后使用文字编辑器或其他编辑命令进行修改。

6. 双击标注

　　相当于 TEXTEDIT 命令,直接打开【文字编辑器】。

7. 夹点编辑

单击标注后可使用夹点编辑(图 1-93)。

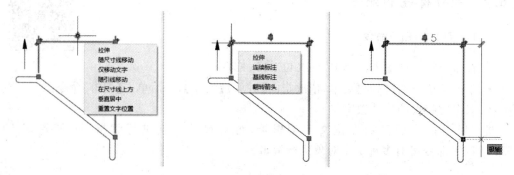

图 1-93　尺寸标注的夹点编辑

8. <>符号的使用

被编辑过的尺寸标注,其尺寸数字可能不再随测量点或测量比例的改变而更新,即失去了相关性。恢复尺寸数字与测量点之间相关性的办法是:单击尺寸进行文字编辑,在尺寸数字位置输入"<>"代替尺寸数字,即可恢复尺寸数字与测量点之间的相关性。

1.6.5　尺寸标注的关联设置

尺寸标注可关联对象,即尺寸可根据所测量的几何对象的变化而自动调整。AutoCAD默认状态下,标注关联是处于打开状态的,每个标注都"约束"在被标注对象上面。某些时候,标注关联是有好处的,比如编辑直线后,关联在直线上的标注就会自动同步更新。但有时关联的标注会出现计划外的自动同步,给制图造成困扰。

1) 标注关联性定义几何对象和标注间的关系

几何对象与标注之间存在"关联标注""无关联标注""分解标注"三种关系类型,由系统变量 DIMASSOC 控制。变量值为 2(系统默认值)时为关联标注;变量值为 1 时为无关联标注;变量值为 0 时为分解标注。

(1) 当与标注相关联的几何对象被修改时,关联标注会自动调整其位置、方向和测量值。当只有一条尺寸界线与几何对象相关联时,会出现部分关联标注。删除与标注关联的几何对象时常会发生此类情况。

(2) 非关联标注不会在其测量的几何对象被修改时自动进行更新。

(3) 分解标注包含一组独立的几何对象和文字对象,而不是单个标注对象。几何对象的尺寸与标注尺寸是不相关的,需要用户手动填写尺寸数字数值。

2) 通过【特性】选项板或 LIST 命令查询标注是否关联

(1) 关联和重新关联。DIMREASSOCIATE 命令可关联无关联标注;或单击功能区【注释】选项卡【标注】面板上的【重新关联】按钮;或单击菜单栏【标注】菜单后单击【重新关联标注】命令。选择要关联或重新关联的标注,按 Enter 键后执行以下操作:

- 若要将标注关联到特定对象,输入 s(选择对象),然后选择几何对象。
- 在对象上选择参照点来关联指定的尺寸界线。

（2）解除标注关联。DIMDISASSOCIATE 命令可解除关联标注的关联性，选择要解除关联的标注后按 Enter 键。

3）以下三种情况可使用 DIMREGEN 命令更新关联标注

（1）在布局视口中平移或缩放模型空间。

（2）打开使用早期版本修改的图形后。

（3）打开已修改外部参照的图形后。

4）注释监视器

当注释监视器处于启用状态时，它可通过显示标记来标识已失去关联性的注释。例如，当圆被删除时，受影响的标注上将显示一个标记。

5）控制新标注的关联性

在【选项】对话框的【用户系统配置】选项卡中，在【关联标注】窗格中选择【使新标注可关联】，这之后所创建的标注都是关联标注。

已取消关联的标注，使用选择【使新标注可关联】无法再次建立关联。

1.6.6　绘制建筑平面图（三）

1-32

建筑标准层平面图见图 1-57。抄绘其第三部分：尺寸标注和注释标注。

打开 1.4.4 节完成的建筑平面图（二），在其中设置满足制图标准的文字样式、标注样式后，进行图纸标注，步骤见图 1-94。

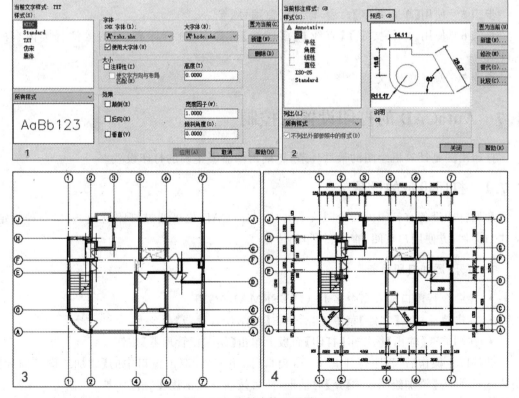

图 1-94　绘制建筑平面图（三）

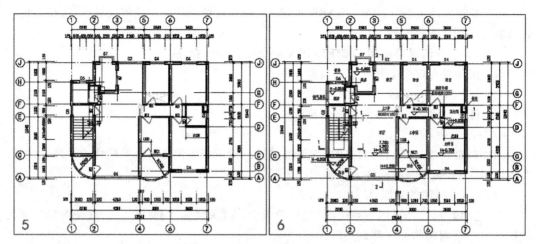

图 1-94　（续）

步骤 1　打开【文字样式】对话框，设置"HZDC""黑体""仿宋"三种文字样式，其中"HZDC"设置为使用"大字体"的样式。

步骤 2　打开【标注样式管理器】，以 ISO-25 样式为基础，设置基础样式 GB。然后再以 GB 样式为基础，设置半径、角度、线性、直径的标注样式。

步骤 3　使用【画圆】及【单行文字】命令，创建 1 号轴线编号，并将该轴号复制到每根轴线端部，然后使用【文字编辑】命令修改轴线编号。

步骤 4　使用【线性】及【连续】标注命令，为平面图标注尺寸。

步骤 5　使用【单行文字】命令，标注门窗编号。

步骤 6　使用【单行文字】【直线】【多段线】等命令，进行标高、说明等注释类内容的标注。

步骤 7　检查修改，完成全图。

1.7　AutoCAD 的打印设置及控制

打印出图是计算机绘图的最后环节，正确出图需要正确的打印设置。

1.7.1　打印设备的设置

常见打印设备有打印机和绘图仪。另外，AutoCAD 也可通过打印设置，输出各种指定格式的文件，方便用户审阅、查看、打印和传输。

1. 打开/添加打印设备

- 在命令行窗口输入命令名 PLOTTERMANAGER。
- 单击菜单栏的【文件】菜单，然后单击【绘图仪管理器】命令。
- 在功能区【输出】选项卡【打印】面板上单击【绘图仪管理器】按钮。

进行以上操作后，程序打开 Plotters 窗口（图 1-95）。双击窗口中的【添加绘图仪向导】快捷方式，打开【添加绘图仪-简介】对话框，然后按向导提示逐步完成添加。

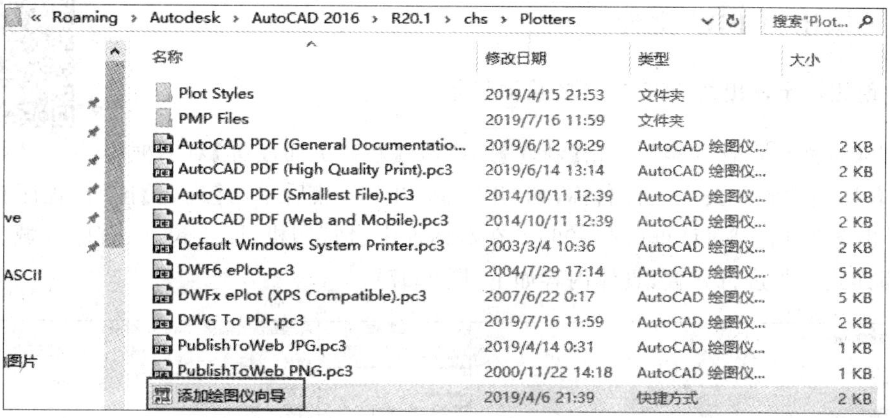

图 1-95　Plotters 窗口

2. 绘图仪配置编辑器

打开 Plotters 窗口，双击窗口中的绘图仪配置文件图标，如 DWG To PDF.pc3，打开相应的【绘图仪配置编辑器】对话框，可对绘图仪进行相关设置。

3. 创建页面设置

页面设置是 AutoCAD 按名称保存的【打印】对话框中所有设置的集合，可存储不同打印所需的设置，例如从图形创建 PDF 文件、图形中的不同布局、多个输出设备或格式、不同图纸尺寸等，都可使用页面设置赋名保存。页面设置可保存在图形样板文件中，也可从其他图形文件中输入。

- 在命令行窗口输入命令名 PAGESETUP。
- 单击菜单栏的【文件】菜单，然后单击【页面设置管理器】命令。
- 在功能区【输出】选项卡【打印】面板上单击【页面设置管理器】按钮。

进行以上操作后程序打开【页面设置管理器】对话框(图 1-96)，用户可以在对话框中对赋名保存的页面设置进行管理(如置为当前或修改)，也可新建页面设置。

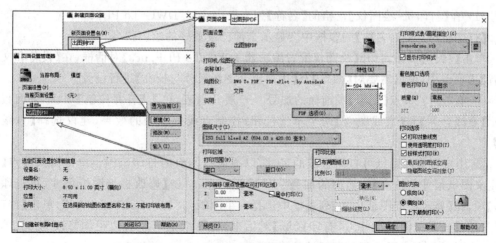

图 1-96　【页面设置管理器】及【页面设置】对话框

1.7.2　输出为 PDF 文件

1. 创建用于输出为 PDF 文件的页面设置

打开【页面设置管理器】,单击【新建】按钮,在【新建页面设置】对话框中 　1-33
输入具有描述性的新页面设置名称,如"出图到 PDF",然后单击【确定】按钮,程序打开【页
面设置-出图到 PDF】对话框(图 1-96)。在对话框中对打印机、图纸尺寸、打印区域、打印比
例、打印样式表等进行设置,具体内容如下(图 1-97)。

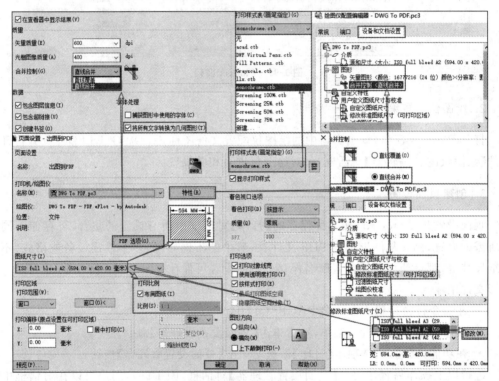

图 1-97　页面设置

(1) 在【打印机/绘图仪】窗格的【名称】列表框中选择"DWG To PDF.pc3"。

【打印机/绘图仪-名称】列表框中会显示全部已设置好的绘图仪名。

单击【特性】按钮,打开【绘图仪配置编辑器-DWG To PDF.pc3】对话框,在【设备和文档
设置】选项卡中,根据需要对【图形】及【用户定义图纸尺寸与校准】进行设置。

① 单击树状节点【图形】项前面的加号"+"展开列表,单击【合并控制】项,下方面板中
显示【直线合并】和【直线覆盖】两个单选按钮,控制直线交叠处的效果,建议选择【直线合
并】。

② 用户可修改图纸可打印区域的尺寸,以适应打印机的打印范围。单击树状节点【用
户定义图纸尺寸与校准】项前面的加号"+"展开列表,单击【修改标准图纸尺寸(可打印区
域)】项,在【修改标准图纸尺寸】列表框中选择一个图纸如"ISO full bleed A2",单击【修改】
按钮打开【自定义图纸尺寸.可打印区域】对话框,将图纸上下左右边距均修改为 0。单击
【下一步】按钮,完成图纸可打印区域的修改。

（2）单击【PDF 选项】按钮，打开【PDF 选项】对话框，可针对文件的特定用途，优化 PDF 文件。【合并控制】列表框提供"直线覆盖""直线合并"两个选项。选择【将所有文字转换为几何图形】有助于解决不同计算机安装系统字库不同造成的文字变化问题。

（3）在【图纸尺寸】列表框中显示选定打印设备可用的图纸。土木工程专业打印相关图纸时，建议选择 ISO full 系列图纸，并按前述方法修改图纸可打印区域，使"图纸尺寸"等于"可打印区域"。【打印机/绘图仪】窗格中的【局部预览框】可精确显示相对于图纸尺寸和可打印区域的有效打印区域，帮助用户检查图纸尺寸的设置是否满足要求。

（4）【打印区域】窗格中可指定模型空间中要打印的图形部分。在【打印范围】列表框中提供了四种打印区域的选择方式。

- 范围。打印当前空间内包含对象的图形部分，当前空间内的所有几何图形都将被打印。
- 显示。打印【模型】选项卡当前视口中的视图或【布局】选项卡当前图纸空间的视图。
- 视图。用户可从列表中选择命名视图。如图形中没有已保存的视图，此选项不可用。
- 窗口。打印以窗口指定的图形部分。选择"窗口"后，右侧的【窗口】按钮变为可用。单击右侧的【窗口】按钮，在屏幕上使用"窗选"方式确定打印范围。

（5）【打印偏移】窗格中可指定打印区域相对于可打印区域左下角或图纸边界的偏移。需注意，打印机和绘图仪都具有内置的页边距。此设置应基于打印机、绘图仪或其他输出设备而进行更改。

（6）建议在【打印比例】窗格中做如下设置：从布局空间打印图纸，使用 1：1 比例。从模型空间打印图纸，使用【布满图纸】；选择【布满图纸】后比例列表框将不可用，但可显示当前打印区域的打印比例，帮助用户校验相关设置是否正确。

（7）单击【预览】按钮可显示图形的打印预览，帮助用户检查打印结果。建议用户在页面设置过程中经常使用打印预览仔细检查。

（8）【打印样式表】提供基于颜色的打印处理信息，有颜色相关打印样式表（ctb）和命名打印样式表（stb）两种类型。选择合适的打印样式可解决彩色图样与单色输出之间的矛盾。AutoCAD 的打印样式预置于【打印样式表】中。

- acad.ctb：AutoCAD 的默认打印样式表，所有颜色使用对象颜色打印（彩色打印）。
- grayscale.ctb：打印时将所有颜色转换为灰度。
- monochrome.ctb：将所有颜色打印为黑色（黑白打印）。
- 无：不应用打印样式表。
- Screening 100%/75%/25%.ctb：对所有颜色使用 100%/75%/25%墨水。

使用打印样式的技巧。

① 单击版本标志按钮指向【打印】后，单击【管理打印样式】命令打开 Plot Styles 文件夹，把用户自定义的打印样式表文件复制到 Plot Styles 文件夹中，此打印样式即自动出现在【页面设置管理器】上的【打印样式表】中（图 1-98）。

② 使用颜色相关打印样式表的常用方法。

方法一：使用实体线宽及黑白打印样式。

对象的颜色、线型、线宽都随图层（ByLayer），也可单独修改对象的线宽。

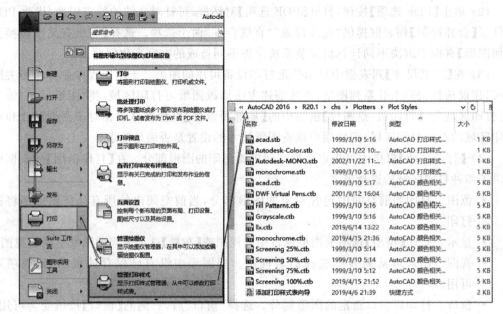

图 1-98　向打印样式列表中添加打印样式

选择 monochrome. ctb 打印样式,选择默认线宽,使用实体对象线宽,单独设置淡显或打印线型。

方法二:使用颜色来控制打印输出线宽以及淡显。

事先按颜色区分打印时需要的线宽种类及要求。

选择 acad. ctb 打印样式,选择所有颜色并设置为黑白格式,根据实际要求设置相应的线宽,并可设置淡显或打印线型。

③ 淡显是在打印对象时使用较少的墨水,从而使对象显得比较暗淡。淡显可不借助颜色区分图形中的对象。淡显值为 0~100 的数字。100 表示不使用淡显;0 表示不使用墨水,在视口中不可见。同一种颜色不使用淡显和使用淡显的效果对比见图 1-99。

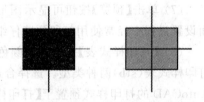

图 1-99　不使用淡显与使用淡显的效果

(9) 对页面设置满意后,单击【确定】按钮,保存页面设置。

创建新的页面设置,也可通过【打印】对话框进行,设置的步骤与前述类似。

2. 打印对话框

- 在命令行窗口输入命令名 PLOT。
- 单击菜单栏的【文件】菜单,然后单击【打印】命令。
- 在功能区【输出】选项卡【打印】面板上单击【打印】按钮。

进行以上操作将打开【打印-模型】对话框(图 1-100)。【打印】设置与【页面设置】相似。

(1)【页面设置】窗格【名称】列表框中列出了图形中已命名或已保存的页面设置供选择使用,也可单击列表框右侧的【添加】按钮,创建一个新的页面设置。

(2)【打印机/绘图仪】窗格【名称】列表框中显示全部已设置好的绘图仪名。

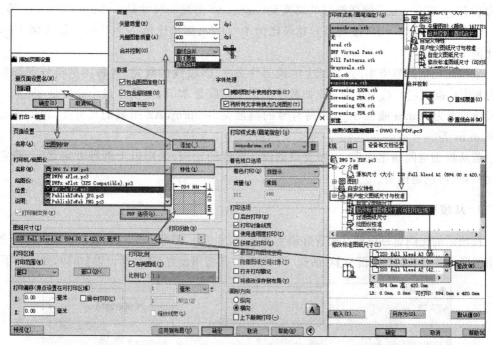

图 1-100　【打印-模型】对话框

单击【特性】按钮打开【绘图仪配置编辑器】，根据需要修改【图形-合并控制】及【自定义图纸尺寸-可打印区域】。

(3) 选择【打印到文件】复选框后，打印文件的默认位置可以在【选项】对话框【打印和发布】选项卡的【打印到文件操作的默认位置】中查找。

(4) 仅在选择了可生成 PDF 格式文件的打印设备时【PDF 选项】按钮才可用。

(5)【图纸尺寸】和【打印比例】窗格中各选项的设置参见"页面设置"。

(6) 根据打印需要选择打印样式表。acad.ctb 适用于彩色打印；monochrome.ctb 适用于黑白打印。

1.7.3　从模型空间输出图形

1-34

从模型空间输出图形，是房屋建筑行业常用的出图方式，具有模型图纸直观明了、图面布置永久可查、模型修改与图纸修改同步等优点。但其缺点是建模时就必须全面考虑图样比例、建模比例、打印比例和尺寸标注的测量比例之间互相制约的关系。一旦模型建好，再更改相关比例将很困难。

从模型空间中输出图形，"出图"应贯穿整个建模过程，其实质是"模型"即"图纸"。在建模伊始，用户就需要明确前述四个比例的关系，选定适合工作需要的比例配置方案。

1. 两种相对简便的比例配备方案

(1) 图样比例 1:N（按规范），建模比例 1:N，测量比例 N，全局比例 1，打印比例 1:1。

采用此比例配置方案时，图纸上的说明性文字、多段线的线宽、各种图例符号等都应设置为制图标准的规定值。例如，数字最小高度是 2.5mm，汉字最小高度是 3.5mm，粗多段线线宽为 0.7mm 或 0.5mm,标高符号的高度是 3mm,A2 图幅的尺寸是 594mm×420mm 等。

（2）图样比例 1∶N（按规范）,建模比例 100∶N,测量比例 N∶100,全局比例 100,打印比例 1∶100。

采用此比例配置方案时,图纸上的说明性文字、多段线的线宽、各种图例符号等都应设置为制图标准规定值的 100 倍。比如数字的最小高度是 250mm,汉字最小高度是 350mm,粗多段线线宽为 70mm 或 50mm,标高符号的高度是 300mm,A2 图幅的尺寸是 59400mm×42000mm 等。

若从模型空间输出图形,模型要根据设计图样的比例,采用以上两种方案之一,确定建模比例后,再创建模型。

2. 从模型空间输出图形

按预定的比例建好模型并配置好说明文字、尺寸标注及图幅图框后,就可使用【打印】命令输出图形了。打开【打印-模型】对话框（图 1-101）,其常用设置与【页面设置】相同,列举如下:

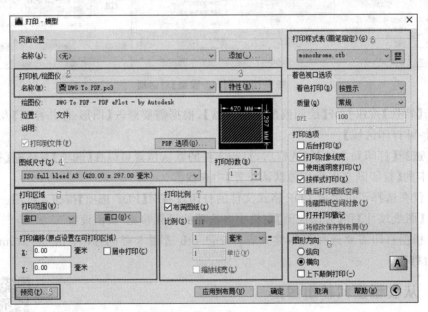

图 1-101 【打印-模型】对话框

（1）单击【特性】按钮打开【绘图仪配置编辑器】对话框中的【设备和文档设置】选项卡,单击树状节点【用户自定义图纸尺寸与校准】下的【修改标准图纸尺寸（可打印区域）】项,将所选图纸四边的边距均改为 0。

（2）在【图纸尺寸】列表框中选择图纸边距已修改为 0 的图纸。

（3）在【打印范围】列表中选择"窗口",单击右侧的【窗口】按钮,然后启用对象捕捉,用光标捕捉图框的对角点,以精准确定打印区域。

（4）在【打印比例】窗格中选择【布满图纸】。观察下方的【比例】列表框（不可用）,若显示为预想的比例,例如 1∶1 或 1∶100,则说明设置正确,否则应返回检查修改。

（5）单击【预览】按钮,仔细检查以发现问题。按 Esc 键可返回【打印-模型】对话框继续修改。

　　从一个图形文件中打印多张类似图纸时,打印好第一张图纸后,再打印其他图纸,只需在【页面设置】的【名称】列表框中选择"上一次打印",页面设置即自动恢复成打印第一张图纸时的设置,然后单击【窗口】按钮选择第二次要打印的内容即可。

1.7.4　从模型空间输出图形的常见问题

　　(1) 图形不在图纸中间:检查【图纸尺寸】【图纸可打印范围】【打印偏移】及【图形方向】。

　　(2) 打印出来的黑白图纸,图案颜色深深浅浅:检查【打印样式表】中的选择是否正确。

　　(3) 图线重叠处变成浅色:单击【特性】按钮,在【绘图仪配置编辑器】对话框的【设备和文档设置】选项卡中单击【图形】节点下的【合并控制】项,选择"直线合并"(图 1-102(a));或单击【PDF 选项】按钮,在【PDF 选项】对话框【质量】窗格中的【合并控制】列表框中选择"直线合并"(图 1-102(b))。

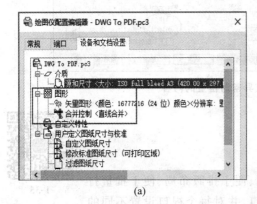
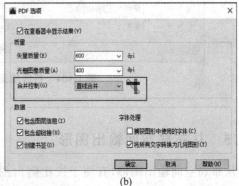

(a)　　　　　　　　　　　　　　　　(b)

图 1-102　图形的合并控制

　　(4) 打印比例不是预想比例:检查【图纸尺寸】【图纸可打印范围】【打印偏移】及【图形方向】的设置是否正确。将光标放置在【特性】按钮下方的【预览框】上,会显示所选择图纸的图纸尺寸和可打印区域尺寸,二者应相等,否则应修改图纸可打印范围。

　　(5) 生成的 PDF 文件中文字样式或位置改变:单击【PDF 选项】按钮打开【PDF 选项】对话框,在【字体处理】窗格中选择【将所有文字转换为几何图形】(图 1-102(b))。

　　(6) 部分图形内容不见:检查【打印样式表】是否正确;检查缺失的内容是否被放置在不可打印的"DEFPOINTS"图层上,或缺失内容所在的图层打印状态是否被设置为"不打印"(图 1-103)。

状态	名称	开	冻结	锁定	颜色	线型	线宽	透明度	打印样式	打印	新视口
✔	0	○	☼	☐	☐白	Conti…	—— 默认	0	Color_7	⊖	☐
⊘	10107	○	☼	☐	■15	Conti…	—— 默认	0	Color_15	⊖	☐
⊘	DEFPOINTS	○	☼	☐	☐白	Conti…	—— 默认	0	Color_7	⊜	☐
⊘	打印图框	○	☼	☐	☐白	Conti…	—— 默认	0	Color_7	⊖	☐
⊘	构件标注	○	☼	☐	☐140	Conti…	—— 默认	0	Color_140	⊖	☐
⊘	基础	○	☼	☐	■150	Conti…	—— 默认	0	Color_150	⊖	☐

图 1-103　不可打印的图层

　　(7) 全部内容不见:图 1-104 中画圈处有未设置或设置不合适内容,可能导致全部打印内容不见。

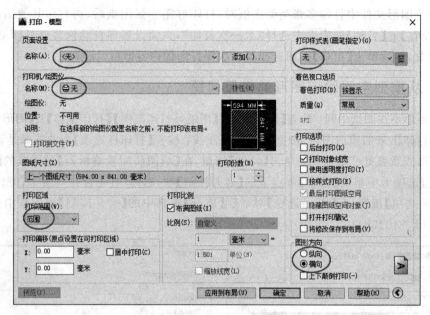

图 1-104　打印预览异常时检查的内容

1.7.5　从布局空间输出图形

从布局空间输出图形,有便于按比例出图、便于排版布局、便于批量打印等三个优势。在布局空间中可创建多个视口,并对每个视口设置不同的比例。这样在模型空间中按 1:1 比例绘制的图样,就可轻松地使用不同比例出图,而无需过多考虑尺寸、线宽、字高等。布局空间中的多个视口可任意拖动,便于排版。用户可创建多个布局,然后使用【发布】功能,批量处理需要打印的文件。

从布局空间输出图形的一般操作步骤如下(图 1-105)。

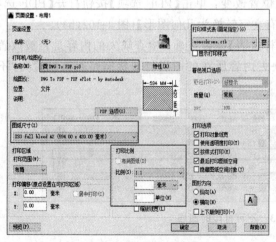

(a) 在布局空间进行页面设置

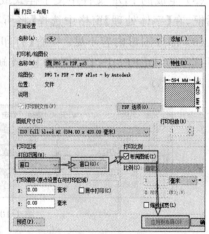

(b) 选定打印范围并应用到布局

图 1-105　从布局空间输出图形

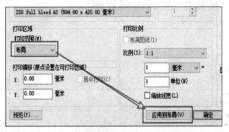

(c) 将布局应用到布局　　　　　　(d) 在布局空间创建打印视口

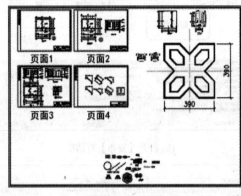
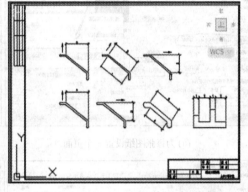

(e) 创建多个视口并按比例锁定视口　　　　　(f) 逐一打印各视口

图 1-105　（续）

（1）在布局空间中创建一个不可打印的图框，图框尺寸等于要打印图纸的尺寸。

（2）在布局空间里打开【页面设置-布局 1】对话框，页面设置方法与从模型空间输出图形相同。

（3）在布局空间中打开【打印-布局 1】对话框，选择在步骤（2）中完成的页面设置，将【打印范围】设置为【窗口】，单击【窗口】按钮后，用光标捕捉步骤（1）中创建的图框的对角点。

（4）返回【打印】对话框后，将【打印比例】设置为【布满图纸】，然后单击【应用到布局】按钮。

（5）重新将【打印范围】设置为【布局】，再次单击【应用到布局】按钮后，关闭【打印】对话框。

（6）在功能区【布局】选项卡的【布局视口】面板上单击【矩形】按钮，然后在"可打印区"内框选出该视口的范围。使用【布局视口】面板上的【命名】【裁剪】和【锁定】按钮，可对该视口进行命名、裁剪或锁定/解锁视口对象的比例。

（7）双击"视口"内的空白处，即由布局空间进入模型空间。通过视图缩放命令，将需要打印的内容显示在视口内。单击屏幕下方状态栏的【选定视口比例】按钮，选择需要的比例，然后锁定视口。

（8）依次设置好各个视口后，双击"可打印区"外的空白处，重新返回布局空间。

（9）打开【打印】对话框，对该布局进行打印。

1.7.6　批量打印

建筑项目的图纸数量较多但图幅种类较少，出图打印是一项烦琐而重复的操作。

AutoCAD 能够以多种方式批量打印图纸,减少重复操作,提高出图效率。

1. 模型空间打印

从模型空间打印多张图纸的步骤见图 1-106。

(a) 为每张图纸设置一个页面　　　　　　　　(b) 打开【发布】对话框

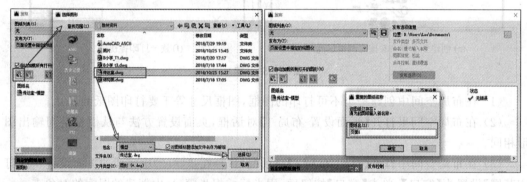

(c) 向图纸名列表中添加图纸

(d) 对应图纸名列表与页面设置列表

图 1-106　从模型空间批量输出图纸

（1）打开【打印-模型】对话框,为文件中的每张图纸设置一个页面设置。注意使用【窗口】按钮选择打印范围,并使每个页面设置对应一张图纸。

（2）单击菜单栏的【文件】菜单,然后单击【发布】命令;或单击功能区【输出】选项卡【打印】面板的【批处理打印】按钮；或输入命令名 Publish，都将打开【发布】对话框。

（3）在【发布】对话框中单击【添加图纸】按钮，向【图纸名】列表中添加需要打印的图纸。每次添加图纸时，会弹出【重复的图纸名称】提示，可将"图纸名"与步骤（1）中为每张图纸设置的"页面设置名"相关，以便于管理。

（4）单击【图纸名】列表右侧的【页面设置】列表框，选择步骤（1）设置好的"页面设置名"，使一张图纸名对应一个页面设置名。

（5）单击下方的【发布】按钮，完成批量打印，AutoCAD 提示"完成发布和打印作业"。

2．布局空间打印

从布局空间打印多张图纸的步骤见图 1-107。

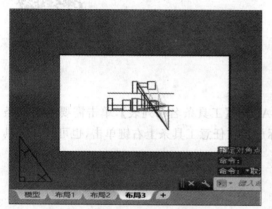
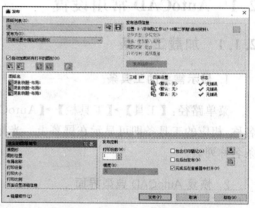

(a) 为每张图纸设置一个布局　　　　(b) 自动加载所有打开图形

图 1-107　从布局空间批量输出图纸

（1）在布局空间中，为每个需要打印的图样设置布局。

（2）打开【发布】对话框，选择【自动加载所有打开的图形】复选框，则在【图纸名】列表中会显示所有设置好的布局名称列表。删除不需要打印的布局。

（3）单击【发布】按钮，完成批量打印，AutoCAD 提示"完成发布和打印作业"。

3．批量打印插件

下载并安装 CAD 批量打印插件，并使用其进行批量打印。常见小程序有 SmartBatchPlot（智能批量打印）、尧创批量打印中心、CAD 批量打印精灵、CAD 批量打印大师等。

第**2**章

AutoCAD 使用技巧

2.1 AutoCAD 常用设置

2.1.1 加载工具条

2-1

1. 显示需要的工具条

菜单路径：【工具】→【工具栏】→【AutoCAD】→【工具条名称列表】，单击需要的工具条名称，相应的工具条即可显示在屏幕上。光标放置在任意工具条上右键单击，也可打开工具条名称列表。

2. 恢复 AutoCAD 典型界面

菜单路径：【工具】→【选项】→【选项】对话框→【配置】选项卡→【重置】（图 2-1）。

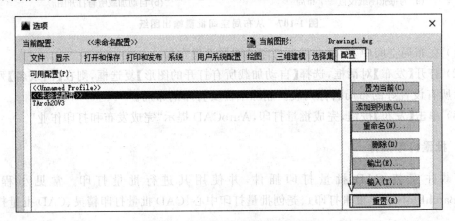

图 2-1　从【选项】对话框重置配置

2.1.2 加载应用程序

1. 加载应用程序

命令名 APPLOAD；菜单路径：【工具】→【加载应用程序】，或【工具】→AutoLISP→【加载应用程序】；功能区路径：【管理】→【应用程序▼】→【加载应用程序】。进行以上操作都将打开【加载/卸载应用程序】对话框。

在【加载/卸载应用程序】对话框中选择需要加载的应用程序后,单击【加载】按钮,对话框左下角即会显示"已成功加载某应用程序"的提示。这样加载的应用程序只在当前可用(图 2-2)。

若要每次启动 AutoCAD 时都自动加载应用程序,需将应用程序文件添加到"启动组"。

2. 在每次启动 AutoCAD 时自动加载应用程序

在【加载/卸载应用程序】对话框中单击【启动组】窗格中的【内容】按钮,打开【启动组】对话框;在【启动组】对话框中单击【添加】按钮,打开【将文件添加到启动组】对话框,在文件名称列表中选择需要加载的应用程序后,单击【打开】按钮;选定的应用程序即出现在【启动组】对话框的【应用程序列表】中,在【加载/卸载应用程序】对话框左下角也会显示"已将某应用程序添加到'启动'组中"的提示(图 2-2)。

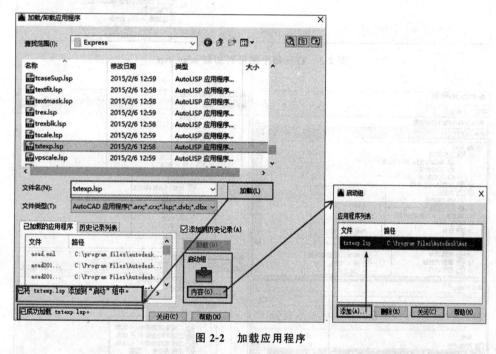

图 2-2　加载应用程序

3. 在打开每个图形文件时自动加载应用程序

方法一:菜单路径为【工具】→【选项】→【选项】对话框→【系统】选项卡→【安全选项】,打开【安全选项】对话框,将【自动加载】窗格中的"选择加载 acad.lsp 的方法"选择为"在打开每个图形时加载 acad.lsp"(图 2-3)。

方法二:系统变量 ACADLSPASDOC 的值为 0 时,仅将 acad.lsp 加载到 AutoCAD 任务打开的第一个图形文件中;值为 1 时,将 acad.lsp 加载到每一个打开的图形文件中。

2.1.3　自定义用户界面

用户自定义工具条与自定义面板的操作流程相同。以自定义功能区面板为例,简述自定义用户界面的流程(图 2-4)。

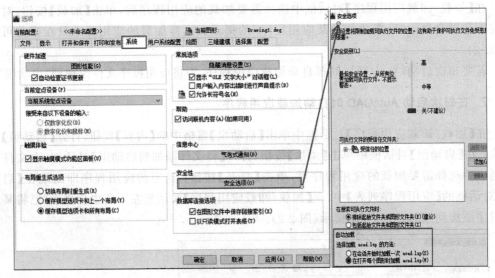

图 2-3　打开每个图形时加载 acad. lsp

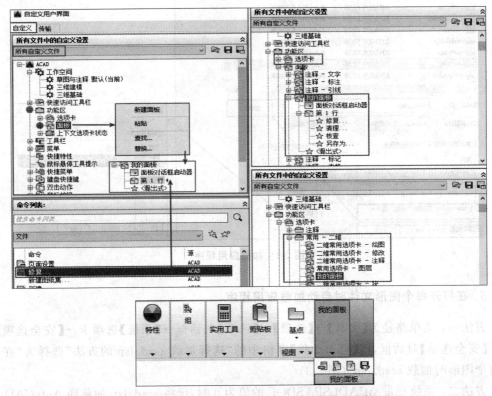

图 2-4　通过【自定义用户界面】对话框自定义面板

（1）菜单路径：【工具】→【自定义】→【界面】，打开【自定义用户界面】编辑器。

（2）选择编辑器中的【自定义】选项卡，在【所有自定义文件】列表中，展开【功能区】节点，然后将光标放置在【面板】上，单击鼠标右键，选择弹出快捷菜单中的【新建面板】并为新建面板赋名，如"我的面板"。【我的面板】即出现在【面板】树状节点的最后。

（3）在编辑器【自定义】选项卡的【命令列表】中选择命令，如"修复"，然后将其拖动到【我的面板】中，为【我的面板】添加一个工具按钮。参照前述步骤，向面板中依次添加其他工具。

（4）在【所有自定义文件】列表中将【我的面板】拖动至【功能区】→【选项卡】→【常用-二维】节点中。

（5）单击【确定】按钮完成设置，自定义的【我的面板】自动添加在【默认】选项卡的最后列。

2.1.4　自定义快捷键

菜单路径：【工具】→【自定义】→【编辑程序参数（acad. pgp）】（图 2-5（a））；或者功能区路径：【管理】→【自定义设置】→【编辑别名】。进行以上操作都将打开【acad. pgp-记事本】文件（图 2-5（b）），在文件中找到想要修改的快捷键和命令内容，并对其进行修改。

修改 acad. pgp 文件后，需要重新初始化程序参数文件，自定义的快捷键才能使用。命令 REINIT 可打开【重新初始化】对话框，选择【PGP 文件】复选框，然后单击【确定】按钮（图 2-5（a））。

拓展命令"别名编辑"（ALIASEDIT）可打开 acad. pgp-AutoCAD Alias Editor 对话框（图 2-5（c）），在对话框中编辑命令的快捷键，比直接编辑 acad. pgp 文件更加直观。

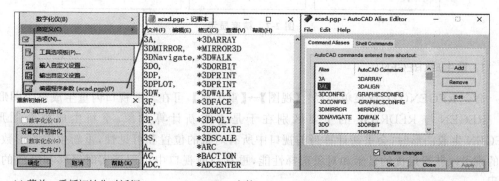

　　(a) 菜单、重新初始化对话框　　　(b) acad.pgp文件　　　(c) acad.pgp对话框

图 2-5　自定义快捷键

2.1.5　去除屏幕迹点

系统变量 BLIPMODE 控制是否显示用户操作时光标点取屏幕的痕迹（迹点）。AutoCAD 2012 之后的版本中，此系统变量已被废止，如需使用，在变量名前加点号"."，即在命令行窗口输入". BLIPMODE"。ON 模式显示迹点，OFF 模式不显示迹点（图 2-6）。

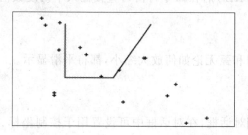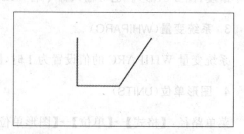

图 2-6　显示/不显示屏幕迹点

菜单路径:【视图】→【重画(REDRAW)】【重生成(REGEN)】或【全部重生成(REGENALL)】,这三个命令都能刷新视口显示,删除由于某些操作遗留在视口中的临时图形或零散像素。

2.1.6　精度显示

默认状态下 AutoCAD 使用多边形显示圆或圆弧。多边形边数越多,圆看上去就越平滑。为提高显示性能,程序会优化显示数据,多边形的边数取决于圆在当前视图中的大小,圆(弧)显示比较小时用较少的段数;显示较大时用较多的段数。当一个圆(弧)被突然放大数倍时,有可能因使用边数较少而显示为多边形(图 2-7)。这种情况虽不影响绘图精度,但是会给用户造成视觉困扰。

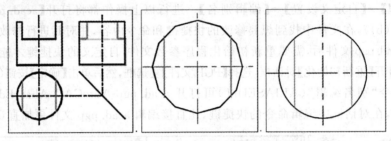

图 2-7　精度显示

1. 重生成(REGEN)

命令 REGEN(G),或菜单路径:【视图】→【重生成】,可在当前视口内重生成整个图形。

REGEN 与 REDRAW 的主要区别在于是否重新计算对象、重新生成整个图形。REGEN 生成图形时,会重新计算当前视口中所有对象的位置和可见性,重新生成图形数据库的索引以获得最优的显示和对象选择性能,重置当前视口中可用于实时平移和缩放的总面积。

2. 圆和弧的平滑度(VIEWRES)

AutoCAD 中可调整圆和弧的平滑度,平滑度设置越高,多边形使用的边数越多,显示的圆弧就越光滑。圆弧平滑度可设置成 3～20000,默认平滑度是 100。设置较高的平滑度值可提高显示质量,但 AutoCAD 性能将受到影响。

菜单路径:【工具】→【选项】→【选项】对话框→【显示】选项卡,在【显示精度】窗格中设置平滑度(图 2-8(a))。也可输入命令名 VIEWRES 后在命令行窗口直接输入平滑度数值。

3. 系统变量(WHIPARC)

系统变量 WHIPARC 的值设置为 1 时,圆和弧无论如何放大缩小,都将平滑显示。

4. 图形单位(UNITS)

菜单路径:【格式】→【单位】→【图形单位】对话框,在对话框中可设置用于控制坐标、距离和角度的显示格式、显示精度等,并保存在当前图形中(图 2-8(b))。

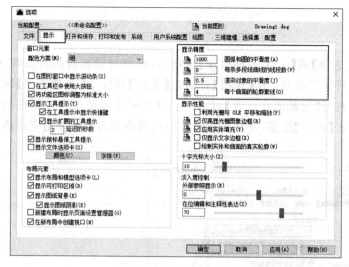

(a) 设置显示精度　　　　　　　　　　(b)【图形单位】对话框

图 2-8　设置显示精度、图形单位

2.1.7　自动生成 BAK 文件

AutoCAD 操作中,及时保存备份文件是防止信息意外丢失的必要措施。自动生成备份文件是用户迫切需要的一个功能,AutoCAD 提供了多种自动生成备份文件的功能。

(1) 系统变量 ISAVEBAK 值为 0 时,程序不创建 BAK 文件;变量值为 1 时,程序自动创建 BAK 文件。

(2) 在【选项】对话框【打开和保存】选项卡【文件安全措施】窗格中,选择【每次保存时均创建备份副本】复选框(图 2-9)。

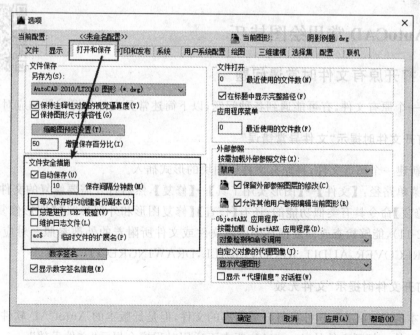

图 2-9　自动生成备份文件

2.1.8　恢复消息提醒

在选择执行【始终执行以上选择】或【下次不再出现】选项后,提醒对话框将不再出现。如需再次显示相关对话框,应进行如下设置:在【选项】对话框【系统】选项卡【常规选项】窗格中单击【隐藏消息设置】按钮,打开【隐藏消息设置】对话框。对话框中显示所有被隐藏的消息,选择需要显示的消息后单击【确定】按钮,则该消息对应的选项会重新出现在相应对话框中(图 2-10)。

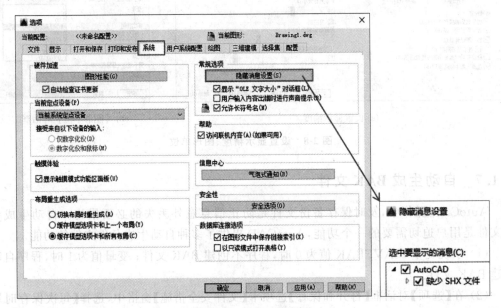

图 2-10　恢复消息提醒

2.2　AutoCAD 常用绘图技巧

2-2

2.2.1　打开原有文件时常遇问题

打开一个原有文件,有可能遇到各种问题,以下简述常见文件打开问题的应对办法。

1. 打开文件时提示"文件异常错误"

(1) 新建一个图形文件,将原有文件以图块的形式插入。

(2) 菜单路径:【文件】→【图形实用工具】→【修复】,然后打开需要修复的文件。

与【修复】命令具有类似功能的,还有【核查】【修复图形和外部参照】【图形修复管理器】命令(图 2-11),能够检查或修复损坏的图形文件或文件所附着的外部参照。对应的命令名依次是:RECOVER、AUDIT、RECOVERALL、DRAWINGRECOVERY。

2. 打开文件时提示"文件无效"

高版本的 AutoCAD 软件可打开低版本的文件,但是低版本的 AutoCAD 软件不能打开高版本的文件。打开文件的 AutoCAD 版本不适用时程序会提示"文件无效"。

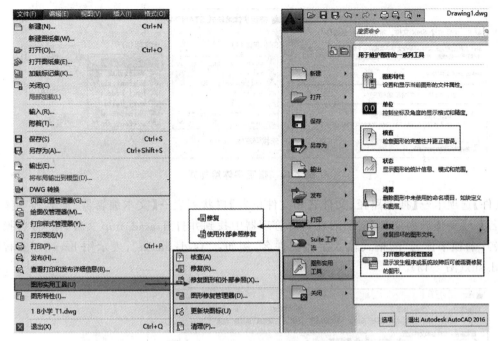

图 2-11　图形修复

（1）使用高版本的 AutoCAD 软件打开原有文件，然后打开【另存为】对话框，在【文件类型】复选框中选择合适的 AutoCAD 版本，将原有文件保存为低版本的文件。

（2）使用 DWG TrueView（CAD 版本转换器）打开原有文件，将低版本文件转换成高版本文件。

3. 打开文件时提示"异常中断"

将备份文件或自动保存文件的扩展名改为 DWG。改名时要注意，不要与原有文件重名。

查询自动保存文件存放位置的菜单路径：【工具】→【选项】→【选项】对话框→【文件】选项卡→自动保存文件位置。

2.2.2　可能遇到的文字问题

1. 打开文件时，程序提示"缺少一个或多个 SHX 文件"

（1）在提示框中选择【为每个 SHX 文件指定替换文件】，程序打开【指定字体给样式 STANDARD】对话框，在字体文件列表框中指定另外一个字体文件给样式，用已有的字体文件替换缺失的字体文件（图 2-12）。

2-3

（2）批量的文件需要进行相同的字体替换时，使用字体映射文件 acad.fmp 来解决字体问题将更为简便。"字体映射文件"是文字字体文件及其替换字体文件的列表，当程序无法找到图形中使用的字体文件时，将使用"字体映射文件"中指定的字体文件替换缺少的字体文件。

查询字体映射文件 acad.fmp 存放位置的菜单路径：【工具】→【选项】→【选项】对话框→

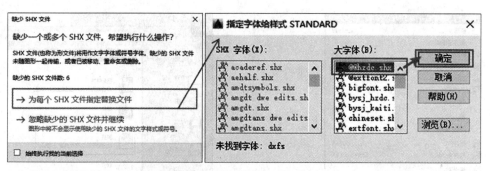

图 2-12 指定字体给样式

【文件】选项卡→【搜索路径、文件名和文件位置】树状列表→【文本编辑器、词典和字体文件名】→【字体映射文件】。然后在资源管理器中找到并打开 acad.fmp 文件,按"被替换字体名;替换字体名"的格式输入字体文件名,例如:"tssd;hztxt",表示用 hztxt.shx 替换tssd.shx(图 2-13)。

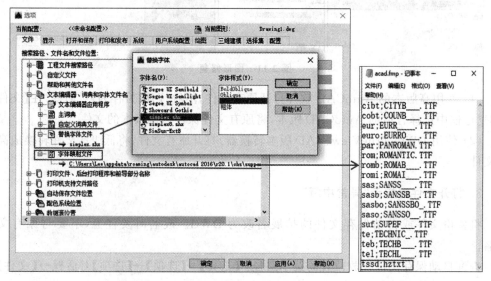

图 2-13 字体映射文件和替换字体文件

(3) 在提示框中选择【忽略缺少的 SHX 文件并继续】,程序自动使用"替换字体文件"来替换当前系统中缺少的字体文件。查询替换字体文件的菜单路径:【工具】→【选项】→【选项】对话框→【文件】选项卡→【搜索路径、文件名和文件位置】树状列表→【文本编辑器、词典和字体文件名】→【替换字体文件】。AutoCAD 默认的替换字体文件是 simplex.shx。

(4) 更换替换字体文件的方法

在【选项】对话框【文件】选项卡中找到替换字体文件,双击文件名称可打开【替换字体】对话框,在【字体名】列表框中选择合适的字体文件,然后单击【确定】按钮(图 2-13)。

将系统变量 FONTAALT 的初始值"simplex.shx"更改为需要的字体文件名,如 hztxt.shx。

(5) 将缺失的字体文件复制到 AutoCAD 的字体文件夹中。AutoCAD 字体文件夹位置在【选项】对话框【文件】选项卡的【支持文件搜索路径】树状列表中可查询。AutoCAD 字体文件夹默认路径一般是:\Program Files\Autodesk\AutoCAD 2016\Fonts。

（6）下载万能的 hztxt.shx 字体文件，并将其复制到 AutoCAD 字体文件夹中。然后使用（1）～（5）的方法，使用 hztxt.shx 文件来替换缺失的字体文件。

2．打开文件后，文字显示为乱码或空白

替换的字体文件不合适或者不支持特殊符号显示时，文字会显示为乱码或空白。

（1）菜单路径：【修改】→【特性】→【特性】选项板。选择问题文字对象后，在【特性】选项板【文字】窗格中找到【样式】列表框，在列表中选择合适的文字样式（图 2-14）。

可使用【快速选择】【选择类似对象】或【对象过滤选择器】功能，将同一类别的所有问题文字组成选择集，然后再使用【特性】选项板一次性将问题文字的文字样式转换为合适的文字样式。

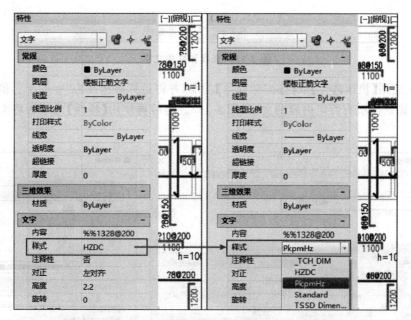

图 2-14　使用【特性】选项板修改对象的文字样式

（2）菜单路径：【格式】→【文字样式】，打开【文字样式】对话框，在【样式】列表框中选择有问题的文字样式后，在【字体】窗格中选择正确的字体文件，对问题文字样式进行重新设置。

如程序未自动进行更换，应使用命令"全部重生成"REGENALL（RE）进行更新。

3．批量更改文字的字体（字高、样式、颜色等）

使用【快速选择】【选择类似对象】或【对象过滤选择器】功能，将需要修改的文字筛选出来，然后通过修改【特性】选项板中对应的内容（字高、样式、颜色等）达到目的。

4．批量替换文字中的内容

（1）使用【查找】命令，或功能区路径【注释】→【文字】→【查找】，打开【查找和替换】对话框，在其中查找特定内容后进行替换（图 2-15）。

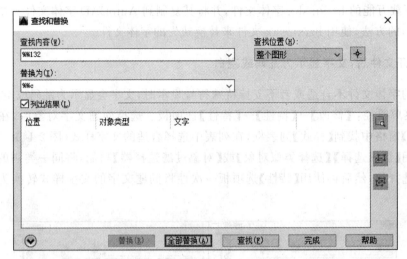

图 2-15　查找和替换文字

（2）先使用【快速选择】或【过滤选择器】功能，并将运算符选择为"＝等于"，值输入为特定的内容，筛选出所有特定内容的文字（图 2-16）。然后再使用【特性】选项板将文字内容进行替换。

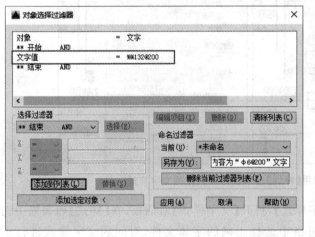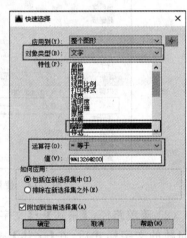

图 2-16　查找特定内容的文字

（3）先使用【快速选择】或【过滤选择器】功能，将运算符选择为"＊通配符匹配"，值选择为"＊特定内容＊"，筛选出所有包含特定内容的文字（图 2-17）。然后使用【特性】选项板将文字内容进行替换。

5．特殊字符

（1）使用特定的字体文件，如 HZTXT. SHX，TSSD. SHX 等，以显示特殊字符。

（2）输入特殊字符控制码来显示特殊字符。

（3）在【文字格式】或【文字编辑器】中的【符号】列表及【字符映射表】中选择特殊字符。

（4）多行文字编辑器中，提供了大小写、上下标工具和堆叠工具。

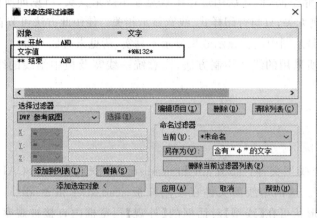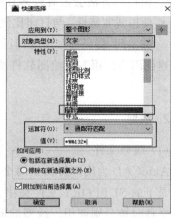

图 2-17　查找包含特定内容的文字

2.2.3　可能遇到的图线问题

1. 线宽

（1）AutoCAD 线宽定义为 0 的线，将按计算机能够显示的最细的线宽显示，按打印机能够打印的最细的线宽打印。精度大的仪器可能造成线宽为 0 的细线因过细而不可辨认。

（2）AutoCAD 线宽的默认值一般为 0.25mm。默认线宽可通过菜单路径：【格式】→【线宽】，打开【线宽设置】对话框进行修改（图 2-18（a））。很多软件和仪器，对于 0.25mm 及以下宽度的线在显示和打印时没有区别。工程中常用将细线宽度设置为默认，并在此基础上，按比例设置中线和粗线的宽度。

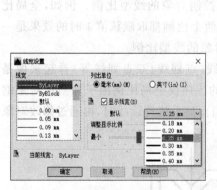

(a)【线宽设置】对话框

(b)【线型管理器】对话框

图 2-18　【线宽设置】对话框和【线型管理器】对话框

可使用多段线创建对象以获得线宽，或通过定义对象的线宽特性获得，两种方法各有千秋。

- 使用多段线：最终获得的图纸上的线宽与打印比例相关，由 FILL 模式控制显示。

使用此方法会占有较多存储空间,但在绘图过程中线宽显示效果真实,所见即所得。

- 使用线宽特性:与打印比例无关,只与打印样式、线宽显示相关。使用此方法可节省存储空间,提高程序速度,但是绘图中线宽显示效果显示不真实,所见未必如所得。

建议用户使用专业绘图软件所采用的线宽绘制方法,注意统一线宽及粗中细线的线宽比例。

2．线型

(1) 线型文件

AutoCAD 为用户提供了两个线型文件:acad. lin 和 acadiso. lin,安放在 AutoCAD 安装目录下的 SUPPORT 文件夹中。这两个线型文件在使用样板 acad. dwt 和 acadiso. dwt 创建文件时被分别调用。线型的形状可在【线型】对话框的【外观】预览框内直接被观察到。线型名称中的数字代表线段长度和间隔的信息,如 DASHED2 和 DASHEDX2 的线段长度和间隔分别为 DASHED 的 0.5 倍和 2 倍。

(2) 加载线型

菜单路径:【格式】→【线型】→【线型管理器】对话框,可加载/卸载线型(图 2-18(b))。

(3) 线型比例

线型比例控制线型图案的大小和重复间距。有多个缩放选项会影响线型的显示和打印方式。

- 全局比例因子(LTSCALE)控制线段的长短、线段间隙的大小,默认比例为 1。比例因子越小,每绘图单位的重复图案数越多间距越小。修改全局比例因子,图形中所有线型的外观都会发生改变。
- 当前对象缩放比例(CELTSCALE)也叫当前线型比例,控制新创建对象的线型比例,而不影响已经绘制好的对象。默认比例为 1,比例越小,每绘图单位的重复图案数越多间距越小。
- 全局比例因子与当前对象缩放比例共同作用,控制对象的线型比例。例如,全局比例因子为 2,当前对象缩放比例为 0.5 时,与这两个比例都取默认值 1 时的效果是一样的。选中对象后在【特性】选项板中可修改对象的线型比例。

AutoCAD 绘图过程中,常会遇到非连续线(如虚线、点划线、双点划线等)看起来像是连续线的问题(图 2-19),这是由于线型比例不当造成的。建议全局比例因子和当前对象缩放比例都采用默认值,在发现对象线型因线型比例不当而显示成连续线时,再通过修改对象特性中的线型比例来取得满意的效果。

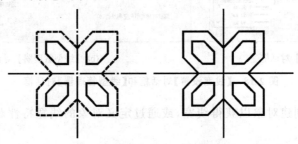

图 2-19　线型比例对线型显示的影响

2-4

2.2.4　构造选择集

AutoCAD 绘图过程中,经常需要选择对象;很多时候,还需要对批量的对象进行相同的操作。快速正确地将对象选择出来,创建成合适的选择集,是提高作图速度及质量的基础。

1．选择对象的方法

(1) 系统变量 PICKADD 控制后续选项是替换当前选择集(变量值为 0),还是添加到其中(变量值为 1 或 2)。

(2) 创建选择集时,按住 Shift 键同时选择对象,可向选择集中删除对象。

(3) 使用光标选择对象的方式有单选(点选)、窗口选择(左窗口和右窗口)、穿越(栏选 F)、移除(R)、添加(ADD)、前次选择(P)、全部对象(ALL)、放弃(U)。

(4)【选择类似对象】(SELECTSIMILAR)命令可将当前图形中与选定对象特性相匹配的对象选择出来创建成选择集。

(5)【快速选择】(QSELECT)命令根据过滤条件创建选择集。

(6)【对象过滤选择器】(FILTER)能根据条件列表过滤对象创建选择集,并定义选择集名称。

(7)【对象组】是命名保存起来的对象集合。

(8)【接触选择】(FS)能够创建接触选定对象的所有对象的选择集。

AutoCAD 常用的命令操作过程是先启动命令再选择对象,但是也支持先选择对象再执行命令。AutoCAD 的某些命令、变量、参数等还可透明执行。工具栏上有些按钮本身就被定义成透明使用的,以便于在执行其他命令时调用。先选择后执行和创建选择集的可透明执行命令,使用户的绘图过程十分自由。

2．选择类似对象

选定一个或多个对象后右键单击,在弹出的快捷菜单中选择【选择类似对象】命令(图 2-20(a))。

【选择类似对象】(SELECTSIMILAR)命令基于特性来选择对象。当需要选择具有某

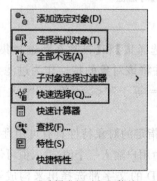
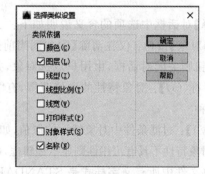

(a)【选择类似对象】菜单　　　　(b)【选择类似设置】对话框

图 2-20　【选择类似对象】菜单及【选择类似设置】对话框

些共同特性的对象时,如具有相同线型的直线、相同字高的文字或相同直径的圆等,使用此命令可极大提高选择效率。

【选择类似对象】命令中的选项"设置(SE)",将打开【选择类似设置】对话框,可在其中指定要匹配的特性(图 2-20(b))。

3. 快速选择(QSELECT)

- 命令名 QSELECT。
- 菜单路径:【工具】→【快速选择】;
- 右键单击,在弹出的快捷菜单中选择【快速选择】。
- 在【特性】选项板或【块定义】对话框的右上方有【快速选择】按钮。

【快速选择】是可透明执行的命令,在任何需要选择对象的情况下,输入命令名或使用快捷菜单,都可打开【快速选择】对话框。【快速选择】基于指定的过滤条件筛选对象;指定过滤条件的方式有两种:按选定对象的特性(类似于选择类似对象),或按对话框中自定义的过滤条件(图 2-21)。

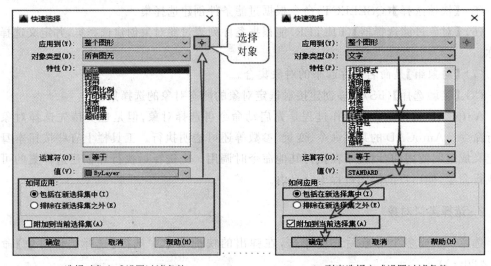

(a) 选择对象方式设置过滤条件 　　(b) 列表选择方式设置过滤条件

图 2-21　【快速选择】对话框

【快速选择】对话框中选项的含义说明如下:

(1)【选择对象】按钮:仅在清除【附加到当前选择集】和【排除在新选择集之外】选择时可用。单击按钮则关闭对话框,由用户点选对象,并将该对象的特性作为过滤条件。

(2)【运算符(O)】:对象特性的取值范围,有"=等于""<>不等于"">大于""<小于"和"全部包括"五种。

(3)【值(V)】:过滤条件中对象特性的取值,如指定的对象特性具有可用性则显示下拉列表;如指定的对象特性不具有可用性则显示编辑框,由用户输入一个值,输入值可使用通配符。

例 2-1:将文件中所有文字样式是 STANDARD 的文字都选择出来构成选择集。设置过程见图 2-21(b)。

步骤 1　单击【对象类型(B)】下拉列表,在其中选择【文字】。

步骤 2　【特性(P)】列表中会显示与文字对象相关的所有特性,在其中选择【样式】。

步骤 3　在【运算符(O)】下拉列表中选择【＝等于】。

步骤 4　在【值(V)】下拉列表中选择【STANDARD】。

步骤 5　在【如何应用】窗格中选择【包括在新选择集中(I)】。

4．对象选择过滤器(FILTER)

【对象选择过滤器】对话框与快速选择类似,通过过滤特性条件来构造选择集,同样可透明执行。【对象选择过滤器】对话框可提供更复杂的过滤选项,并且可命名保存,以备将来使用。

在命令行窗口输入命令名 FILTER(FI),打开【对象选择过滤器】对话框(图 2-22(a))。

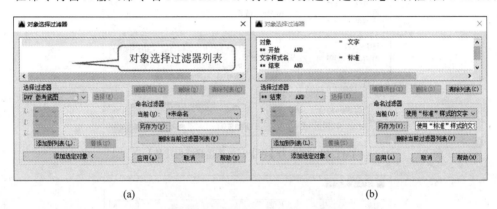

(a)　　　　　　　　　　　　　　　(b)

图 2-22　【对象选择过滤器】对话框

(1)【对象选择过滤器列表】显示组成当前过滤器的全部特性过滤条件。【编辑项目】按钮可对选择的过滤条件进行编辑,【删除】按钮可删除选择的过滤条件,【清除列表】按钮则清空列表内容。

(2)通过【选择过滤器】向列表中添加过滤条件。下拉列表框中包含了全部对象分类及分组运算符号。用户可根据对象的不同选择相应的参数值,并可通过运算符控制对象特性与取值之间的关系。

(3)【添加选定对象】按钮可通过选择对象来向列表中添加过滤特性(类似于"选择类似对象")。

(4)【命名过滤器】窗格中的项目用于显示、保存或删除过滤器名称。

编辑完成后,单击【应用】按钮,命令行提示"选择对象-将过滤器应用到选择",需指定该过滤器的应用范围,可通过点选、窗选、栏选、all 等方式指定参与过滤的对象范围。图 2-22(b)是将文件中所有文字样式是"标准"的文字都选择出来构造成选择集的示例,与图 2-21(b)等效。

例 2-2:选择出所有颜色属性不是【随层】的圆(图 2-23)。

步骤 1　打开【对象选择过滤器】。

单击【选择过滤器】列表框,选择"圆",然后单击【添加到列表】按钮。

单击【选择过滤器】列表框,选择逻辑运算符" ＊＊ 开始 NOT",然后单击【添加到列表】按钮。

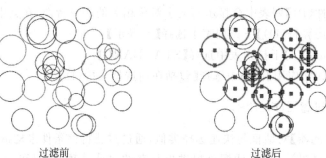

过滤前   过滤后

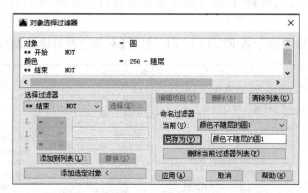

(a) 逻辑运算符为【否】，关系运算符为【是】

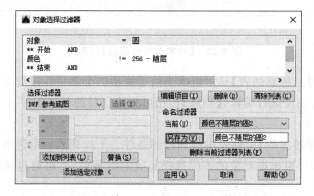

(b) 逻辑运算符为【是】，关系运算符为【否】

图 2-23   使用【对象选择过滤器】创建选择集

单击【选择过滤器】列表框,选择"颜色"后,右侧的【选择】按钮显示为可用;单击【选择】按钮,在【选择颜色】对话框中单击"ByLayer(L)"按钮,然后关闭【选择颜色】对话框;在参数【X:】后面的列表框中选择关系运算符"＝",然后单击【添加到列表】按钮。

单击【选择过滤器】列表框,选择逻辑运算符" ∗∗ 结束 NOT",然后单击【添加到列表】按钮。

步骤 2   在【另存为(V)】编辑框中填写便于理解识别的过滤器名称,以备将来使用。

步骤 3   单击【应用】按钮后,在命令行窗口输入"ALL"指定过滤器应用范围。颜色属性不随层的圆高亮显示。

对象选择过滤器的逻辑运算符和关系运算符可灵活运用,图 2-23(a)、(b)显示的两种过滤条件可得到相同的结果。

5. 对象组

对象组是命名保存起来的若干指定对象构成的选择集。对象组与选择集没有本质区别。命令名：GROUP(G)。功能区路径：【默认】→【组▼】→【组】，

例 2-3：将图 2-23 建成的选择集组成对象组。

步骤 1　在命令行窗口输入 FILTER(FI)，打开【对象选择过滤器】对话框，在【当前】列表框中选择【颜色不随层的圆 1】，单击【应用】按钮，并指定应用范围 ALL。

步骤 2　在命令行窗口输入 GROUP(G)，然后按 Enter 键，命令行提示"未命名组已建立"。单击组中任一对象，即可选中对象组中的全部对象(图 2-24)。

在任何选择对象的提示下输入命令简写"G"，然后输入已命名的组名；或光标单击组中的任一对象，则整个组都会被选中。

此外，AutoCAD 还提供了分解组 UNGROUP、编辑组 GROUPEDIT 命令，功能区【默认】选项卡【组】面板上提供了对应的命令按钮。

6. 接触选择 FS

FS 是拓展工具命令，可将接触被选择对象的所有对象构成选择集，可在命令中透明使用。

系统变量 FSMODE 控制 FS 的行为：设置为 OFF(默认值)，则 FS 仅选择那些直接接触选定对象的对象；设置为 ON，则 FS 将选择所有接触选定对象的对象以及任何接触那些对象的对象，选择过程将继续沿着接触选定对象的未选定对象的链向下选择，直到绘图区域中不再有可见的未选定对象。图 2-25 展示了 FSMODE 不同设置情况下，选定对象为最大的圆圈时选择集构成情况。

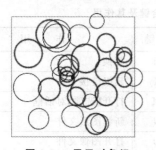

图 2-24　显示对象组

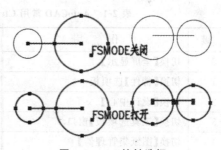

图 2-25　FS 接触选择

2.2.5　功能键在 AutoCAD 中的使用

1. Shift 键

(1) 打开累加选择：变量 PICKADD 设置为 1，取消选中【选项】对话框【选择集】选项卡中的【用 Shift 键添加到选择】复选框。在选择对象的过程中，后续选项累加到当前选择集中；按住 Shift 键同时选择对象，则选中的对象从选择集中删除。这是 AutoCAD 的默认状态。

(2) 关闭累加选择：变量 PICKADD 设置为 0，选择【选项】对话框【选择集】选项卡中的【用 Shift 键添加到选择】复选框。在选择对象的过程中，后续选项总是替换当前选择集。

只有按住 Shift 键同时选择对象，才能将选中的对象添加到选择集中。

（3）进行夹点编辑时，选定对象后，按住 Shift 键同时选择夹点，可选择多个夹点，并对多个夹点或多个图形同时进行操作（图 2-26）。

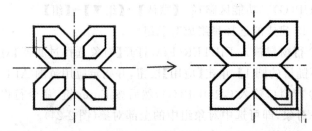

图 2-26　多个夹点同时拉伸

（4）在绘图时不建议打开过多的对象捕捉选项，以免在捕捉对象时受到干扰。需要使用其他捕捉选项时，按住 Shift 键后右键单击，可打开对象捕捉设置快捷菜单，选择临时对象捕捉的特征点。

（5）执行修剪（TRIM）或延伸（EXTEND）命令的过程中按住 Shift 键，可在这两个命令之间进行切换。即执行修剪命令过程中，按住 Shift 键，临时改为执行延伸命令，松开 Shift 键，继续执行修剪命令，反之亦然。

（6）按住鼠标中键拖动光标，默认是视图平移的操作。按住 Shift 键同时按住鼠标中键拖动光标，则变为三维环绕，松开 Shift 键即恢复视图平移。

2. Ctrl＋字符组合键

常用 Ctrl＋字符组合键及其作用见表 2-1。

表 2-1　AutoCAD 常用 Ctrl＋字符组合键及其作用

组　合　键	作　　用	组　合　键	作　　用
Ctrl＋0	切换【全屏显示】	Ctrl＋H	替换
Ctrl＋1	切换【特性】选项板	Ctrl＋K	超级链接
Ctrl＋2	切换【设计中心】	Ctrl＋M	打开【选项】对话框
Ctrl＋3	切换【工具选项板】窗口	Ctrl＋N	新建图形文件
Ctrl＋4	切换【图纸集管理器】	Ctrl＋O	打开图像文件
Ctrl＋6	切换【数据库连接管理器】	Ctrl＋P	打开【打印】对话框
Ctrl＋7	切换【标记集管理器】	Ctrl＋Q	关闭软件
Ctrl＋8	切换【快速计算器】选项板	Ctrl＋R	帮助
Ctrl＋9	切换【命令行】窗口	Ctrl＋S	保存文件
Ctrl＋A	选择全部对象	Ctrl＋T	数字化仪
Ctrl＋C	将选择的对象复制到剪切板	Ctrl＋V	粘贴剪切板上的内容
Ctrl＋D	坐标打开	Ctrl＋X	剪切所选择的内容
Ctrl＋E	标准平面（顶端 T）	Ctrl＋Y	重做
Ctrl＋Tab	切换【文件】窗口	Ctrl＋Z	撤销上一次操作

3．Tab 键

（1）绘图中打开过多的对象捕捉选项，在捕捉时会受到干扰。在选择点时按 Tab 键，可循环显示各捕捉点，并同时"亮显"相应对象，帮助用户更准确地进行选择。

（2）打开多个图形文件时，Ctrl 键与 Tab 键同时按，可在多个文件中循环进行切换。

2.2.6　从 AutoCAD 图形中获取信息

绘图过程中，常需要查询图形或对象的信息，例如，构造选择集时需要预知对象的特性，或需要计算一些对象的面积、体积，或与其他程序进行某些信息交换等。AutoCAD 提供了多种查询工具。

2-5

1．与查询相关的命令及功能

（1）DWGPROPS 命令：打开【图形属性】对话框，显示与当前图形文件有关的只读信息，指定概要特性及自定义特性的名称和值。

（2）STATUS 命令：打开文本窗口，以列表形式报告全局图形统计信息及设置（包括对象总数），模型和布局空间信息，坐标和距离，各种功能模式的设置情况，以及系统中安装的可用内存量、可用磁盘空间量以及交换文件中的可用空间量等。在 DIM 提示下使用时，STATUS 将报告所有标注系统变量的值和说明。

（3）TIME 命令：打开文本窗口，以列表形式显示当前图形文件的日期和时间统计信息，包括当前时间、创建时间、更新时间、累计编辑时间、消耗时间、自动保存时间等。用户还可通过 TIME 命令下的选项对以上内容进行更新或重置。

（4）DBLIST 命令：在文本窗口显示图形中每个对象的数据库信息。

（5）LIST 命令：在文本窗口显示选定对象的类型、图层、坐标位置、对象所在（模型或布局）空间信息及其他与选定的对象类型相关的信息。

（6）AREA（AA）命令：计算对象或所定义区域的面积或周长。可通过选定对象或指定点来定义要测量的内容，获得测量数据，选定多个对象时面积将自动叠加。

（7）DIST 命令：测量两点之间的距离和角度，例如，距离、XY 平面中两点之间的角度、点与 XY 平面之间的角度、增量等。

（8）DISTANCE（DI）命令：显示指定位置的 UCS 坐标值。

（9）QUICKALC 命令：打开快速计算器，执行各种数学、科学和几何计算，可创建和使用变量，转换测量单位。除了在科学计算器中的基本功能以外，还包括几何函数、单位转换和变量。

（10）MASSPROP 命令：计算选定二维面域或三维实体的质量特性。对于所有面域将显示其面积、周长、边界框、形心。共面面域还将显示其惯性矩、惯性积、旋转半径、形心主力矩与 X、Y、Z 方向。三维实体增加质量、体积等信息。

（11）MEASUREGEOM 命令：命令集，测量选定对象或点序列的距离、半径、面积与体积，可执行多种与 AREA、DIST、MASSPROP 等命令相同的计算。

（12）FIND 命令：查找指定的文字，然后可选择性地替换为其他文字。

（13）WHOHAS 命令：显示打开的图形文件的所有权信息。

（14）FILTER 命令：对象过滤管理器除可构造选择集外，还可统计对象数量。

2. 查询命令都是可透明调用的

在执行其他命令的过程中,在命令行窗口输入查询命令名时其前面加单引号"'",然后按 Enter 键,查询命令即开始透明执行。查询命令执行完,可继续执行之前的命令。查询得到的数据只能用做参考,不能作为数据在其他命令中直接使用。

3. 快速查询工具按钮

AutoCAD 提供了多种查询工具按钮,用户可直接单击按钮快速查询相关数据(图 2-27)。

菜单路径:【工具】→【查询】→【距离】【半径】【角度】【面积】【体积】等。

功能区路径:【默认】→【实用工具】→【测量▼】→【距离】【半径】【角度】【面积】【体积】等。

【查询】子菜单和【测量】子面板中包含大量查询对象信息的功能按钮,供用户选择使用。

4. 特性查询

(1)【特性】选项板是快速查询对象信息的工具,选项板中显示的内容与选择对象的类型相关;选择了多个对象时,则显示它们共同的特性(图 2-27)。

(2)【快捷特性】选项板显示对象的简要特性(图 2-27)。屏幕下方状态栏中的【快捷特性】模式按钮处于打开状态时,选择对象后就会弹出【快捷特性】选项板。系统变量 QPMODE 控制【快捷特性】选项板是否显示在屏幕上。

(3)可通过功能区【默认】选项卡上的【特性】面板和【图层】面板来确认或更改最常访问的特性设置(图 2-27)。

图 2-27　查询工具

5．特性匹配

【特性匹配】功能可将被选择对象的特性应用于其他对象。可应用的特性类型包含颜色、图层、线型、线型比例、线宽、打印样式、透明度和其他指定的特性。

命令名：MATCHPROP(MA)，或功能区路径：【默认】→【特性】→【特性匹配】，或菜单路径：【修改】→【特性匹配】，或【快速访问工具栏】上的【特性匹配】按钮。如果要指定应用特性的内容，可在选择了源对象后，输入选项"设置(S)"，在【特性设置】对话框中，清除不希望复制的特性。

2.2.7　面域对象及布尔运算

面域是具有物理特性(如质心)的二维封闭区域。用户可将封闭区域的对象转换为二维面域，或者将现有面域合并到单个复杂区域。面域可用于提取设计信息，应用填充和着色，使用布尔运算将简单对象合并到更复杂的对象。

2-6

1．定义面域

- 命令名 REGION。
- 菜单路径：【绘图】→【面域】。
- 功能区路径：【默认】→【绘图】→【面域】。

所选择的对象必须各自形成闭合区域，例如封闭某个区域的直线、多段线、圆、圆弧、椭圆、椭圆弧和样条曲线的组合等。按 Enter 键后，命令行提示检测到多少个环以及创建多少个面域。

2．定义带边界的面域

- 命令名 BOUNDARY。
- 菜单路径：【绘图】→【边界】。
- 功能区路径：【默认】→【绘图】→【图案填充】→【边界】。

进行以上操作后打开【边界创建】对话框，在【对象类型】列表框中选择【面域】，然后单击【拾取点】按钮，在图形中每个要定义为面域的闭合区域内指定一点(内部点)并按【确定】键(图 2-28)。

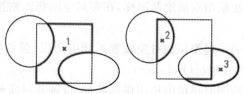

图 2-28　定义带边界的面域

系统变量 DELOBJ 控制是否在将原始对象转换为面域之后删除这些对象。如果原始对象是图案填充对象,那么图案填充的关联性将丢失;要恢复图案填充关联性,需要重新填充此面域。

3. 布尔运算

- 命令名 UNION、INTERSECT、SUBTRACT。
- 菜单路径:【修改】→【实体编辑】→【并集】【差集】【交集】。
- 功能区路径:【默认】→【实体编辑】→【并集】【差集】【交集】。

将几个简单面域合并为单个复杂面域,有三种运算方式(图 2-29)。

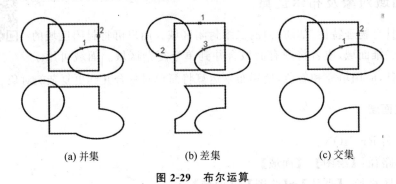

|(a) 并集|(b) 差集|(c) 交集|

图 2-29 布尔运算

(1) 并集运算(UNION)将选定的两个及以上的实体或面域对象合并成为一个新的整体。执行并集操作后,原来各实体相互重合的部分变成一体,使其成为无重合的实体。正是由于这个无重合原则,实体或面域并集运算后体积将小于或等于原来各实体或面域的体积之和。

(2) 差集运算(INTERSECT)从被减实体中去掉所指定的其他实体,以及实体之间的公共部分,从而得到一个新的实体。首先选取的对象是被减的对象,之后选取的对象为减去的对象。

(3) 交集运算(SUBTRACT)由两个或者多个实体或面域的公共部分创建实体或面域,并删除公共部分之外的实体,从而获得新的实体。

2.2.8　土木工程施工图绘图建议

为准确、高效地绘制符合规范要求的土木工程施工图,以下建议可供参考:

(1) 先设置图幅、设置单位及精度、建立若干图层、设置对象样式,然后再开始绘制图样。

(2) 在模型空间内使用 1∶1 比例建模。在图纸空间内设置不同的打印比例以获得不同比例的图样。

(3) 在模型空间绘制图样,在布局空间将图框按块插入,不要将图框和图样绘制在同一空间内。

(4) 为不同类型的对象设置不同的图层、颜色和线宽,而对象的特性(颜色、线型、线宽等)应尽可能随层(ByLayer)。

(5) 绘图时尽可能使用栅格捕捉、极轴及对象捕捉,以提高图样精准性。

(6) 熟练掌握 AutoCAD 的各种命令。AutoCAD 允许使用多种方式实现同样的目的,要想最快的达到目的,必须熟悉各种命令的功能特点,以便组合出最便捷的方式。

（7）使用 AutoCAD 快捷键、功能键、命令简写,提高绘图效率。

（8）保持正确的作图姿势。最常用的命令,如"L"（直线）、"M"（移动）、"O"（偏移）、"I"（插入图块）、"Enter"（确认）等命令简写键均在左手附近。左手放在键盘的空格键附近,敲击键盘输入命令简写或数据,右手控制鼠标在屏幕上配合。

（9）视口、图层、图块、文字样式、打印样式等命名对象,名称应简单明了且遵循相应规律,以便将来查找。

（10）巧用 AutoCAD 的打印功能。绘制好图纸,在打印到纸张上之前,先生成 PDF 格式文件,以方便检查。使用 PDF 格式文件交付打印,也能避免因计算机设置不同造成的显示问题。

（11）尽量使用高版本的软件。

（12）土木工程图纸中有大量重复图样,建立自己的常用图块库,使用时插入,可节约大量的时间。

（13）使用模板文件保存常用设置,以备将来使用,而不是每次都重新进行设置。

（14）适当使用 AutoCAD 二次开发程序,必要时编制自己的 Lisp 文件,解决个人重复性的烦琐工作。

2.3　AutoCAD 常用图形协作

2.3.1　UCS 操作

AutoCAD 软件提供了虚拟的二维和三维空间,这个空间的定位基准称为世界坐标系（WCS）。某些特殊情况下,在世界坐标系下绘图不是特别方便,因此用户会根据自己的需要设置新的参考坐标系——用户坐标系 UCS。WCS 和 UCS 在新图形中最初是重合的。在三维环境中创建或修改对象时,可在三维空间中的任何位置移动和重新定向 UCS。UCS 用于输入坐标、在二维工作平面上创建三维对象以及在三维中旋转对象。移动和旋转 UCS 对于二维工作是一项便捷的功能,对于三维工作是一项基本功能。

UCS 图标在确定正轴方向和旋转方向时遵循传统的右手定则。

系统变量 UCSVP 设置为 1 时,UCS 可与视口一起存储。

1. UCS 的使用

使用 UCS 图标及其夹点、UCS 图标快捷菜单设置用户坐标系,见图 2-30。

（1）使用原点夹点移动 UCS 原点：单击 UCS 图标→单击并拖动方形原点夹点到其新位置。

（2）围绕 X、Y 或 Z 轴旋转 UCS：在 UCS 图标上单击鼠标右键,在快捷菜单中单击【旋转轴】→单击 X、Y 或 Z→拖动光标时,UCS 将围绕指定轴正向旋转（也可指定旋转角度）。

（3）围绕 X、Y 或 Z 轴旋转 UCS：单击 UCS 图标,将光标悬停在 X、Y 和 Z 轴端点处的夹点上,显示【UCS 图标快捷菜单】后单击旋转选项。

（4）使用三点指定新 UCS 方向：在 UCS 图标上右击,在弹出的菜单中单击【三点】→指

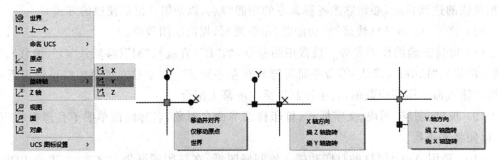

图 2-30　UCS 图标菜单、UCS 图标快捷菜单

定新原点→指定新的正 X 轴上的点→指定新的 XY 平面上的点。

（5）更改 UCS 的 Z 轴方向：在 UCS 图标上右击，在弹出的菜单中单击 Z→指定新的原点→指定位于 Z 轴正半轴上的一点。

（6）将 UCS 与现有三维对象对齐：单击 UCS 图标后将光标悬停在图标原点夹点上，显示【UCS 图标快捷菜单】→【移动并对齐】→在欲对齐的对象部分上拖动 UCS 图标→单击以放置新的 UCS。

（7）恢复上一个 UCS：在 UCS 图标上单击鼠标右键，在弹出的菜单中单击【上一个】。

（8）将 UCS 恢复为 WCS 方向：单击 UCS 原点夹点，将光标悬停在图标原点夹点上，显示【UCS 图标快捷菜单】→单击【世界】。

（9）按名称保存 UCS 定义：在 UCS 图标上单击鼠标右键，在弹出的菜单中单击【命名 UCS】→【保存】→输入名称。

2．UCS 的设置

UCS 命令用于设置当前用户坐标系（UCS）的原点和方向。UCS 命令输入后将显示以下选项：

（1）指定 UCS 的原点：使用一点、两点或三点定义一个新的 UCS。

（2）面（F）：将 UCS 动态对齐到三维对象的面。

（3）视图（V）：原点不变，X 轴和 Y 轴分别变为水平和垂直，XY 平面与垂直于观察方向的平面对齐。

（4）世界（W）：将 UCS 与世界坐标系（WCS）对齐。

（5）X、Y、Z：绕指定轴旋转当前 UCS。通过指定原点和一个或多个绕 X、Y 或 Z 轴的旋转，可定义任意的 UCS（图 2-31）。

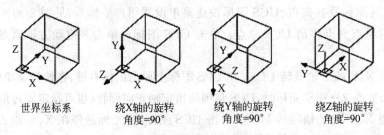

世界坐标系　　绕X轴的旋转　　绕Y轴的旋转　　绕Z轴的旋转
　　　　　　角度=90°　　　角度=90°　　　角度=90°

图 2-31　世界坐标系绕 X、Y、Z 轴旋转

（6）Z 轴（ZA）：将 UCS 与指定的正 Z 轴对齐。

3. 状态栏动态 UCS 按钮

AutoCAD 在状态栏中提供了动态 UCS 按钮（图 2-32）。启用后可在创建对象的同时，通过在三维实体或点云的平整面上移动光标，临时、自动地将 UCS 的 XY 平面（工作面）对齐三维实体的平整面、平面网格元素或平面点云线段。结束命令后，UCS 将恢复到上一个位置和方向。

图 2-32　动态 UCS 功能按钮

4. UCS 的显示

默认情况下【坐标】面板在【草图与注释】工作空间中处于隐藏状态。显示【坐标】面板的功能区路径：【视图】→右键单击并选择【显示面板】→【坐标】（图 2-33）。

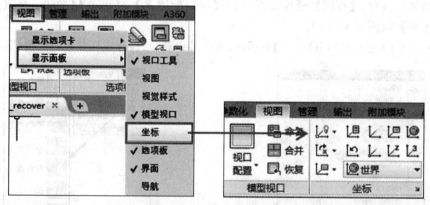

图 2-33　显示【坐标】面板

2.3.2　视口

1. 模型空间视口

视口是显示用户模型不同视图的区域。在模型空间中，可将绘图窗口分割成若干个矩形区域，称为【模型空间视口】。在复杂图形中，同时显示不同的视图可缩短在单一视图中缩放或平移的时间。当显示多个视口时，正在使用的视口（当前视口）以蓝色矩形框亮显（图 2-34）。

2-7

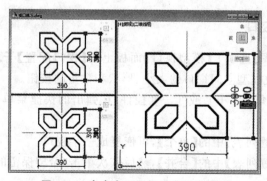

图 2-34　命令在不同视口中同步显示

（1）在任意视口中单击，可将该视口置为当前。

（2）同时按 Ctrl＋R 组合键可在不同视口间进行切换。

（3）控制视图显示的命令（如平移和缩放）仅适用于当前视口。

（4）在新视口中双击鼠标滚轮，可最大化该视口并居中视图（范围缩放）。

（5）在当前视口中启动的其他命令，其结果将应用到模型，并在其他视口中同步显示。

（6）命令可在一个视口中启动，在不同视口中执行。例如可在当前视口开始绘制直线，然后单击另外一个视口将之置为当前，并在其中继续创建直线。

注：勿混淆模型空间视口与布局空间视口。布局空间视口用于在图纸上排列图形且仅在图纸空间中可用。

2．创建多个模型空间视口

- 菜单路径：【视图】→【视口】→【命名视口】【新建视口】【一个视口】等（图 2-35（a））。
- 功能区路径：【视图】→【模型视口】→【视口配置▼】→【单个】【两个：垂直】【两个：水平】等（图 2-35（b））。
- VPORTS 命令将打开【视口】对话框，可在其中新建、保存或恢复视口配置（图 2-36）。

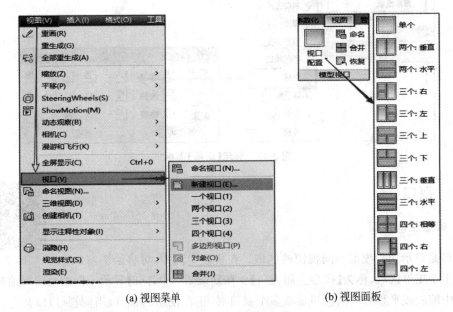

(a) 视图菜单　　　　　　　　　　　　　　(b) 视图面板

图 2-35　视口创建

3．修改模型空间视口

（1）在功能区【视图】选项卡【模型视口】面板上的【视口配置】子面板是一个【视口配置列表】，其中提供了修改模型空间视口的大小、形状和数量的按钮。

（2）单击视口左上角的"［＋］"或"［－］"控件，在弹出的快捷菜单中可找到【视口配置列表】。

（3）单击【视口配置列表】中的【单个】，可恢复成一个视口。

（4）单击【视口配置列表】中的【合并】，然后依次单击"希望保留的视口""相邻的要合并

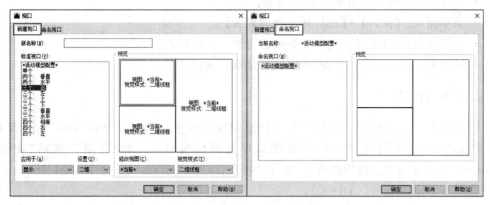

图 2-36　【视口】对话框

视口",可合并视口。要将两个视口合并,它们必须有长度相同的公共边。

(5) 直接拖动视口的边界调整其大小。

(6) 按住 Ctrl 键的同时拖动视口边界,将显示绿色分割条并创建新视口。

(7) 将一个视口的边界拖到另一个视口边界上,将删除视口。

2.3.3　带基点复制

1. 同时打开多个图形文件

2-8

AutoCAD 程序允许同时打开多个图形文件。当多个文件同时打开时,既可将这些文件同时显示在屏幕上,也可一次只显示一个文件。

(1) 可通过以下路径选择多个同时打开的图形文件在屏幕上的显示方式(图 2-37):

- 菜单路径:【窗口】→【层叠】【水平平铺】【垂直平铺】【排列图标】。
- 功能区路径:【视图】→【界面】→【水平平铺】【垂直平铺】【层叠】。

(2) 可通过以下方式在屏幕窗口中切换文件(图 2-37):

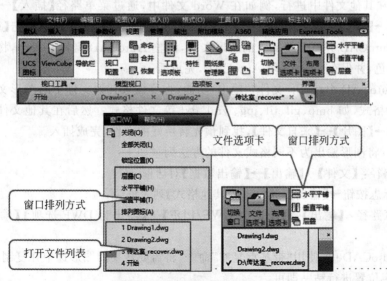

图 2-37　多个文件窗口的显示与切换

- 直接单击绘图区上方的文件选项卡。
- 菜单路径：【窗口】→【已打开文件的列表】。
- 功能区路径：【视图】→【界面】→【已打开文件的列表】。
- 同时按 Ctrl＋Tab 组合键，在各文件之间按次序切换。

2．带基点复制

AutoCAD 程序允许在不同的图形文件之间复制对象。类似于 Windows 中的"复制""粘贴"功能，可在不同的 Windows 应用程序之间传输对象。但"复制""粘贴"功能在 AutoCAD 内不保持最高级别的精度，要保持精度，应使 COPYBASE 命令（Ctrl＋Shift＋C）而不是 COPYCLIP 命令（Ctrl＋C）。

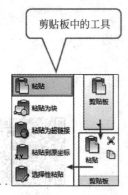

图 2-38　剪贴板

（1）在原图形文件中，通过菜单路径【编辑】→【带基点复制】，在屏幕上选择基点和对象；切换到目标图形文件中，通过菜单路径【编辑】→【粘贴】或【粘贴为块】【粘贴为超链接】【粘贴到原坐标】【选择性粘贴】，在屏幕上选择粘贴位置并粘贴对象。功能区【默认】选项卡【剪贴板】面板中也有同样功能的工具按钮（图 2-38）。

（2）在原图形文件中使用 Ctrl＋Shift＋C 组合键，在屏幕上选择基点和对象，然后在目标图形文件中使用 Ctrl＋V 组合键，在屏幕上指定粘贴位置。

（3）在原图形文件中的命令行窗口输入命令 COPYBASE，在屏幕上选择基点和对象，然后在目标图形文件中的命令行窗口输入命令 PASTEORIG，在屏幕上指定粘贴位置。

3．在不同应用程序间传输图形

将 AutoCAD 图形转到其他应用程序文件中的几种方法：

（1）直接在其他文件中进行，例如在 Word 文件中，通过菜单路径【插入】→【对象】→【对象】对话框→【由文件创建】选项卡，找到要插入的 AutoCAD 图形文件，单击【确定】按钮后程序启动 AutoCAD 并打开要插入的图形文件，调整 AutoCAD 窗口的大小，将屏幕背景颜色修改为白色，并保存文件，关闭 AutoCAD，完成插入。

（2）在 AutoCAD 中，利用"文件""输出"功能，将要插入其他文件中的图形文件保存为可接受的图片格式，如 bmp、gif、tif、jpg、wmf、dxf 等文件格式。然后在其他文件中通过菜单路径【插入】→【图片】→【来自文件】，找到预先转换好的文件，完成插入。

AutoCAD 将图形输出为不同格式文件的方法列举如下：

- 菜单路径：【文件】→【输出】→【输出数据】对话框。
- 版本标志按钮→【输出】→【输出为其他格式】列表框。
- 功能区路径：【输出】→【输出为 DWF/PDF】→【输出为 DWF 选项】【输出为 PDF 选项】。

（3）在 AutoCAD 中，使用"带基点复制"命令，将需要转换的图形选中并复制，然后打开其他文件，指定位置进行粘贴即可。

2.3.4　AutoCAD 的图块

2-9　　　　2-10

工程中有些图样会在同一图形文件中或不同图形文件中大量重复出现,比如门、窗等。如果每次都重复创建这些图样,不仅造成大量重复工作,也占用大量磁盘空间。AutoCAD 使用图块和参照来解决这个问题。图块是 AutoCAD 在不同的图形文件之间复制对象的一种方法。

1. 图块

AutoCAD 通过关联一组对象并为它们命名或通过创建用作块的图形文件来创建块。图块包含块名、块几何图形、用于插入块时对齐块的基点位置和所有关联的属性数据。

2. 在图形中创建块

- 命令名 BLOCK(B)。
- 菜单路径:【绘图】→【块】→【创建…】。
- 功能区路径:【默认】或【插入】→【块】→【创建块】。

【块定义】对话框见图 2-39(a),其中各项内容介绍如下:

(1) 名称:指定块的名称。块名称应简单明了并遵循规律,便于将来查找使用。

(2) 基点:指定块的插入基点。默认基点是(0,0,0)。基点的位置,应根据图块使用时的需要来确定。单击【拾取点】按钮,暂时关闭对话框,在屏幕上选择合适的基点位置。

(3) 对象:被关联入块的对象、属性等。单击【选择对象】按钮,暂时关闭对话框,在屏幕上选择绘制好的对象。【保留】【转换为块】【删除】选项,控制创建块后选定对象的去留。

(4) 方式:指定块的行为。【注释性】可指定块为注释性;【按统一比例缩放】控制是否允许块不按统一比例缩放;【允许分解】控制块是否可被分解。

3. 创建用作块的图形文件

AutoCAD 允许将图形文件作为块插入到其他图形中。可通过以下两种方法创建用作块的图形文件:

方法一:使用任意方法创建并保存完整的普通图形文件。

方法二:使用写块(WBLOCK)命令创建和保存选定的对象,然后保存到新图形文件中。

写块(WBLOCK)命令可将选定对象保存到指定的图形文件或将块转换为指定的图形文件,其实质是在指定位置使用选定对象创建一个新的图形文件。通过写块创建的文件与使用 AutoCAD 传统方式创建的图形文件一样,既是一个独立的图形文件,也能够被其他图形文件作为块来插入使用。

- 命令名 WBLOCK(W)。
- 功能区路径:【插入】→【块定义】→【写块】。

【写块】对话框(图 2-39(b)),其大部分内容与【块定义】对话框相似。

(1) 源:指定另存为文件的块或对象。现有的块、整个图形或某些图形对象都可另存为文件。

(a)【块定义】对话框   (b)【写块】对话框

图 2-39 【块定义】对话框与【写块】对话框

(2) 基点：指定块的基点。选择方法与【块定义】相同。

(3) 对象：指定当前图形中另存为块文件的对象。

(4)【保留】【转换为块】【从图形中删除】：与【块定义】相同。若想恢复在创建块时将从图形中删除的原对象，可使用 OOPS 命令。

(5) 目标：指定块文件的新名称和新位置以及插入块时所用的测量单位。

(6) 插入单位：指定将其作为块插入到使用不同单位的图形中时用于自动缩放的单位值。如果希望插入时不自动缩放图形，应在列表框中选择"无单位"。

4．在图形中插入块

无论是在当前图形文件中创建的块定义，还是其他图形文件，都可使用【插入】命令以块的形式插入到当前图形文件中。

- 命令名 INSERT(I)。
- 菜单路径：【插入】→【块】。
- 功能区路径：【默认】或【插入】→【插入】→【插入块】。

进行以上操作将打开【插入】对话框(图 2-40)，其中各项内容介绍如下：

(1) 名称：使用列表指定要插入块的名称，右侧预览框显示所选定图块的预览。

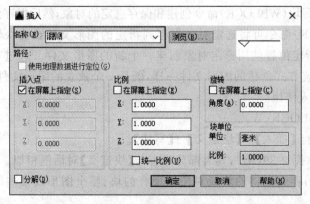

图 2-40 【插入】对话框

（2）插入点：指定块在插入时确定位置的方式。

（3）比例：指定块插入时的缩放比例及比例指定方式。

（4）旋转：指定块插入时的角度及角度指定方式。

（5）分解：指定块插入的同时是否分解。选择【分解】时，只能指定统一比例。

5．图形中的基于独立图形的块

如果图形中的块是基于外部独立的图形文件（而不是图形中一组命名的对象），需注意以下几点：

（1）默认情况下，以块插入的图形文件的基点是 WCS 原点（0,0,0）。可使用 BASE 命令重置基点。

（2）若原始图形在将其作为块插入后已经更新，这些更改不会反映在目标图形文件中。如果希望修改原始图形时可同步更新目标图形，应将该图形作为外部参照附着，而不是将它作为块插入。

（3）将图形文件作为块插入时，不包括布局空间中的对象。

6．修改块定义

有多种方法可重新定义块定义，选择哪种方法取决于是仅在当前图形中进行更改还是同时更改源图形文件。

（1）通过【块编辑器】在当前图形中修改块，所保存的更改将替换现有块定义，而且同步更新图形中该块的所有参照。

（2）使用原有块定义的名称重新创建块，则图形中该块的所有参照同时修改。

（3）修改源图形并将其重新插入当前图形中，源图形所做的更新才能反映在目标图形中。

（4）使用设计中心插入块时，不会自动覆盖现有的块定义。

7．块编辑器

- 命令名 BEDIT（BE）。
- 功能区路径：【插入】→【块定义】→【块编辑器】。

进行以上操作将打开【编辑块定义】对话框。在名称列表框中选择已定义的块名或在编辑框中输入新块名，单击【确定】按钮，即可打开【块编辑器】（图 2-41）。块编辑器具有定义块、添加动作参数、添加几何约束或标注约束、定义属性、管理可见性状态、测试和保存块定义等功能。

在【块编辑器】对话框中编辑块，然后单击【关闭】按钮，被编辑的块及其参照将同步更新。

图 2-41　【块编辑器】对话框

8. 修改块参照

用户可修改单个块参照,而不影响其定义。在【特性】选项板中直接修改块参照的位置、比例、旋转或其他特性,这些更改仅影响单个块参照的实例,而不影响块定义及其他块参照。

9. 分解块参照

如需单独修改一个块中的一个或多个对象,可使用"分解"(EXPLODE)命令将块定义分解。

10. 删除块定义

即使删除或分解了块的所有参照,块定义仍保留在图形中。要删除该块定义,需使用"清理"命令。菜单路径:【文件】→【图形实用工具】→【清理】→【清理】对话框。

11. 例题

将建筑标高符号创建为块,并在图形中引用。

先绘制好一个标高符号,然后打开【块定义】对话框,依次修改以下内容:

(1) 名称:标高。

(2) 基点:单击【拾取点】按钮,临时关闭对话框,在屏幕上选择三角形的顶点。(标高符号使用时,需要使三角形下部顶点位置对齐被标注部位。)

(3) 对象:单击【选择对象】按钮,临时关闭对话框,在屏幕上选择绘制好的标高符号。

(4) 方式:选择【按统一比例缩放】和【允许分解】复选框。

单击【确定】按钮后,对话框关闭,名称为【标高】的图块即定义好了(图 2-42(a))。

打开【插入】对话框,依次修改以下内容:

(1) 名称:在名称列表中选择"标高"。

(2) 插入点:选择【屏幕上指定】复选框。

(3) 比例:选择【统一比例】复选框。

(4) 旋转:角度 0°。

(5) 分解:不分解。

单击【确定】按钮,关闭对话框,光标在屏幕合适位置单击,即在该处放置了一个标高符号(图 2-42(b))。

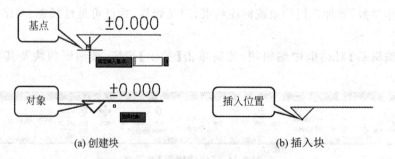

(a) 创建块   (b) 插入块

图 2-42　将标高符号创建为块并插入

2-11

2.3.5　AutoCAD 的外部参照

外部参照是 AutoCAD 实现在图形文件之间传输对象的一种方式。DWG、DWF、DWFX、PDF 或 DGN 参考底图、光栅图像、点云 RCP 和 RCS 文件、协调模型 NWD 和 NWC 文件等都可以外部参照的形式被另外的图形文件（主文件）引用。外部参照的主要优点有：①多文件同步修改，实现多用户图形协作；②减少重复工作，提高图纸标准化；③有效降低文件大小。

外部参照与块在很多方面都很类似，其不同点在于：①块的数据存储在主文件中，外部参照的数据存储在另外的外部文件中，主文件中仅存放外部文件的引用关系和搜索路径；②图块插入主文件中后不再随原始图形的改变而更新，外部参照能够随外部参照文件的修改而同步更新。

可将任意图形文件作为外部参照附着到主文件中。但需要注意以下几点：

（1）勿在主文件中使用参照图形文件中已存在的图层名、标注样式、文字样式及其他命名元素。

（2）工程完成准备归档时，建议将附着的参照图形和主文件永久合并（绑定）到一起。

（3）外部参照在主文件中以单个对象的形式存在，但必须首先绑定外部参照后才能将其分解。

（4）一个图形可作为外部参照同时附着到多个文件，多个图形也可作为外部参照附着到单个文件。

1．打开【外部参照】管理器的路径

- 命令名 EXTERNALREFERENCES 或 XREF。
- 菜单路径：【工具】→【选项板】→【外部参照】。
- 功能区路径 1：【视图】→【选项板】→【外部参照选项板】。
- 功能区路径 2：【插入】→【参照】标题按钮旁的右下箭头↘。

2．将外部参照附着到文件的一般步骤

步骤 1　打开【外部参照】管理器（图 2-43）。

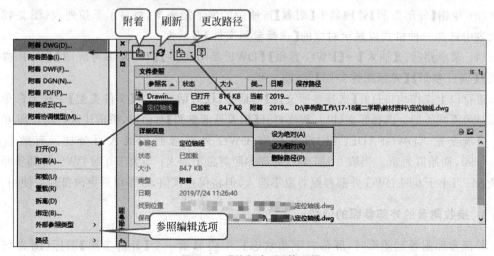

图 2-43　【外部参照】管理器

步骤 2 单击【外部参照】管理器左上角【附着】按钮,在列表中选择外部参照文件的类型,如"附着 DWG",程序打开相应的【选择参照文件】对话框(图 2-44(a))。

步骤 3 在【选择参照文件】对话框中选择外部参照文件后单击【打开】按钮,程序打开【附着外部参照】对话框(图 2-44(b))。

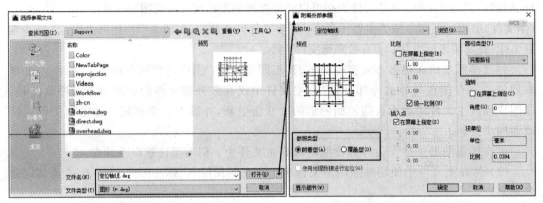

(a)【选择参照文件】对话框   (b)【附着外部参照】对话框

图 2-44 【选择参照文件】对话框与【附着外部参照】对话框

步骤 4 在【附着外部参照】对话框中选择外部参照的【名称】【参照类型】【路径类型】等,单击【确定】按钮,关闭对话框。

步骤 5 在屏幕上合适位置单击鼠标,外部参照即附着成功。

3. 用于附着外部参照的命令

(1)命令名 XATTACH(附着 DWG)、IMAGEATTACH(附着图像)、DWFATTACH(附着 DWF)、DGNATTACH(附着 DGN)、PDFATTACH(附着 PDF)、POINTCLOUDATTACH(附着点云)或 COORDINATIONMODELATTACH(附着协调模型),均将打开【选择参照文件】对话框。

(2)从【设计中心】选项卡中选择外部参照文件后,将其直接拖进主文件,或单击右键,在快捷菜单中选择【附着为外部参照】。

(3)单击【外部参照】管理器上【附着】按钮旁的向下箭头▼,将显示下拉列表(图 2-43),从列表中选择一种格式以显示对应的【选择参照文件】对话框。

(4)菜单路径:【插入】→【DWG 参照】【DWF 参考底图】【DGN 参考底图】【PDF 参考底图】【点云参照】【光栅图像参照】等(图 2-45)。

进行以上操作均将打开【选择参照文件】对话框,仅对话框下方【文件类型】中基于命令不同而显示不同类型。选择好文件后,程序打开【附着外部参照】对话框,按前述进行操作即可。

系统变量 XDWGFADECTL 定义所有 DWG 外部参照的淡入百分比。有效值为 $-90\sim90$,初始值为 50。当取 0 时 DWG 外部参照对象不淡入;当大于 0 时 DWG 外部参照对象淡入;当小于 0 时 DWG 外部参照对象不淡入,但将保存该值,以备以后更改符号后使用。

4. 接收附着的外部参照的通知

外部参照附着到图形时,屏幕右下角状态栏中将显示一个【外部参照】图标(图 2-46)。

单击该图标,将显示【外部参照】管理器。外部参照发生变化,如主文件未找到外部参照,或存在未协调的新图层等,外部参照图标旁将出现一个参照通知提示按钮。

图 2-45　【插入】菜单

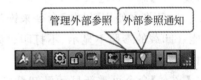

管理外部参照　外部参照通知

图 2-46　状态栏中的【外部参照】图标

5.【外部参照】管理器

【外部参照】管理器用于组织、显示并管理参照文件(图 2-43)。

(1) 单击【附着】按钮打开【选择参照文件】对话框。单击【附着】按钮旁的向下箭头▼打开列表,供用户选择参照文件的格式。

(2)【刷新】按钮可刷新列表,显示或重新加载所有参照以显示在参照文件中发生的任何更改。

(3)【更改路径】按钮用于修改选定文件的路径:"设为绝对(A)""设为相对(R)""删除路径(P)"。选择"删除路径(P)"时参照与主文件在同一位置。

(4)【文件参照】列表显示在当前图形中的参照的状态、大小和创建日期等信息。

(5)【详细信息】列表显示选定参照的有关文件信息,可直接单击信息来对其进行修改(图 2-43)。

6.【附着外部参照】对话框

(1)【参照类型】单选框控制参照的参照是否在主文件中显示:①【附着型(A)】外部参照在主文件中显示且可嵌套;②【覆盖型(O)】外部参照在主文件中不显示且不可嵌套(图 2-44(b))。

(2)【路径类型】列表框提供三种选择:①【完整路径】保存外部参照的精确位置。精确度高而灵活性最小,若移动了工程文件夹,程序将无法融入任何使用完整路径的外部参照。②【相对路径】保存外部参照相对于主文件的位置。灵活性最大,即使移动了工程文件夹,只要文件之间的相对位置未变化,程序将仍可融入使用相对路径的外部参照。③【无路径】不保存外部参照的位置,程序将在主文件所在文件夹中查找外部参照,适用于主文件与外部参照文件位于同一个文件夹的情况(图 2-44(b))。

7.【外部参照】的操作

在【文件参照】列表中,亮显某参照名称后单击鼠标右键,弹出【参照编辑选项】列表(图 2-43)。【参照编辑选项】提供对参照进行编辑的选项命令。

(1)【打开】命令可使用(由操作系统指定)创建参照文件的原应用程序打开该参照文件,以对其进行在位编辑,所保存的任何修改都会在主文件中显示提醒,重载后主文件即可与外部参照同步修改。此选项命令仅对已加载的参照文件可用。

(2)【附着】命令可打开【附着外部参照】对话框,以更改参照的比例、插入点和路径类型等设置。还可从附着的参照中附着其他同类型参照,如从附着的 PDF 文件中附着其他页面、从附着的 DWF 文件中附着其他图纸等。

(3)【卸载】命令将隐去某个外部参照,而不更改其链接。在外部参照所在的位置保留一个标记,以备将来使用【重载】命令来恢复其信息。卸载当前任务中不需要的外部参照可提高性能。卸载的参照不显示、不打印。如果打开图形中附着多个参照而内存不足时,程序会自动将其卸载。

(4)【重载】命令可重新显示已卸载的外部参照,或外部参照文件发生了更改时对其进行刷新。

(5)【拆离】命令可从定义表中删除指定外部参照的所有实例,并将这个外部参照的定义删除。拆离将删除外部参照及其所有关联信息。嵌套的外部参照不能被拆离。

(6)【绑定】命令将指定的外部参照转换为块,使其成为主文件的永久组成部分,不再随外部参照文件的改变而更新。

(7)【外部参照类型】命令指定参照的类型是附着型还是覆盖型。

(8)【路径】命令提供"设为绝对""设为相对""删除路径"三个文件路径选项。

8. 外部参照边界剪裁

外部参照可剪裁,以剪裁边界为界,显示外部参照的有限部分而不是全部。通过剪裁边界,可在主文件中隐藏或显示边界以内或以外的参照图形(图 2-47)。

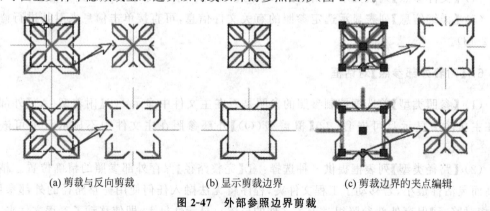

(a) 剪裁与反向剪裁　　　　(b) 显示剪裁边界　　　　(c) 剪裁边界的夹点编辑

图 2-47　外部参照边界剪裁

- 命令名 XCLIP。
- 功能区路径:【插入】→【参照】→【剪裁】。

选择外部参照后,在命令提示下,指定【新建边界】形状,剪裁或反向剪裁,程序根据用户指定的区域剪裁外部参照。各选项功能简介如下:

(1) 开(ON):不显示当前图形中外部参照被剪裁部分。

(2) 关(OFF):显示当前图形中外部参照的完整几何图形,忽略剪裁边界。

(3) 剪裁深度:在外部参照上设定前剪裁平面和后剪裁平面,系统将不显示由边界和指定深度所定义的区域外的对象。

(4) 删除:删除选定的外部参照的剪裁边界。临时关闭剪裁边界,应使用"关"选项。不能使用 ERASE 命令删除剪裁边界。只有在删除旧的剪裁边界后,才能为选定的外部参照创建新的边界。

(5) 生成多段线:自动绘制一条与剪裁边界重合的多段线。

(6) 新建边界:定义一个多段线、矩形或其他多边形,形成参照的剪裁边界。

(7) 反向剪裁:反转剪裁的边界,剪裁掉边界外部的对象或剪裁掉边界内部的对象(图 2-47(a))。

剪裁系统变量控制剪裁的边界是否显示及打印(图 2-47(b))。XREF、PDF、DGN、DWG 和 IMAGE 参考底图的剪裁系统变量分别为 XCLIPFRAME、PDFFRAME、DGNFRAME、DWFFRAME 和 IMAGEFRAME。

剪裁边界只改变参照的显示方式。剪裁的外部参照与未剪裁的外部参照一样可进行编辑。

可使用夹点来编辑剪裁。像使用夹点编辑任何其他对象一样,可通过夹点编辑来调整剪裁边界的大小,反转边界内部或外部的剪裁参照的显示等(图 2-47(c))。

9.在图形中查找外部参照

在复杂图形中查找外部参照,可使用【外部参照】管理器。

- 在【外部参照】管理器中选择参照文件,可亮显图形中的所有可见实例。
- 在图形中选择外部参照,则在【外部参照】管理器中亮显其名称。

10.光栅图像

光栅图像是由称为像素的方块或点的矩形栅格组成的图像。AutoCAD 支持的图像文件格式包含了主要技术成像应用领域中最常用的格式,如 BMP、JPEG、GIF、PCX 等。光栅图像与其他对象一样,可复制、移动或剪裁,也可使用夹点模式进行编辑。

1) 附着光栅图像

可以通过以下方式打开【选择参照文件】对话框。

- 命令名:IMAGEAATTACH(IMA)。
- 菜单路径:【插入】→【光栅图像参照】。
- 功能区路径:【插入】→【参照】→【附着】。

进行以上操作可打开【选择参照文件】对话框(图 2-48(a)),选择图像文件后单击【打开】按钮,程序打开【附着图像】对话框(图 2-48(b))。在【附着图像】对话框中设置好各选项后,单击【确定】按钮,然后在屏幕上指定参照的位置,选择的图像即附着在当前文件上。

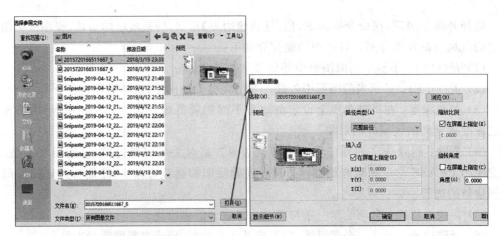

(a)【选择参照文件】对话框　　　　　　　　(b)【附着图像】对话框

图 2-48　【选择参照文件】对话框和【附着图像】对话框

2）图像参照剪裁

单击图像参照实例，功能区显示【图像】上下文选项卡（图 2-49）。选项卡中包含用于调整、剪裁和显示图像的选项。单击【剪裁】面板上的【创建剪裁边界】按钮，在屏幕上使用光标确定剪裁边界，按 Enter 键完成图像剪裁（图 2-50）。

图 2-49　【图像】上下文选项卡

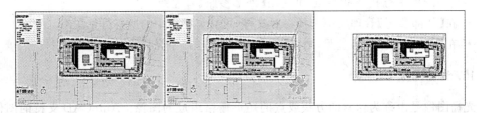

图 2-50　修剪图像

3）图像参照亮度、对比度、淡入度及背景透明度设置

每个图像参照都可有自己的亮度、对比度、淡入度和透明度设置。可通过功能区的【图像】选项卡进行设置。选择图像参照示例后，功能区显示【图像】选项卡。

- 调整面板：通过拖动滑块来设置图像参照的亮度、对比度和淡入度。
- 选项面板：【显示图像】按钮控制图像全部显示还是仅显示外框，【背景透明度】按钮控制图像下方的对象是否可见。

4）图像参照的缩放

附着图像时，可指定光栅图像的比例因子，以便使图像中的几何图形比例与图形中几何图形的比例一致。默认图像比例因子是 1，并且所有图像的默认单位都是【无单位】。

图像附着后，可使用【对齐】（ALIGN）命令缩放图像。

11. 例题

光栅图像中回字形建筑物总体尺寸是 40m×50m，使图像参照按 1∶1 比例显示(图 2-51)。

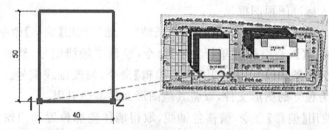

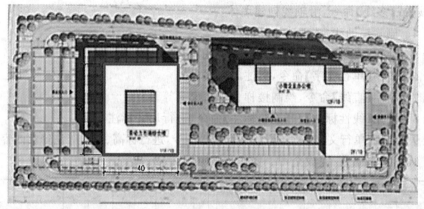

图 2-51　图像参照缩放

步骤 1　在主文件中创建 40m×50m 的主建筑轮廓线(图中粗线矩形框)。

步骤 2　在功能区【默认】选项卡【修改】面板上单击【对齐】按钮，或输入命令名 AL(ALIGN)。

选择对象：选定图像参照。

指定第一个源点：在图像参照上选择左下角点；指定第一个目标点：在红线框上选择左下角点；

指定第二个源点：在图像参照上选择右下角点；指定第二个目标点：在红线框上选择右下角点；

指定第三个源点或<继续>：Enter(继续)；

是否基于对起点的缩放对象？：Y<是>；

图像参照缩放至期望尺寸。操作步骤及结果见图 2-51。

2.3.6　抄绘建筑平面图

2-12

建筑平面图见图 1-57，按建筑制图的一般步骤，抄绘该标准层平面图。

建筑平面图抄绘的一般步骤：图幅图框→定位轴线→墙体、柱子→门、窗→其他构件→尺寸标注和文字标注。按此一般步骤抄绘建筑平面图。

新建图形，命名为《标准层平面图》并进行绘图设置；

启用极轴，增量角为 45°，附加角为 30°；启用对象捕捉及对象捕捉追踪，捕捉模式勾选端点、中点、圆心、象限点、交点；启用线宽显示。

加载虚线、点划线线型。

设置满足制图标准的文字样式、标注样式。

绘制或插入标准图幅图框。

步骤 1 使用【直线】命令，绘制 1、A 两条轴线；然后使用【偏移】命令，创建其余各轴线。

步骤 2 使用【圆心半径】【单行文字】命令，绘制 1 轴线编号，然后使用【复制】命令，将轴线编号复制到每条轴线上，并使用【文字编辑】命令，修改轴线编号。使用【写块】命令，将定位轴线保存为独立的图形文件，以备其他图形文件参照引用。

步骤 3 使用【偏移】命令，偏移各轴线，取得墙体轮廓位置和门窗洞口的位置，然后使用【多段线】或【多线】命令，沿轴线创建墙体。

步骤 4 删除辅助线，整理墙体轮廓线。

步骤 5 使用【直线】【圆弧】命令，绘制门窗符号。

步骤 6 使用【单行文字】命令，标注门窗编号。

步骤 7 使用【直线】命令，绘制楼梯、台阶、家具等。

步骤 8 使用【线性标注】和【连续标注】命令，进行尺寸标注。

步骤 9 使用【单行文字】【直线】【多段线】等命令，进行标高、说明等注释类内容的标注。

步骤 10 检查修改，完成全图。操作步骤见图 2-52。

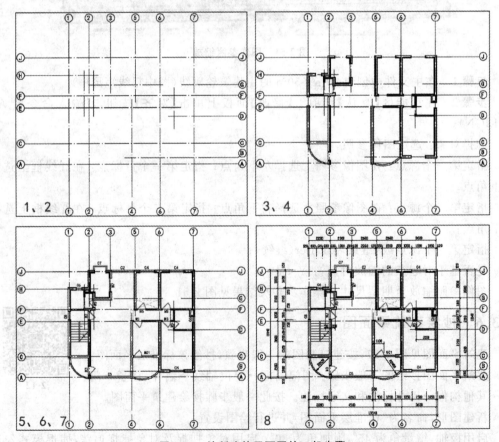

图 2-52 绘制建筑平面图的一般步骤

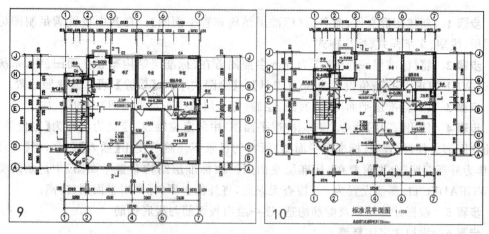

图 2-52　（续）

2.3.7　抄绘结构平面图

以 2.3.6 节的《标准层平面图》为条件，绘制《标准层结构布置平面图》，
见图 2-53。

2-13

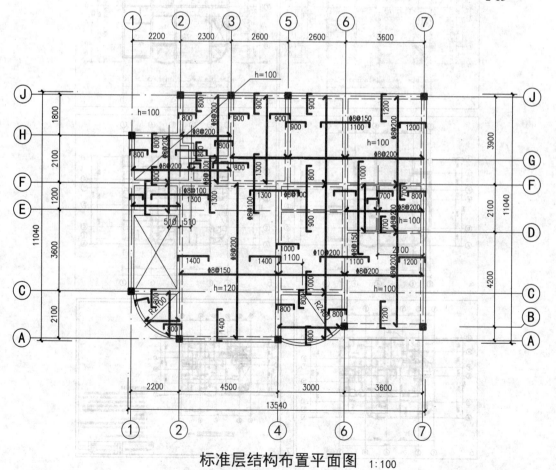

标准层结构布置平面图　1:100

图 2-53　结构平面图

步骤 1 新建图形文件,命名为《标准层结构布置平面图》。在其中设置满足制图标准的图层、线型、文字样式、标注样式。

步骤 2 将《标准层平面图》作为外部参照附着在《标准层结构布置平面图》中,系统变量 XDWGFADECTL 新值设置为 80,【工具】→【绘图次序】→【后置】,可将其参照后置。

步骤 3 以《标准层平面图》为底图,绘制《标准层结构布置平面图》中的梁、柱。

步骤 4 使用【写块】命令,将《标准层平面图》中的定位轴线,定义为名称为【定位轴线】的独立图形文件,放置在《标准层平面图》所在的目录下。然后使用【插入】命令,将【定位轴线】作为外部参照,分别附着在《标准层平面图》及《标准层结构布置平面图》中。系统变量 XDWGFADECTL 新值设置为 0。检查无误后,将外部参照《标准层平面图》拆离。

步骤 5 根据计算结果及配筋构造,逐一绘出板面筋与板底钢筋。

步骤 6 添加文字注释等。

步骤 7 添加说明、图名及图框。操作步骤及结果,见图 2-54。

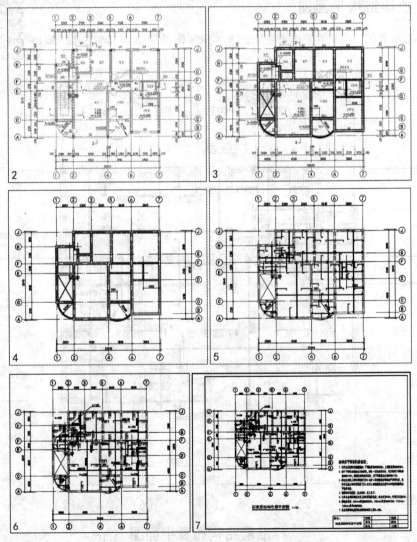

图 2-54 绘制结构平面图的一般步骤

第 3 章

Revit 的基本建模操作

3.1 基本功能及基本操作

3.1.1 BIM 的定义与特点

　　建筑信息化模型(building information modeling)是一个设施(建设项目)物理和功能特性的完备的数字表达,能够将设施(建设项目)在全生命周期中各个不同阶段(策划、规划、方案、设计、计算、分析、施工、造价、财务、运维等)的工程信息、过程和资源等进行共享,为所有决策提供可靠的过程依据;并在项目不同的阶段,允许不同利益方插入、提取、更新和修改信息,支持和反映其各自职责的协同作业。与传统的工程项目信息表达能力相比,BIM 的显著特点包括:

- 能避免繁重的绘图任务,从而将精力集中到设计上;
- 能表达二维(2D)图纸表达不了的复杂项目;
- 能实现三维(3D)、四维(4D)等多维度的虚拟体验;
- 能实现协同工作,减少各工程参与方之间的矛盾;
- 能避免因多次修改所造成的逻辑错误;
- 能实现模型信息的多次利用,减少信息的丢失量。

3.1.2 Revit 与 BIM 的关系

- Revit 是 BIM 的一款基础软件。
- 通过 Revit 软件可以了解 BIM 的基本原理,掌握参数化图形辅助编译功能的基本框架。
- 通过 Revit 可以理解 BIM 的方向和需求,掌握 BIM 行业的动态,为行业服务。

3.1.3 项目与族的关系及样板文件的选择与设置

　　【项目.rvt】【项目样板.rte】【族.rfa】【族样板.rft】之间的关系见图 3-1,它们之间的关系可以概括如下。

- 组成【项目】的所有元素都是【族】,【族】是项目唯一的基本单元。
- 参数化就是将模型的信息由常量到变量,【族】是参数化建模的灵魂。

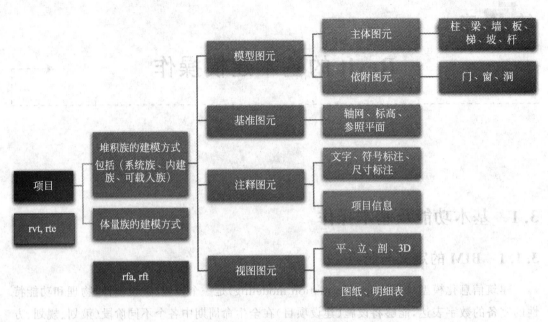

图 3-1　项目与族的关系

- 【项目样板】是【项目】的模板,包括建筑样板、结构样板、建造样板、机电样板、机械设备样板等,项目样板文件可以根据自身专业的特点自定义;典型的项目样板文件见图 3-2。
- 【族样板】是【族】的模板,包括基于主体的样板、基于线的样板、基于面的样板和独立样板。族样板文件一般不能自定义。典型的族样板文件见图 3-3。

图 3-2　典型的项目样板文件

图 3-3　典型的族样板文件

　　项目样板文件的选择与设置路径:【文件】→【选项】→【文件位置】→设置【名称】为【中国样板】→通过【路径】选中样板文件【中国样板.RTE】,见图 3-4。

　　族样板文件的选择与设置路径:【文件】→【选项】→【文件位置】→【族样板文件默认路径】→【…Family Template\Chinese】,见图 3-4。

图 3-4 项目与族样板文件的选择与设置

3.1.4 Revit 的界面简介及界面设置

1. 基本界面简介

【应用程序菜单】【快速访问工具栏】【专业工具选项卡】【项目浏览器】【视口】【图元属性】【上下文选项卡】【视图控制栏】【图元选择状态栏】,见图 3-5。

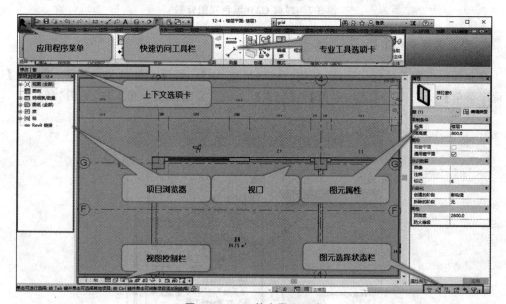

图 3-5 Revit 基本界面组成

2. 设置基本界面

路径:【视图】→【用户界面】→勾选需要的面板名,见图 3-6。

3. 修改视口背景颜色

路径:【应用程序菜单】→【选项】→【图形】→【颜色】→【背景】→【黑色】,见图 3-7。

图 3-6 用户界面的设置

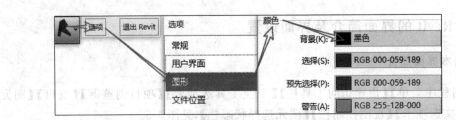

图 3-7 经典 CAD 黑色视图背景

4. 专业选项卡和工具

专业选项卡和工具包括建筑、结构、系统(机械、电气、管道)、体量和场地等；路径：【应用程序菜单】→【选项】→【用户界面】→【配置】，选中需要的选项卡和工具，见图 3-8。

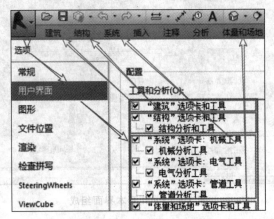

图 3-8 专业选项卡和工具

5. 上下文选项卡的状态

上下文选项卡是修改图元时增加的临时的工具面板，有以下三种状态：

- 空白状态 ：无选择图元状态。
- 等待修改状态 修改 | 墙 ：选中图元状态。
- 上下文选项可设置状态 修改 | 墙　□约束　□分开　■多个 ：选中图元并输入修改命令状态。

另外，上下文选项卡的位置可以调整：右击→【切换固定到顶部/底部】。

6. 项目浏览器

项目浏览器如同仓库,项目所需的所有族图元均需先存于此,其基本架构、组成和样例见图 3-9;项目浏览器可按专业或按规程进行组织,同时还提供搜索仓库中的现有族的功能,路径:右击【视图(全部)】→【浏览器组织】/【搜索】,见图 3-10。

图 3-9　项目浏览器的组成与样例

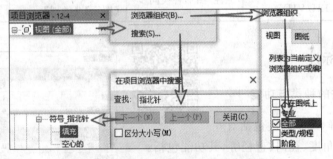

图 3-10　项目浏览器的组织与搜索功能

3.1.5　图元选择与隐藏控制

图元选择的效率直接影响信息化建模的速度,图元选择一般同时配合图元的隐藏控制进行操作,为后续的修改编辑操作提供便利。常用的图元选择方式见表 3-1。常用的图元隐藏控制方法见表 3-2。

3-1

表 3-1　常用的图元选择方式

图元选择类型	操 作 方 法	选 择 效 果
点选	点选图元	单击的图元被选中
框选	正选框住图元	框内的图元被选中
	交选框住图元	框内及与框交的图元均被选中

续表

图元选择类型	操 作 方 法	选 择 效 果
右击批量选择	【选择全部实例】→【在视图中可见】	当前视图中同类型的族被选中
	【选择全部实例】→【整个项目中】	项目中所有同类型的族被选中
Tab 键辅助选择	放置鼠标于目标上＋Tab 键	从重叠的图元中挑选出目标图元
	选中连续图元后＋Tab 键	选中首尾相连的连续图元
过滤器辅助选择	全部选择或框选后＋过滤器	按过滤器的类别选中目标图元
	保存选择记录，用时载入	选中历史选择记录
链接图元的选择开关	🔲	是否选中链接进来的图元
基线图元的选择开关	🔲	是否选中基线以上的图元
锁定图元的选择开关	🔲	是否选中已经锁定的图元
按面选择图元的开关	🔲	是按面/按边线的模式选择图元

表 3-2　常用的图元隐藏控制方法

隐藏种类	操作步骤	屏幕状态及特征	恢复方法	互相转换
临时隐藏	🔲 隔离/隐藏图元/类别（IC/HH/HC/HI）	有蓝框，不与视图的可见性/图形替换同步	🔲→重设临时隐藏/隔离（HR）	🔲→【将隐藏/隔离应用到视图】
永久隐藏	右击→【在视图中隐藏】→【图元】/【类别】(EH/VH)	无蓝框，与视图的可见性/图形替换同步	💡→右击→【取消在视图中隐藏】→【图元】/【类别】	

3.1.6　尺寸标注

1. 尺寸标注的种类与功能

与 CAD 一样，尺寸标注包括对齐标注、线性标注、角度、径向、直径等，其功能包括：

- 记录尺寸功能；
- 参数化功能：通过设置标签，实现从常量到变量；
- 锁定与驱动功能：配合使用基准图元（如参照平面）进行锁定与驱动。

2. 尺寸标注样式

尺寸标注样式设置的内容包括：族类型命名，尺寸线、尺寸界限、起止符号的线宽与颜色，文字的宽度系数、大小、偏移、字体、背景、单位格式等内容，可根据天正建筑尺寸标注样式进行设置，样例见图 3-11。

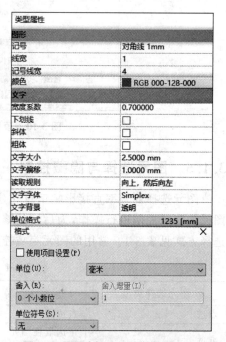

图 3-11　尺寸标注样式的设置样例

3. 尺寸标注的操作要点

可以通过拖动中间小圆点实现改变尺寸标注界限,配合 Tab 键挑选构件细节的尺寸标注,连续标注的尺寸可以通过选中尺寸标注后随时添加或删除局部的尺寸标注。单击尺寸数值可以对其进行编辑,如以文字替换,加前缀或后缀,见图 3-12。

4. 临时尺寸标注

临时尺寸标注一般用于快速查询尺寸,其属性的设置路径为:【管理】→【其他设置】→【临时尺寸标注属性】。临时尺寸标注外观的设置路径为:【选项】→【图形】→【临时尺寸标注文字外观】,见图 3-13。单击临时尺寸标注的转化符号,可转为永久尺寸标注。

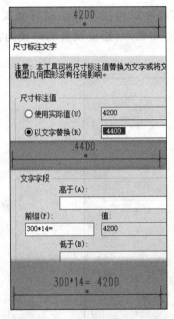

图 3-12　尺寸数值编辑的设置样例

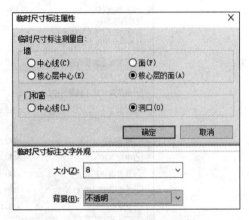

图 3-13　临时尺寸标注设置样例

3.1.7　快速查找构件与捕捉设置

1. 快速查找构件

随着建筑模型信息的增加,查找构件的难度迅速增大,快速查找并显示构件是控制模型的必备手段,Revit 提供三种查找构件的方法。

(1) 利用构件 ID 进行查询,路径为:【管理】→【查询】→【按 ID 选择】→【显示】→【选择图元后右击】→【替换图元的图形】→设置曲面透明度等,见图 3-14。

(2) 利用项目浏览器查询,右击【项目浏览器】→【搜索】族名称,见图 3-10,找到后在视图中绘制一个该族类型,再利用 IC 命令,独立显示此类型的族,即可找到项目或视图中已有的族类型。

(3) 利用明细表查询,详见明细表制作的 6.2.2 节。

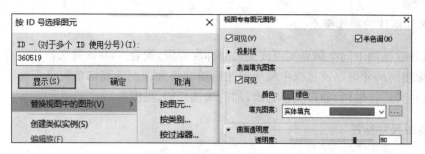

图 3-14   按 ID 查找构件并替换图元显示特性

2. 捕捉设置

Revit 中提供的捕捉设置与 CAD 中的捕捉设置类似,可以实现平面绘制时必要的功能,可按默认选择全部,其操作可以在其他命令执行的过程中插入,捕捉设置的路径为:【管理】→【捕捉】,见图 3-15。

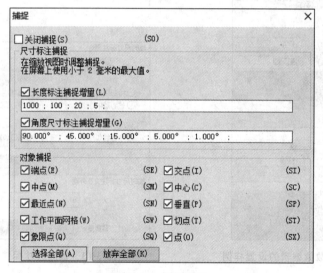

图 3-15   捕捉设置

3.1.8   常用快捷键

常用的快捷键包括鼠标快捷键、键盘功能快捷键和键盘快捷键。快捷键的使用可以快速提高工作效率,但不宜贪多,一般以不超过 30 个为宜。常用的快捷键见表 3-3。

Revit 允许用户设置符合自己习惯的快捷键,可以设置为与 CAD 相同的习惯,路径:【视图】→【用户界面】→【快捷键】,见图 3-16,其设置要点如下:

(1) 搜索及过滤功能可帮助用户快速查询命令:如输入"属性",可找到属性的命令。

(2) 一个命令可以有多个快捷键,但一个快捷键只能命名一个命令:如输入"属性"可以采用 PP/Ctrl+1/VP 等。

(3) 快捷键的指定与删除:如删除"属性"的 VP 键后,另指定为 SX。

(4) 快捷键设置的导出与导入:可保存用户的个性习惯。

表 3-3　常用的快捷键

键盘功能快捷键	鼠标快捷键
Tab 键：切换选择，批选择，选择组 Shift 键：正交 Ctrl 键：Ctrl＋(C，V，Z，X，W，Y，U，←) Alt 键：快捷命令提示 空格键：图元的旋转或内外翻转 Enter 键：重复上次命令	滚动滚轮：放大或缩小 双击滚轮：缩放匹配＝ZF 长按滚轮＋Shift：实时视角观察

键盘快捷键

设置及绘图命令	快捷键	修改命令	快捷键	控制命令	快捷键
快捷键设置	KS	移动	MV	属性面板	PP/Ctrl＋1
项目单位	UN	偏移	OF	锁定/解锁	PN/UP
参照平面	RP	拷贝	CO	隐藏选中类别	HC
标高	LL	镜像	MM	隐藏选中图元	HH
模型线	LI(3D)	旋转	RO	单独显示选中类别	IC
详图线	DL(2D)	修剪及延伸	TR	单独显示图元	HI
文字	TX	删除	DE	全部显示	HR
标注	DI	属性匹配	MA	全屏显示	ZF

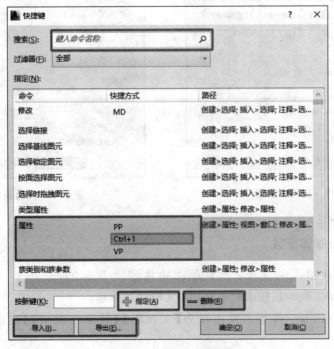

图 3-16　快捷键的设置

3.1.9　ViewCube、视图控制、相机与漫游

1. 相机视图

放置相机视图：【视图】→【三维视图】→【相机】（选中透视图）→单击

3-3

放置相机→视觉样式【着色】→详细程度【中等】。

调整相机视图：在项目浏览器中右击相机视图图名→【显示相机】→选中相机后在属性中设置相机的【视点高度】【目标高度】【范围】等。

2．漫游视图

放置漫游视图：【视图】→【三维视图】→【漫游】(选中透视图)→绘制路径→完成漫游→视觉样式【着色】→详细程度【中等】。

编辑漫游：在项目浏览器中右击漫游视图图名→【显示相机】→【编辑漫游】→拖动相机到关键位置→在节点上调整相机的朝向，在路径上调整相机的远裁剪范围。

漫游观察与加速：打开漫游视图→选中漫游视图→【编辑漫游】→【播放】→漫游视图属性→其他漫游帧→加速器设置，见图 3-17。

导出漫游视图的路径：【文件】→【导出】→【图像和动画】→【漫游】→设置漫游【长度/格式】，见图 3-18。

图 3-17　漫游加速器

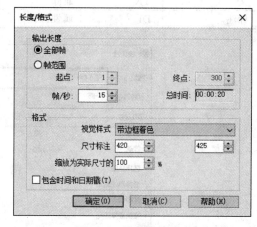

图 3-18　导出漫游格式

3．ViewCube 视图控制

- 单击 ViewCube：可实现 8 角 6 面 12 边共 26 个观察方向；
- 拖曳 ViewCube＝长按滚轮＋Shift：实时视角观察；
- 右击 ViewCube：将当前视图设为【主视图】【转至主视图】【定向到视图】等，见图 3-19。

4．其他常用的视图控制

(1) 视图比例【1∶100】、视图详细程度【中等】与视图视觉样式【着色】，见图 3-20；

(2) 平铺窗口(WT)、切换窗口与关闭隐藏窗口(GC)控制；

(3) 三维视图剖面框控制：【属性】→【范围】→选中【剖面框】。

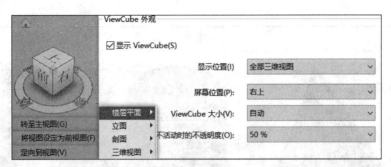

图 3-19 常用的 Viewcube 视图控制

图 3-20 常用的视图控制

3.2 体量建模

3.2.1 体量建模的基本方法

体量工具用于设计前期的概念设计,可提供灵活、简单、快捷的操作方法,帮助设计师进行形态推敲,有创意泥巴之称。体量的创建方式有两种:

(1) 内建体量:在项目中在位创建体量;

(2) 概念体量:在概念体量族编辑器中创建独立的体量族,为可载入族。

体量建模均采用默认的方式进行,模型的生成方式有 5 种:拉伸、融合、旋转、放样、放样融合,且可选实心和空心两种形式;根据选择模式和选择图元的维度和数量,自动按默认的方式生成不同的体量,其样例及效果归纳见表 3-4。

表 3-4 体量建模默认样例及效果

选择	样例及效果			
单选	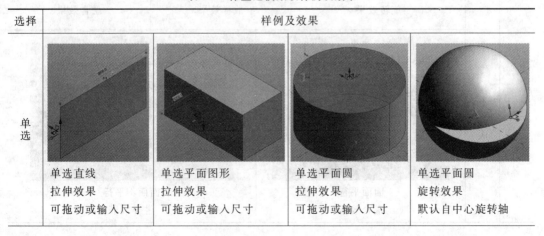			
	单选直线 拉伸效果 可拖动或输入尺寸	单选平面图形 拉伸效果 可拖动或输入尺寸	单选平面圆 拉伸效果 可拖动或输入尺寸	单选平面圆 旋转效果 默认自中心旋转轴

选择	样例及效果		
双选	线＋面	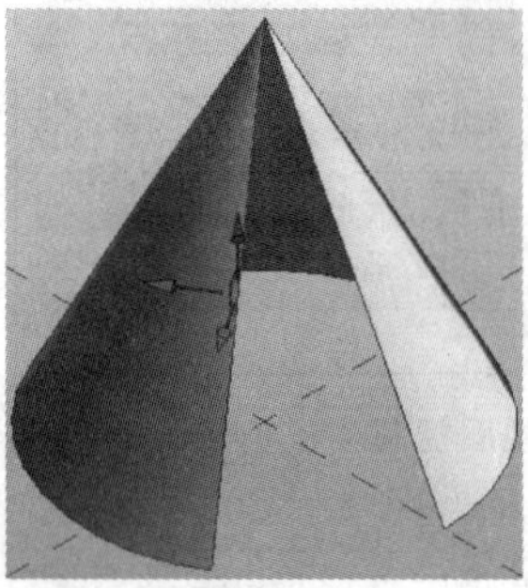 两相交直线 旋转效果	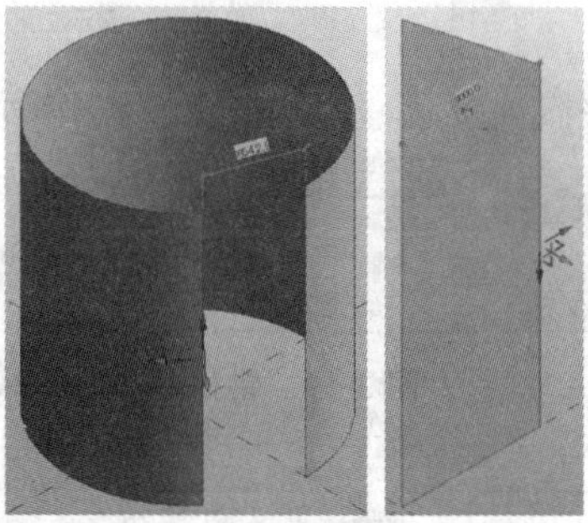 两平行直线 旋转或融合效果	 两相交/交叉垂直直线 拉伸效果

<table>
<tr>
<td rowspan="8">双
选</td>
</tr>
</table>

两相交直线
旋转效果

两平行直线
旋转或融合效果

两相交/交叉垂直直线
拉伸效果

线＋
面

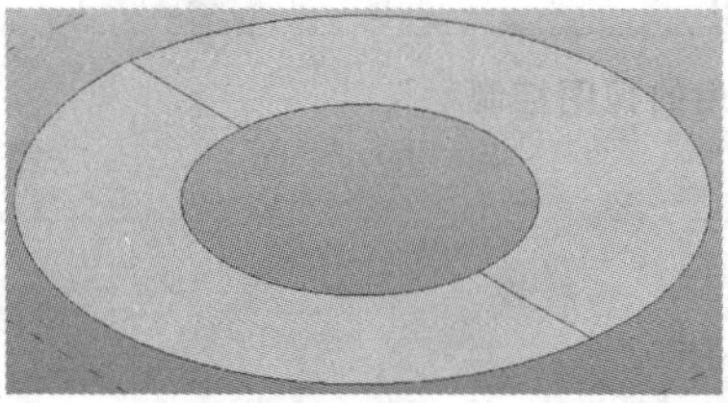

两相交垂直直线
旋转效果

两交叉直线
融合效果

共面直线与曲线
旋转效果

线面共面
旋转效果

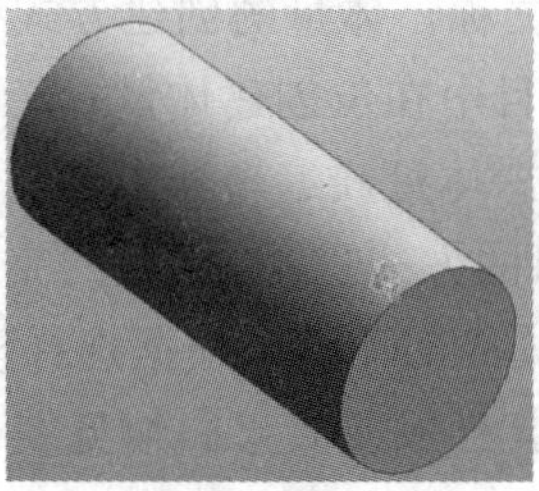

线面垂直
放样效果

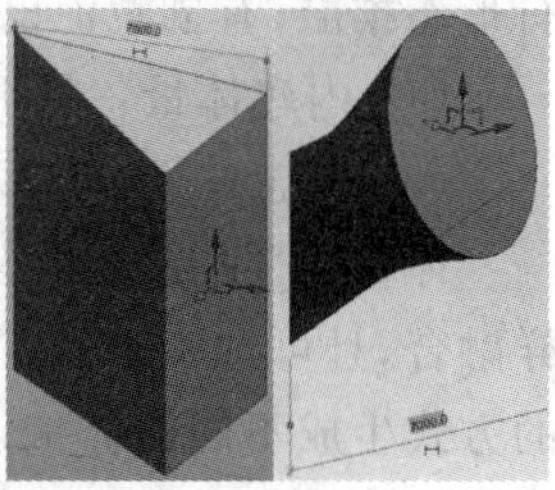

其他情况
融合效果

面＋
面

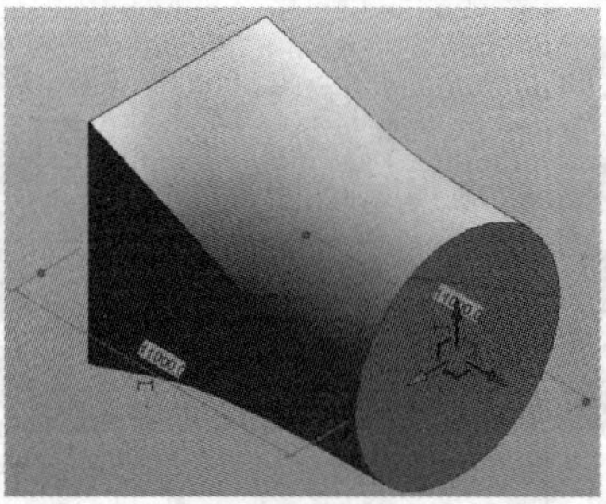

面面平行
融合效果

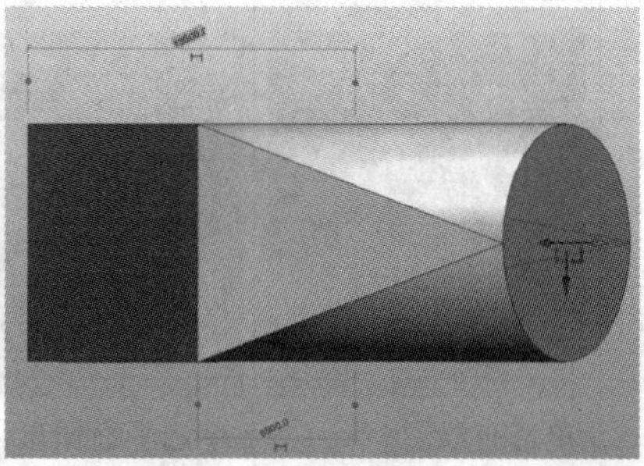

面面不平行
融合效果

续表

选择	样例及效果
多选 多面及多面放样线	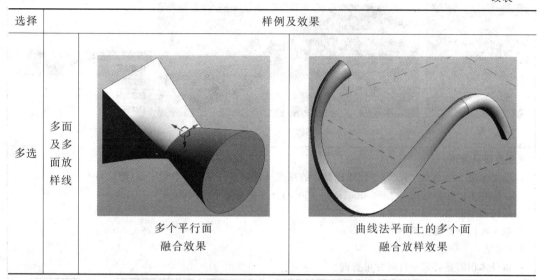 多个平行面 融合效果　　　　曲线法平面上的多个面 　　　　　　　融合放样效果

以融合体量为例,根据图 3-21 给定的投影尺寸,创建形体体量模型。

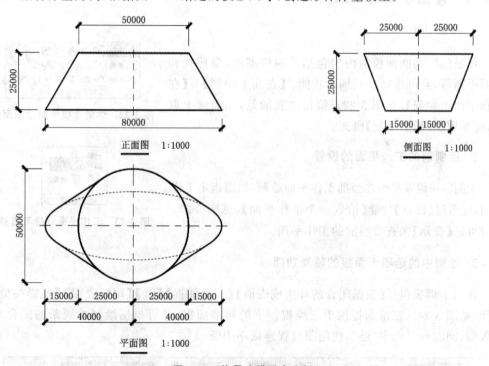

图 3-21　体量建模融合实例

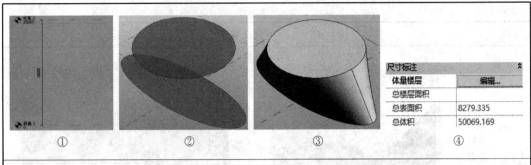

① ② ③ ④

尺寸标注	
体量楼层	**编辑...**
总楼层面积	
总表面积	8279.335
总体积	50069.169

建模步骤及配图：

① 添加标高 2（高度为 25000）→创建标高 2 的视图→创建中心位置的参照平面（默认）；

② 在标高 1 上绘制椭圆（$R1=40000$，$R2=15000$）→在标高 2 上绘制圆（$R=25000$）；

③ 同时选中椭圆与圆→创建；

④ 载入项目→查询面积。

技巧总结：

• 体量体积需要载入项目后方可查询。

3.2.2　体量建模的要点

1．绘制功能

体量绘制功能面板的内容包括绘制模型线、参照线和参照平面等，且可选择绘制辅助功能：【在面上绘制】与【在工作平面上绘制】，见图 3-22。值得注意的是，如需线上取点，应采用【在面上绘制】模式。

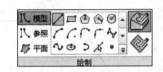

图 3-22　体量建模绘制功能面板

2．绘制前的工作平面的设置

绘制前可设置是否在当前工作平面绘制，如需指定工作平面，可通过【设置】功能【拾取一个工作平面】，见图 3-23，同时可选【显示】来查看当前的工作平面。

图 3-23　工作平面选择与查看

3．绘制中的选项卡面板的辅助功能

选项卡面板包括【根据闭合的环生成表面】【三维捕捉】【链】【跟随表面】【投影类型】等功能，见图 3-24。三维捕捉用于三维视图下的精准捕捉，并可根据绘制的线条的闭合环生成表面，同时可以选中"链"，使绘制过程连续不中断。

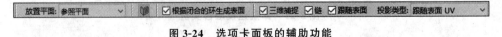

图 3-24　选项卡面板的辅助功能

4．绘制后的修改主体位置的功能

绘制图元后，可修改主体的位置，如将已绘制的图元切换到不同的参照平面上或标高平面上。其切换的主体（如参照平面）可以是平行的，也可以是不平行的，见图 3-25。

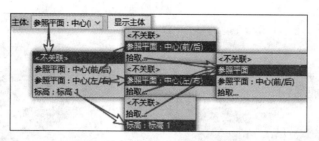

图 3-25　体量的主体位置切换功能

5．体量的延续修改功能

体量的延续修改功能包括选中面后"编辑轮廓"、选中线或面后"创建形状"、选中面后"分割表面"、选中线后"分割路径"。其工具面板见图 3-26，可再次创建出多变的体量形状。

- 编辑轮廓功能可用于修改当前体量模型表面的二维轮廓，可以修改为不相交且独立的任意的形状。
- 创建形状功能可用于在当前体量模型表面上选中线或面，再次创建体量。

图 3-26　体量建模的
延续修改功能

- 分割表面功能可用于选中当前体量模型的表面进行 UV 分割。
- 路径分割功能可用于选中当前体量模型的线进行路径分割。

3.2.3　体量建模实例 1：杯口基础

要求：根据图 3-27 中给定的投影尺寸，创建形体体量模型，基础底标高为 $-2.1\mathrm{m}$，设置该模型材质为混凝土。

3-4

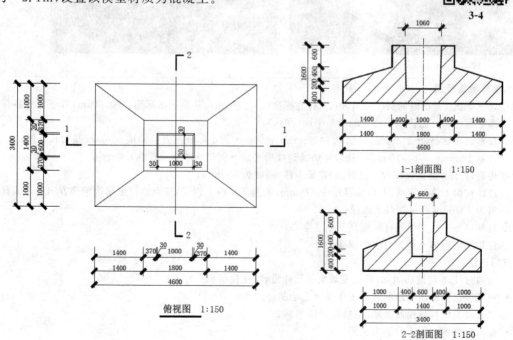

图 3-27　杯口基础

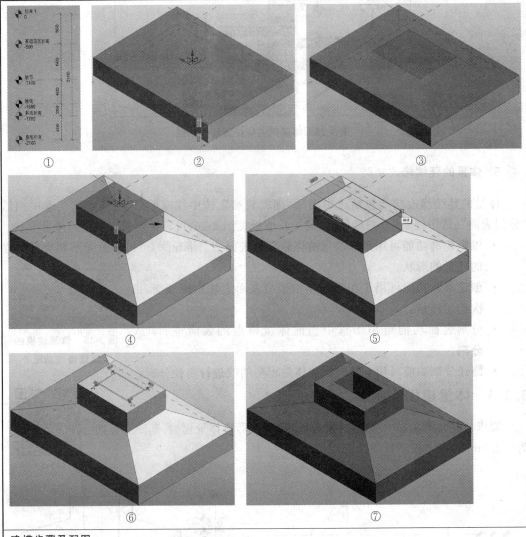

建模步骤及配图:

① 建立标高:基础底标高(-2.100m)、杯底标高(-1.700m)、基础顶面标高(-0.500m)等→建立各标高平面视图→创建中心位置的参照平面(默认);

② 在基础底标高(-2.100m)上绘制 3400mm×4600mm 的矩形→拖曳拉伸成 600mm 高的长方体;

③ 绘制 1800mm×1400mm 的矩形,并切换到坡顶平面→创建→融合成棱台;

④ 可通过 Tab 键挑选棱台上表面,创建长方体,高度为 600mm;

⑤ 选择在面上绘制矩形,并设偏移量为 370mm,绘制杯口内上边线,按空格键可切换偏移方向→设偏移量为 400mm,绘制杯口下边线;

⑥ 将杯口下边线切换到杯底标高→创建空心;

⑦ 连接几何形体→设置材质为混凝土。

技巧总结:

• 可通过 Tab 键挑选图元,可拖曳箭头创建体量,可在位编辑尺寸;

• 可切换选择在面上绘制或在工作平面上绘制;

• 通过设置偏移量绘制矩形,空格可切换偏移方向;

• 输入偏移值可用于控制绘制形状;

• 选择图元后可以切换或拾取主体的参照平面。

3.2.4 体量建模实例 2：仿央视大厦

要求：根据给定的数据，用体量方式创建模型，见图 3-28。

3-5

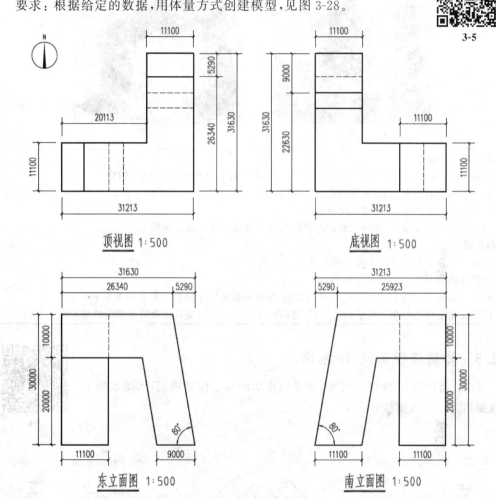

图 3-28 仿央视大厦

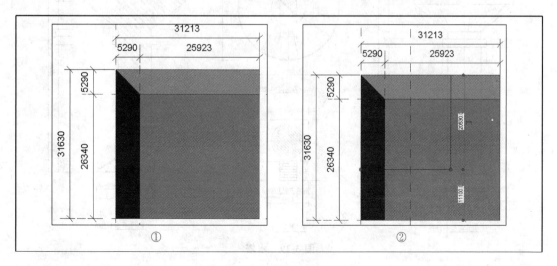

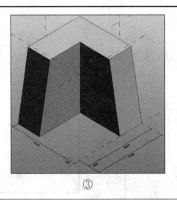

③

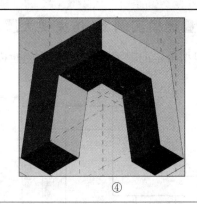

④

建模步骤及配图：

① 创建 31630mm×31213mm×30000mm 的长方体→利用对齐或拖曳,创建四棱台;

② 在上表面绘制矩形,创建顶视图的空心挖切;

③ 在南表面上绘制梯形,创建东南方向的空心;

④ 通过拖曳或对齐命令,先满足底部的定位尺寸→再满足顶部的定位尺寸。

技巧总结：

· 利用对齐命令与预设的参照平面对齐;

· 利用 Tab 键可在位编辑尺寸数值;

· 利用 Tab 键在三维视图中挑选所需的对象,切换到投影图中拖曳或对齐到参照平面上;

· 注意在面上绘制与在工作平面上绘制的区别,并且应注意线是否闭合所导致的结果异同。

3.2.5 体量建模实例 3：水塔

要求：请按图 3-29 所示尺寸,建立该水塔的实心体量模型,水塔水箱上下曲面均为正十六面棱台。

3-6

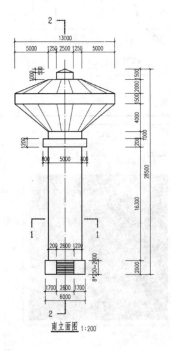

南立面图 1:200

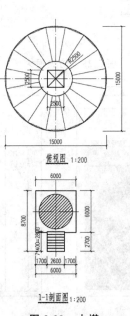

俯视图 1:200

1-1剖面图 1:200

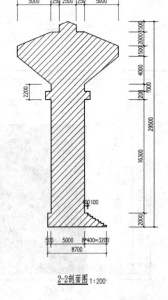

2-2剖面图 1:200

图 3-29 水塔

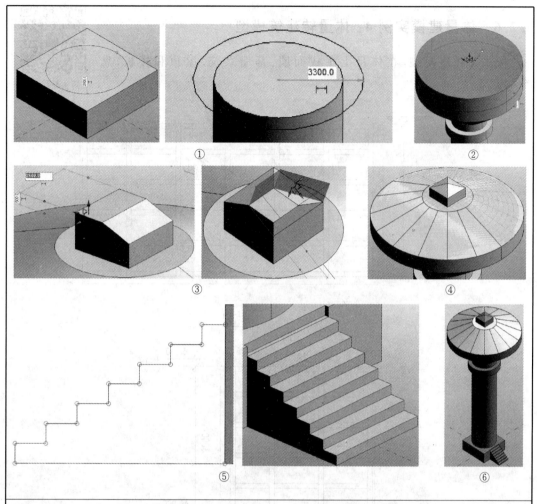

建模步骤及配图：

① 建立 6000mm×6000mm×2000mm 的长方体→在上表面绘制 $R=2500$mm 的圆→生成 16300mm 高
的圆柱→同理创建 1200mm、1000mm、4000mm 高的圆柱；

② 解锁上表面→修改 4000mm 高圆柱的上圆为 $R=7500$mm→继续生成 1500mm、1200mm 高的圆柱→
解锁上表面→修改上圆 $R=2500$mm；

③ 在上表面创建两个 2500mm×2500mm×1000mm（500mm）的长方体→解锁上表面→修改尺寸
2500mm 为 1250mm→开启三维捕捉和根据闭合环生成表面，绘制闭合环后生成空心→再次剪切成
四棱锥；

④ 选中水箱的锥面→分割表面→设置 UV 网格数分别为 1、8；

⑤ 在工作平面上绘制台阶轮廓，并拉伸到固定位置→创建最后一级台阶空心挖切部分；

⑥ 连接所有体量→设置材质。

技巧总结：

① 在面上绘制与在工作平面上绘制的切换与设置；

② 表面解锁后可进行在位编辑；

③ 三维捕捉模式的运用；

④ 表面分割与 UV 网格的设置与调整。

3.2.6 体量建模实例 4：体量转建筑模型

要求：创建模型，在体量上生成面墙、幕墙系统、屋顶和楼板，见图 3-30。

3-7

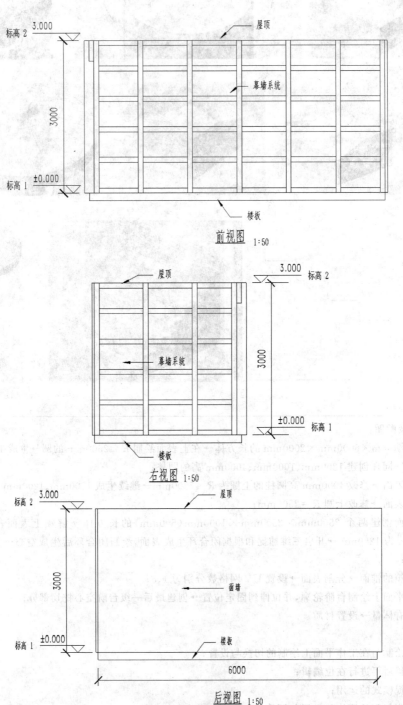

图 3-30 体量转建筑模型

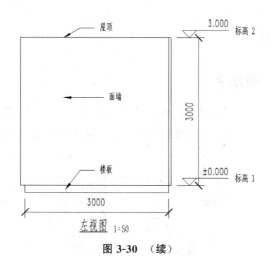

图 3-30 （续）

- 面墙为厚度 200 的【常规-200 面墙】，定位线为【核心层中心线】；
- 幕墙系统为网格布局 600mm×1000mm（即横向网格间距 600mm，竖向网格间距 1000mm），网格上均设置竖梃，竖梃均为圆形，竖梃半径 50mm；
- 屋顶为厚度为 400 的【常规-400mm】屋顶；
- 楼板为厚度为 150 的【常规-150mm】楼板。

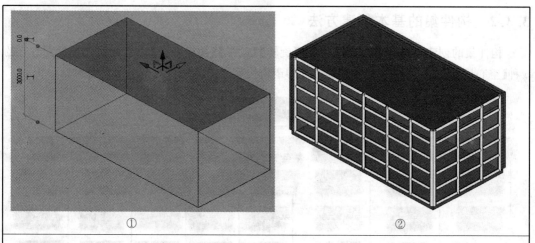

建模步骤及配图：

① 修改标高 2 的值为 3.000m→创建体量 6.000m×3.000m×3.000m；

② 墙→面墙→选择【常规-200 面墙】→定位：核心层中心线→选中体量前/后/左/右表面；
将前右墙改为幕墙→属性→垂直网格固定距离 1000、水平网格固定距离 600→竖梃的内部、边界 1、边界 2 类型均选为【圆形竖梃 50mm 半径】；
屋顶→面屋顶→选择【常规-400mm】→选中体量上表面→创建屋顶；
利用过滤器选中体量→体量楼层→楼板→面楼板→选择【常规-150mm】→选中体量底表面→创建楼板。

技巧总结：

- 体量面墙、体量屋面、体量楼层的用法。
- 创建楼板需先创建体量楼层。

3.3 构件集建模

3.3.1 创建构件集的准备

构件集的创建方式是在项目中通过内建模型进行创建,创建时需要设置构件集的【族类别】【族参数】【族名称】(图 3-31),其中【族类别】用于构件集的族属性的归类,以便于在项目浏览器中查找。

图 3-31 构件集族类别与族参数

3.3.2 构件集的基本创建方法

构件集的创建方式有【拉伸】【融合】【旋转】【放样】【放样融合】5 种,同时还包括同方式的 5 种【空心模型】。构件集的 5 种创建方式的逻辑构架见图 3-32。对应的工具面板见图 3-33。

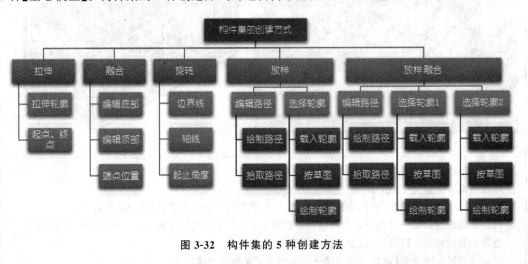

图 3-32 构件集的 5 种创建方法

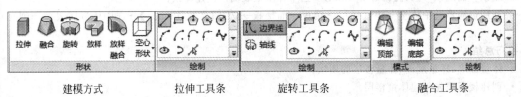

图 3-33 5 种构件集的建模工具面板

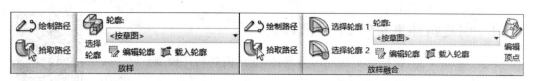

放样工具条　　　　　　　　　　放样融合工具条

图 3-33 （续）

3.3.3 创建构件集实例 1：栏杆

要求：见图 3-34，按照图示尺寸要求制作栏杆的构件集，截面尺寸除扶手外其余杆件均相同，挡板材质为玻璃，其他材质均为木材。

3-8

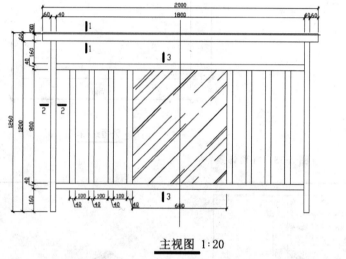

主视图 1:20

图 3-34 栏杆

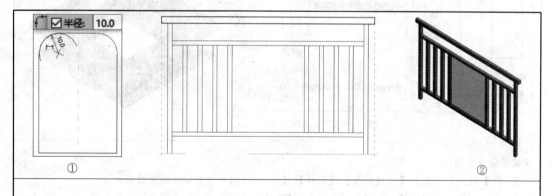

建模步骤及配图：

① 构件→内建模型→常规模型→拉伸→建立扶手、杆件、挡板，通过设置参照平面加以定位；

② 设置所有栏杆的材质为樱桃木，设置挡板的材质为玻璃→勾选确认结束构件集建模。

技巧总结：

• 绘制截面时可利用圆角命令设置倒角半径；

• 每个构件都需要勾选确认后才能设置材质，全部构件集完成后最终还需要勾选确认结束建模。

3.3.4 创建构件集实例 2：柱顶饰条

3-9

要求：见图 3-35，根据给定的轮廓与路径，创建内建构件模型。

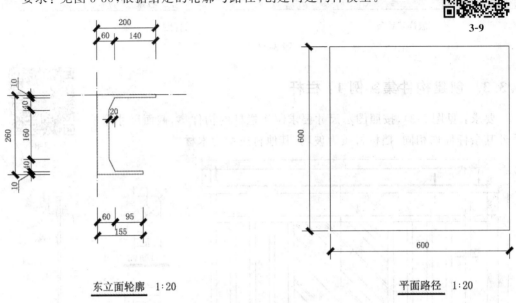

东立面轮廓 1:20

平面路径 1:20

图 3-35 柱顶饰条

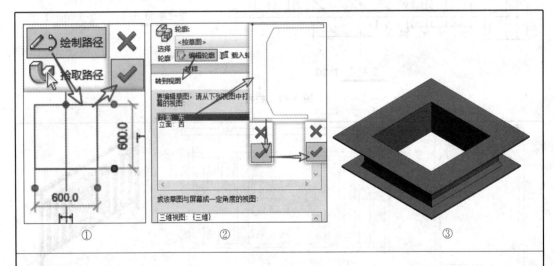

① ② ③

建模步骤及配图：

① 【构件】→【内建模型】→【常规模型】→【放样】→【绘制路径】→勾选确认结束路径；

② 【编辑轮廓】→转到视图【东】→【绘制轮廓】→勾选确认结束轮廓→勾选确认结束放样；

③ 勾选确认结束构件集建模。

技巧总结：

• 放样建模需要分别绘制路径和轮廓，并分别勾选确认结束绘制；

• 绘制轮廓可以采用载入已有的轮廓族、选择已经载入的轮廓、绘制编辑轮廓三种方式完成；

• 放样结束需要勾选确认，构件集结束还需要勾选确认结束。

3.3.5　创建构件集实例 3：陶立克罗马柱式

要求：见图 3-36，根据给定尺寸用构件集形式建立陶立克的实体模型。

3-10

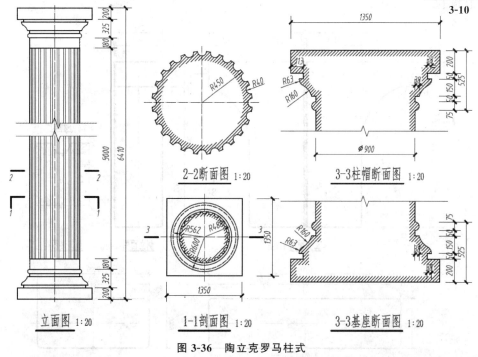

立面图 1:20　　2-2断面图 1:20　　3-3柱帽断面图 1:20

1-1剖面图 1:20　　3-3基座断面图 1:20

图 3-36　陶立克罗马柱式

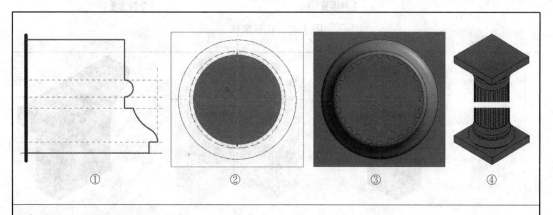

①　　②　　③　　④

建模步骤及配图：
① 通过拉伸创建长方体基座，通过旋转放样创建底座，并镜像至顶部；
② 通过拉伸创建柱身，调整上下连接位置；
③ 通过空心拉伸，挖切柱身，调整上下位置后，阵列空心；
④ 连接各部分构件形成整体。

技巧总结：
• 相切圆弧的圆心定位，外切时为半径相加，内切时为半径相减。
• 先空心拉伸再环形阵列。

3.3.6　创建构件集实例 4：U 形墩柱

3-11

要求：见图 3-37，根据图中给定数据，用构件集形式创建 U 形墩柱，材质为混凝土。

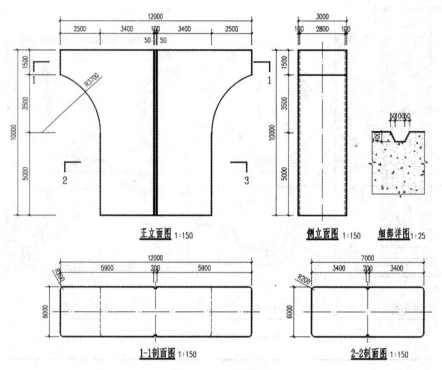

图 3-37　U 形墩柱

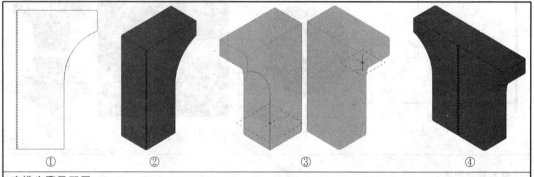

建模步骤及配图：

① 绘制一半桥墩的拉伸形体；

② 空心拉伸，挖切桥墩中间的空心；

③ 空心放样，对桥墩棱线进行倒圆角；

④ 镜像模型，并连接镜像两部分，用镜像过来的空心剪切整体模型，并设置混凝土材质。

技巧总结：

- 空心放样的路径存在拐角时易产生错误，可分两段进行；
- 采用连接可以将模型连成整体；
- 空心模型镜像后需要再次对整体模型进行剪切。

3.3.7　创建构件集实例 5：斜拉桥

3-12

要求：见图 3-38，根据对称斜拉桥的左半部分的三视图，用构件集的方式创建该斜拉桥的三维模型，其中倾斜拉索直径为 500mm，拉索上方交于一点，该点位于主塔中心距顶端以下 5m 处。

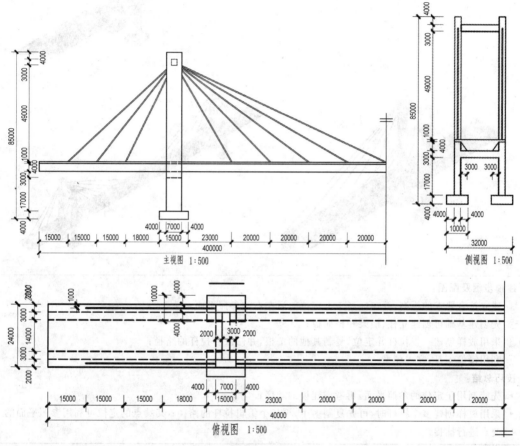

图 3-38　斜拉桥

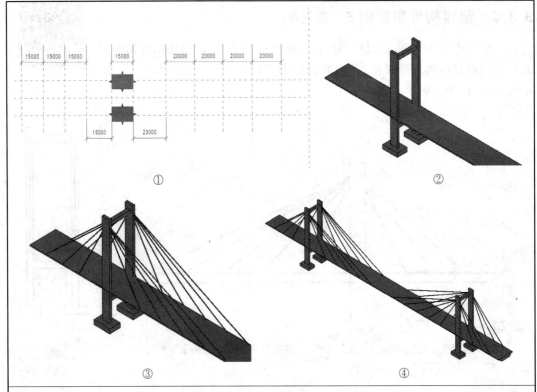

建模步骤及配图:

① 建立符合要求的标高,并在标高 1 上定位前后左右的参照平面;

② 先创建基础再创建立柱、横梁和桥面板;

③ 采用放样创建一根拉杆并定位,复制其他的 7 根,并修改各拉杆的路径;

④ 利用镜像工具,完成模型。

技巧总结:

· 先绘制用于定位的参照平面,再考虑建模的顺序;

· 采用放样创建多个拉杆时,可先复制多个,再各个编辑拉杆的路径;其端点的定位可利用参照平面的交点进行捕捉。

第4章

族的参数化建模

4.1 基本工具

4.1.1 基本术语

族：族是构成 Revit 项目的基本元素，包括模型族、注释族、基准族和视图族。

族类别：族类别是以建筑构件性质为基础，对建筑模型进行归类的一组图元，如门、窗、墙、柱、梁、板等；族类别还影响了明细表统计行为、族的默认参数、子类别、调试方式等。

族类型：族类型是指同一族内因参数值不同所产生的不同类型，如平开窗可分为 1200×1800、1500×1800、1800×1800 三种类型。

类型参数：类型参数应用于族类型的整体，如同一窗类型（平开窗 1500×1800）的窗宽（1500），修改类型参数时可批量修改该族类型的所有模型的尺寸。

实例参数：实例参数应用于族类型的个体，如同一窗类型（平开窗 1500×1800）有不同的窗台高（900、1000 等），实例参数允许其按个体不同而进行单独修改，参数名后自动加上（默认）。

报告参数：报告参数是实例参数的一种，将族的实例参数设为报告参数，其他参数可提取其参数值，而报告参数自身不能修改。例如，某附墙构件的尺寸为墙厚的 2 倍，则可设墙厚为报告参数，而附墙构件的厚度为报告参数的 2 倍，由于墙厚随实例变化而变化，故附墙构件的尺寸因而随动变化。报告参数可读取、查看和明细表提取，但不能自行修改。

共享参数：共享参数是从族或项目中提取出来的信息并存于文本文件的参数，可方便项目或族引用，也方便明细表的操作。

4.1.2 族样板

族样板：区别于系统族和内建族，可载入族可以通过族样板进行创建。族样板相当于一个构建块，包含创建、放置族时所需要的信息；与项目样板不同，族样板的规定性很强，创建族的首要问题是选对一个族样板。族样板类型众多，可归类如表 4-1 所示。另外，将族文件的后缀 rfa 直接改为 rft 即可创建族样板文件。

表 4-1　族样板的分类

样　　板	说　　明
基于主体（墙、楼板、屋顶、天花板）的样板	基于主体的样板可以创建能插入到主体（墙、楼板、屋顶、天花板）中的构件，如门、窗、洞口、喷水装置、隐蔽式照明设备、预埋件、瓦片、天窗等，样板中一般需预先设置一主体（墙、楼板、屋顶、天花板），用于插入时自动连接
独立样板	独立样板用于不依赖于主体的构件。独立构件可以放置在模型中的任何位置，可以相对于其他独立构件或基于主体的构件添加尺寸标注，如家具、电气器具、风管以及管件
自适应样板	自适应样板可创建需要灵活适应许多独特上下文条件的构件，如通过布置多个符合用户定义限制条件的构件而生成的重复系统
基于线的样板	基于线的样板可创建采用两次拾取放置的详图族和模型族，如柱、框架、支撑等
基于面的样板	基于面的样板可创建基于工作平面的族，可放置在主体的任何表面上，而不考虑它自身的方向，且可以修改它们的主体
专用样板	可以与模型进行特殊交互的仅特定于一种类型的族的专用样板，如【结构框架】样板仅可用于创建结构框架构件

4.2　族的图形辅助参数化编译功能

图形辅助参数化的编译功能使得族的应用不必依赖传统的复杂的编码方式便能够创建灵活的信息模型的基础图元，为工程师提供了绕开编写晦涩的程序而直接扩展其应用的机制。

4.2.1　参照平面与参照线

参照平面和参照线为参数化及其运算的基准媒介，参照平面根据需要分为【非参照】【强参照】【弱参照】以及【左】【中心（左/右）】【右】等参照，见图4-1。载入项目后进入选择状态时，【强参照】表现为高亮显示，其捕捉的优先级最高，【弱参照】的捕捉优先级最低，需按Tab键辅助选择，而【非参照】则在项目中无法捕捉。

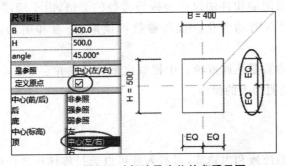

图 4-1　用于尺寸标注及定位的参照平面

族的原点是通过参照平面的【定义原点】实现的，每个平面上定义原点的参照平面是唯一的，同时定义三个方向后即可定位族在空间上的原点。

参照线是建模过程中常用的辅助工具，根据需要可分为【非参照】【弱参照】【强参照】，通常用于驱动角度参数,见图 4-2。相对于参照平面,参照线多了两个端点和两个工作平面的属性,故使用参照线的运算效率不如参照平面。

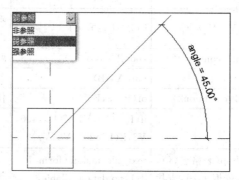

图 4-2　用于驱动角度的参照线

4.2.2　尺寸驱动功能

尺寸标注除了记录尺寸的功能外,还可通过赋参数值后实现参数化驱动图元的功能,尺寸标注常配合对齐锁定功能及 EQ 平均对称功能,见图 4-1 和图 4-2。尺寸驱动功能的实现步骤如下:

- 绘制参照图元;
- 制作模型并使图元边界与参照图元对齐锁定;
- 标注尺寸并指定标签,添加参数,设置其参数类型为长度、角度等;
- 修改参数进行调试。

注意:锁定与锁住 ▢ ▢ 的区别,锁定为图元与图元(参照图元)之间的锁定,而锁住为图元与图纸视图空间的锁住;锁定可以实现参数化驱动功能,而锁住仅为防止图元构件被意外移动,而采用此功能可以提高运算效能。

4.2.3　族内部的参数化函数赋值功能

参数化建模的核心内容包括参数化图元和参数化修改引擎,在实现对图元属性进行指定标签、参数化驱动后,族编译器还提供内部各图元参数之间的互相访问的函数赋值功能,即族的参数化函数赋值功能。

族参数的类型涉及广泛,包含文字、整数、数值、长度、角度、坡度、面积、体积、质量密度、材质、是/否、货币、族类型、URL 等;族的参数化函数赋值功能包括直接赋值方式、数学运算函数、条件判断函数、表格查找函数等,见表 4-2,可实现同类或不同类族参数之间的数学运算、逻辑运算。

表 4-2　族参数的函数赋值功能

参数赋值方式	公　式	例　子	说　明
直接赋值方式	空白	3000	输入数值和单位
数学运算函数	+,−,*,/,^,log,sqrt,sin, cos,tan,asin,acos,atan,abs⋯	=B/2+L^2	符合常规的数学运算法则

续表

参数赋值方式	公 式	例 子	说 明
条件判断函数	$if(condition, V_1, V_2)$	$if(B>L,20,30)$	条件为真输出 V_1，否则输出 V_2
	and(condition1,condition2)	and(B>3,B<5)	两个条件同时为真时输出真
	not(condition1)	not(A>B)	条件不满足时，输出真
	or(condition1,condition2)	or(B>3,B<5)	任一条件为真时，即输出真
	嵌套语句…	if(L>600,V1,if(L>400, V2,if(L>200,V3,V)))	可在不同函数之间循环嵌套
表格查找函数	text_file_lookup(表格名,值, 失败返回值,依据1,…,查找 依据n)	text_file_lookup(form_1, d_1,no data available, length1,length2)	用于读取 CSV 文件

注：表达式中需保证等式两边的单位一致。

4.2.4 族外部的类型目录的参数化配置功能

创建族类型有两种方法：一种是在族类型编辑器中新建族类型，可用于族类型较少的情况，当载入项目中时，所有的类型均被载入；另一种是创建族类型目录，可用于大量的族类型的情况，当载入项目中时，挑选需要的类型载入即可。一般情况下，族类型个数超过5个的宜采用族类型目录进行管理。

族的外部参数配置功能是通过族类型目录功能实现的，也是族的名称由来的实质表现。将需要配置的参数按规定的格式提取出来并记录成族类型目录，不仅方便批量修改参数值，而且可以有效压缩族文件的大小，提高族的运行效率。

族类型目录编制要求如下：

- 类型目录文件与族文件同名同目录，且以 txt 为扩展名，如族文件名为 BRB_CN. rfa,而类型目录文件名为 BRB_CN. txt。
- 类型目录文件的第一行采用固定格式（##参数名##类型##单位）进行参数声明；以逗号开始并以逗号隔开每个参数；格式中的类型、单位和逗号均采用英文格式，且单位为复数，如表4-3中示例。
- 类型目录允许使用上述函数赋值功能进行编辑，格式以"＝"号开头，如遇以上参数设置不符合格式或指定错误，则被忽略。

表 4-3 族类型目录示例

第一行	,参数名1##类型##单位,参数名2##类型##单位,…
第二行	类型名称,参数名1的值,参数名2的值,…
示例	,L1##Length##millimeters,L2##length##millimeters,L3##Length##millimeters BRB_CN_002,250,80,50

4.3 族创建实例

4.3.1 刚接柱脚

要求：刚接柱脚由型钢立柱、底板、抗剪槽钢、地锚栓、地锚栓垫板和各纵横向肋板组成，其构造参数设定可参考国标图集 06SG529；其中地锚栓族由锚栓、螺母、垫圈组成，其参数设定可参考国标图集（《六角头螺栓 C 级》（GB/T 5780—2016）、《平垫圈》（GB/T 95—2002）、《1 型六角螺母》（GB/T 6170—2015））进行设定。根据图 4-3 给定的尺寸及关系图，创建嵌套关系及族参数关系如图 4-4 所示的刚接柱脚族。

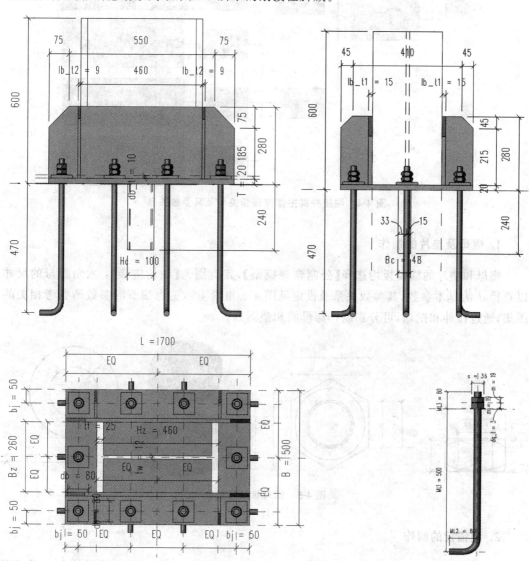

图 4-3　3×4 型刚接柱脚

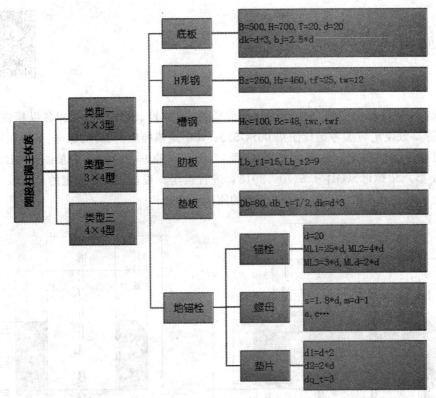

图 4-4 刚接柱脚主体族嵌套关系及其参数关系

1. 螺母及垫片的制作

螺母和垫片的族模板均选择【公制常规模型】,族类别为【结构链接】;六角螺母的尺寸以直径 d 为基本参数,其参数关系及设定见图 4-4 和图 4-5,更为细节的参数请参考相关的图集,通过拉伸和挖切,可分别制作螺母族和垫圈族。

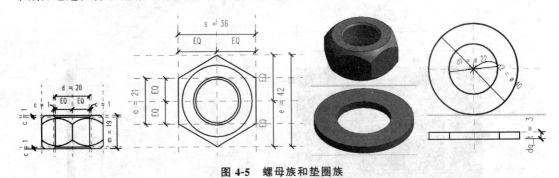

图 4-5 螺母族和垫圈族

2. 地锚栓的制作

地锚栓的族模板选择【公制常规模型】,族类别为【结构链接】;通过放样的方式可以得到地锚栓的锚栓模型,其参数关系及设定见图 4-4、图 4-6。注意:放样的路径端点必须与参照平面对齐锁定后才可以驱动锚栓模型。

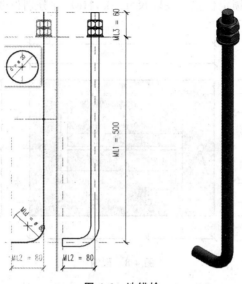

图 4-6 地锚栓

插入螺母和垫片族,通过对齐锁定命令把垫片和螺母分别固定到与锚栓对应的位置,并把螺母和垫片族的基本参数 d 与地锚栓的基本参数 d 关联,使其可以关联驱动。注意:如果嵌套族内的参数为实例参数,则无法实现与主体族的参数关联。

3. 创建底板

新建刚接柱脚族,族模板选择【公制常规模型】,族类别为【结构链接】;通过 EQ 固定底板位置,通过边距和 EQ 固定螺栓孔位置,螺栓孔大小按 $d+3\mathrm{mm}$ 设置,并设置底板厚度 $T=20$,完成后见图 4-7。

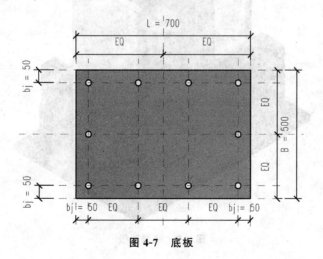

图 4-7 底板

4. 插入 H 型钢、槽钢

插入焊接 H 型钢,通过对齐锁定命令与底板对中固定,并使其尺寸与已定的族参数(Bz,Hz,tw,tf)关联,完成后见图 4-8。

同理插入抗剪槽钢,锁定位置与关联尺寸(Bc,Hc),并分别设置连接高度(图 4-3)。

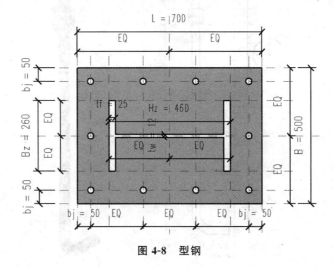

图 4-8 型钢

5. 制作肋板

绘制参照平面,并使用 Hz、Bz 和 EQ 参数固定位置,通过拉伸制作 4 片肋板,并按图 4-3 和图 4-4 指定其尺寸及厚度,完成后见图 4-9。

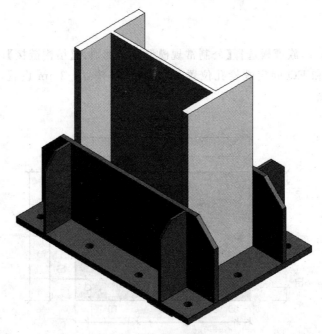

图 4-9 添加肋板

6. 制作地锚栓垫片,载入地锚栓

根据尺寸要求和关系创建地锚栓垫片及孔洞,并使它与参照平面对齐锁定,然后插入地锚栓族,对齐锁定后,复制到各个螺栓孔洞并对中对齐,完成最终模型见图 4-10。

图 4-10　添加地锚栓

4.3.2　百叶窗

4-2

要求：见图 4-11，请用基于墙的公制常规模型，创建百叶窗族，采用图中参数名命名相应的参数，可自行添加其他参数，百叶角度 α 及个数 m 均可进行参数化控制，除窗高为实例参数外，其余均为类型参数，窗框及百叶材质均为木材，并创建窗的平面、立面、剖面表达。

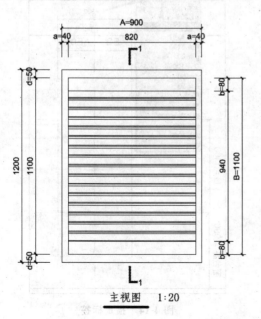

主视图　1:20

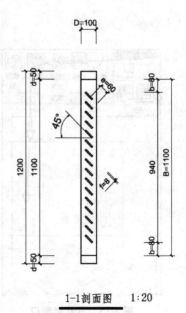

1-1剖面图　1:20

图 4-11　百叶窗

1．族类别及族参数设置

新建族→选择【基于墙的公制常规模型】族样板→设置族类别为【窗】→按照要求设置相应的族参数，见图4-12；其中窗台高为实例参数，其余均为类型参数，参数分组均为尺寸标注，规程均采用公共规程。

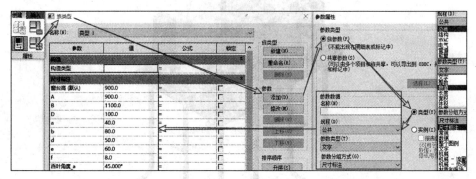

图4-12　百叶窗族参数

2．创建百叶窗洞口

选择【放置边】视图→创建4个参照平面（用于驱动窗洞口边界，暂不需要按尺寸要求绘制）→创建【洞口】→保证洞口边线与参照平面锁定→勾选确认结束洞口创建，见图4-13。

为洞口尺寸及窗台高度尺寸进行标注→选中尺寸标注指定【标签】，见图4-14；通过参照标高确定窗台的位置，通过EQ功能锁定洞口与墙中对中关系，并调试尺寸数值检验是否实现洞口尺寸可驱动。

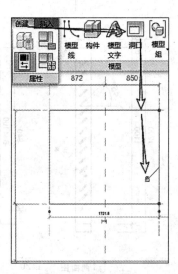

图4-13　百叶窗洞口

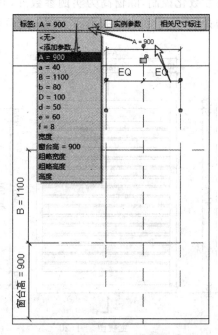

图4-14　指定标签

3. 创建百叶窗窗框

通过【拉伸】创建百叶窗窗框→绘制窗框外边缘,并保证与洞口边的参照平面锁定→配合设置【偏移值】绘制窗框内边缘线,并通过指定尺寸标注的标签确定窗框尺寸→完成【拉伸】→切换至【右立面图】标注并指定标签,确定窗框的厚度,并保证窗框与【定义原点】的参照平面对中,见图4-15→设置窗框材质为木材。

注意:尺寸标注的EQ功能可以使窗框与墙体中对齐,标注时应选中具有【定义原点】的参照平面(可通过 Tab 键选中,如因被锁定而不能选中,可以打开选中锁定图元按钮 ,再选择)。

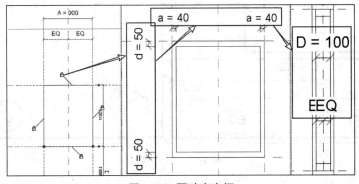

图 4-15　百叶窗窗框

4. 新建百叶族

以【公制常规模型】为模板新建族→切换至右立面视图→创建两互相垂直的参照线→通过对齐命令把两参照线的端点(通过 Tab 键选中)分别固定到原点并锁定(图4-16)。其中,模型的原点由参照平面定义。

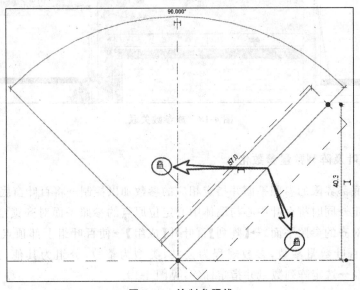

图 4-16　绘制参照线

创建相应的族参数(图4-17)→标注两参照线的角度,使它们互相垂直,并指定角度参数的标签→调试参数值检验是否可驱动参照线绕原点转动。

创建【拉伸】模型→通过EQ功能使模型轮廓边界与参照线平行且对称→指定模型轮廓的长和宽的参数值→完成【拉伸】模型→切换至平面图视图调整拉伸的长度和位置,方法同上(图4-17)→设置百叶的材质为【木材】。

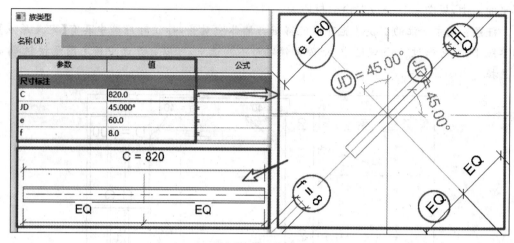

图 4-17　百叶族

5. 载入百叶窗族,进行族参数关联

将已创建的百叶族载入百叶窗族内,选中百叶族→【编辑类型】→将百叶族参数与当前的百叶窗的族参数进行关联,见图4-18。

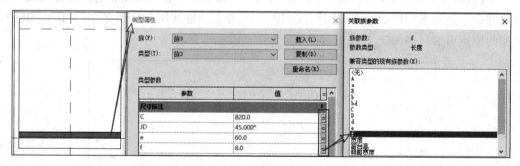

图 4-18　族参数关联

6. 定位百叶及阵列数量参数化

绘制百叶底部界限的参照平面并指定相应的参数加以控制→将百叶窗底部对齐到该参照平面上并锁定→同时将百叶中心与墙体中心定位原点的参照平面对齐锁定(配合 Tab 键挑选对齐点和对齐的参照平面)→【阵列】百叶并【成组】→使百叶组上部顶点与上边界线对齐锁定→设置百叶数量参数,参数规程为公共,类型为整数,分组为其他,其值的公式 $= (B-2b-2d)/e$→选定阵列数量并指定标签,见图4-19。

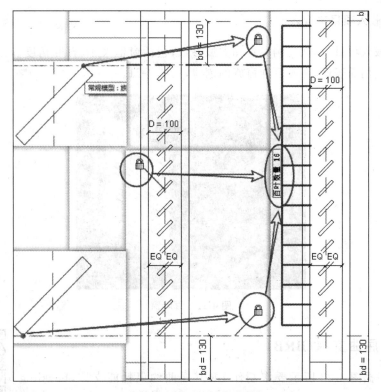

图 4-19　百叶定位及阵列

7. 设置百叶窗平面、立面、剖面表达

分别选中窗框及百叶→【可见性/图形替换】→族图元可见性设置为仅【前/后视图】可见，见图 4-20。

通过【注释】→【符号线】→【窗［截面］】→绘制平面图和剖面图的图示线→符号线的族图元可见性设置为【仅当实例被剖切时显示】，见图 4-20。符号线还提供【窗［投影］】【隐藏线［截面］】【隐藏线［投影］】用于设置各种门窗的平面、立面、剖面图示符号，其设置同上，不再赘述。

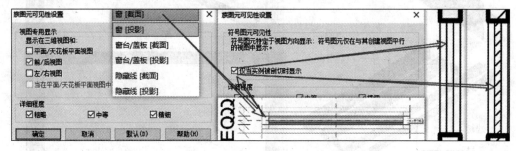

图 4-20　百叶窗的平面、立面、剖面表达

8. 保存载入项目进行调试

　　保存并载入项目,调试实例参数和类型参数,包括窗框大小、百叶角度和数量等参数以及平面、立面、剖面表达,完成百叶窗族的创建,见图 4-21。

图 4-21　百叶窗

4.3.3　防屈曲支撑(BRB)

4-3

　　要求:根据图 4-22 所示要求制作 BRB(屈曲约束耗能支撑,buckling restrained brace,一种典型的耗能减震组合结构构件)族,主要构件包括约束钢管、核心混凝土、芯材、端板。其构件尺寸示意图见图 4-23。其构件尺寸参数之间的关系见图 4-24。同时制作用于控制 BRB 长度的左右手柄,并根据表 4-4 制作族类型目录。

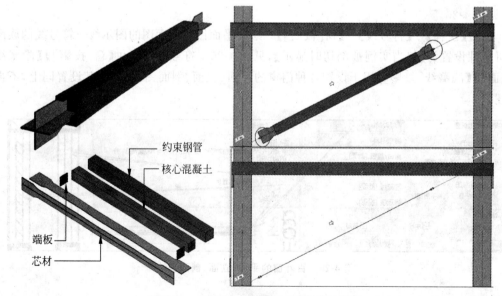

约束钢管

核心混凝土

端板

芯材

图 4-22　BRB 组合构件简图及安装示意图

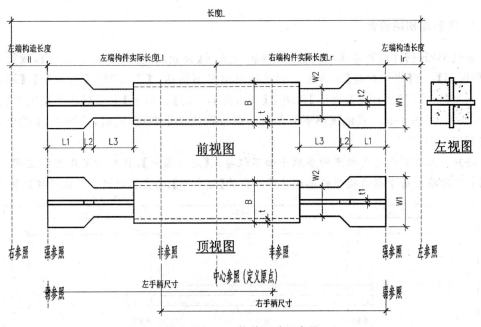

图 4-23　BRB 构件尺寸示意图

参数	值	公式
构造		
左端构造长度ll (默认)	-250.0	=
左端构造长度lr (默认)	-250.0	=
材质和装饰		
尺寸标注		
L1	300.0	=
L2	100.0	=
L3	100.0	=
t	10.0	=
t1	6.0	=
LLL	500.0	= L1 + L2 + L3
长度 (默认)	4500.0	=
其他		
方钢管尺寸B (默认)	200.0	= if(round((长度 + 左端构造长度 ll + 右端构造长度 lr) / 1000 mm) * 50 mm < 100 mm, 100 mm, round((长度 + 左端
钢板尺寸W1 (默认)	260.0	= 方钢管尺寸B + 60 mm
钢板尺寸W2 (默认)	178.0	= 方钢管尺寸B - 10 mm - 2 * t1
左手柄尺寸 (默认)	2750.0	= 3000 mm + 左端构造长度ll
右手柄尺寸 (默认)	2750.0	= 3000 mm + 右端构造长度lr
左实际构件长度Ll (默认)	2000.0	= 长度 / 2 + 左端构造长度ll
右实际构件长度Lr (默认)	2000.0	= 长度 / 2 + 右端构造长度lr

图 4-24　BRB 族构件尺寸参数之间的关系

方钢管尺寸 B（默认）＝if（round（（长度＋左端构造长度 ll＋右端构造长度 lr）/1000mm）×50mm＜100mm，100mm，round（（长度＋左端构造长度 ll＋右端构造长度 lr）/1000mm）×50mm）

表 4-4　族类型目录提取的参数

族类型名称	t	t1	t2	L1	L2	L3
BRB_CN_02	4	6	6	250	80	50
BRB_CN_03	4	6	6	250	80	50
BRB_CN_04	5	8	8	250	80	80
BRB_CN_05	5	8	8	300	100	80
BRB_CN_06	6	10	10	300	100	80
BRB_CN_07	6	10	10	300	100	100

1. 族创建初期设置

根据 BRB 构件设置需求的特点，族样板应选择【公制结构框架_梁和支撑】，族类别为【结构框架】；在【参照标高】平面图上创建的参照平面包括：【左参照】、【右参照】、【原点参照】、两个【强参照】、两个【非参照】和两个【弱参照】，并将【弱参照】平面对齐并锁定到【强参照】平面上，见图 4-25。其他视图下的参照平面按默认设定即可，同时，按图 4-24 的要求设置好相应的参数。

注意：三个方向定义原点的参照平面不仅勾选【定义原点】，且应锁定在图纸空间，避免变动；临时添加用于驱动模型的参照平面应设为【非参照】，避免出现过多的被捕捉位置。

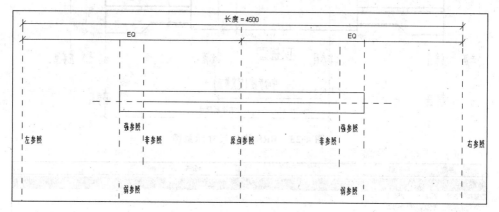

图 4-25　BRB 族参照平面的设置

2. 几何模型的制作：【芯材一】【芯材二】【约束钢管】【核心混凝土】【端板】

【芯材一】在参照标高平面图上通过拉伸制作，其端头与【强参照】平面对齐锁定，通过 EQ 和相应的 W1、W2 尺寸来确定芯材的宽度和位置，缩颈的斜线部位通过指定参数 L1、L2 来配合驱动，见图 4-26；切换至左立面视图，绘制两个【非参照】的参照平面，通过 EQ 和 t1 来驱动参照平面的位置，同时使模型与参照平面对齐锁定，见图 4-27，完成拉伸模型。

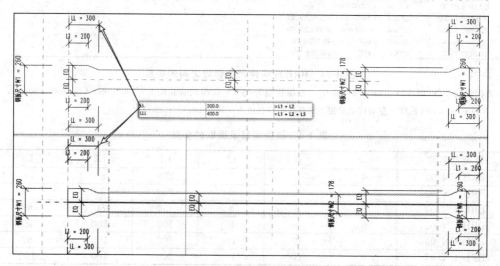

图 4-26　芯材一、芯材二

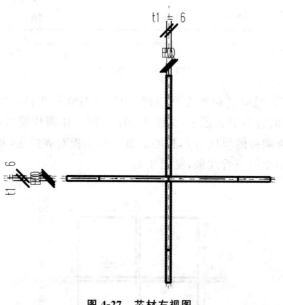

图 4-27 芯材左视图

【芯材二】需要分为上下两块板创建,分界线分别与确定【芯材一】厚度的参照平面对齐锁定,其他操作方法同【芯材一】,见图 4-26;切换至左立面视图确定其厚度及位置,见图 4-27,完成拉伸模型。

【约束钢管】通过拉伸模型创建,切换至左立面视图,通过 EQ 和 B、t 等尺寸参数绘制约束钢管的拉伸截面,见图 4-28;切换至参照标高平面图,绘制两个参照平面用于约束钢管长度,见图 4-29,使模型端部与参照平面(非参照)对齐锁定,完成约束钢管的制作。

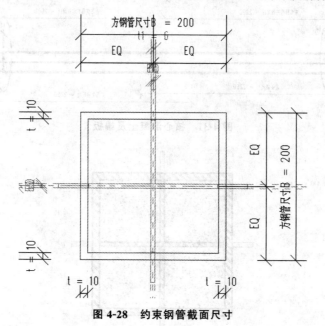

图 4-28 约束钢管截面尺寸

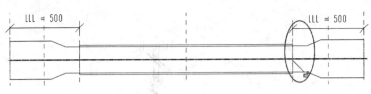

图 4-29　约束钢管

【核心混凝土】【端板】通过拉伸模型创建，切换至左立面视图，绘制的拉伸模型的截面需与约束钢管和芯材的边界对齐锁定，见图 4-30；同理制作两片端板，切换至参照标高平面图，通过尺寸标注约束端板的厚度为 t，核心混凝土与端板对齐锁定，见图 4-31；分别为各个部件添加材质，绘制剖面图查看结果，见图 4-32。

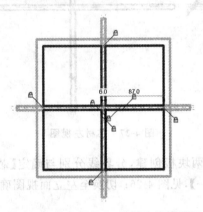

图 4-30　核心混凝土、端板的拉伸端面

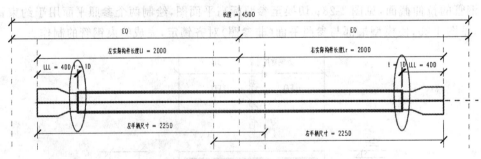

图 4-31　核心混凝土及端板

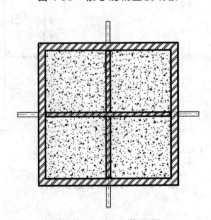

图 4-32　BRB 截面图

3. 操作手柄设置

BRB 支撑构件载入项目时,根据装配要求,两个端板节端点与梁柱节点的连接位置应能随意调整用于连接的构造尺寸,见图 4-22;故需预先设计族造型操作手柄,其设置方法必须同时符合以下 3 个要求,见图 4-33。

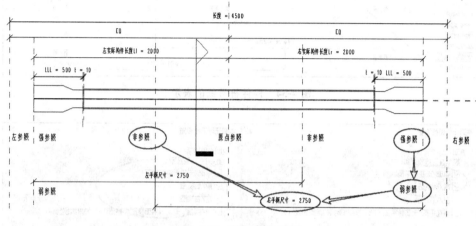

图 4-33　造型操作手柄

（1）在设置操作手柄的位置绘制参照平面（或参照线）,参照平面不能为【非参照】;此处设为【弱参照】。

（2）将参照平面（或参照线）与要显示造型操作手柄的构件边缘对齐并锁定;此处的构件边缘用【强参照】界定,故将【弱参照】与【强参照】对齐并锁定。

（3）向参照平面（或参照线）添加尺寸标注,并设置该尺寸标注为【实例参数】,包括其公式中的参数;此处采用【右（左）手柄尺寸（默认）】来标注,且包含的公式中的参数【右（左）端构造长度（默认）】也应设为实例参数,其中的非参照是为此处的构造需求而设置的。

4. 模型视图的精细程度设置

BRB 结构构件的视图精细度可通过【可见性/图形替换】来设置,见图 4-22,在粗略精度下采用注释符号线表示,即框架结构采用单粗线简图,而在精细或中等精细的情况下保留构件真实显示现状。

通过绘制符号线【结构框架［投影］】绘制与构件实际长度等长的线,并与中心线及端部的强参照对齐锁定,见图 4-34。设置符号线仅在【粗略】视图模式下可见,同时设定模型在【粗略】视图模式下不可见,见图 4-35。注意:可见性设置必须避免简图和真实模型的冲突,并且注意简图的视图需求。

5. 族类型目录的创建

BRB 基本族创建后,从部件的尺寸中提取关键的 6 个参数,按照编制族类型目录的要求编写族类型目录文件,见表 4-5,用于控制族类型的种类。族类型目录设置方法见 4.2.4

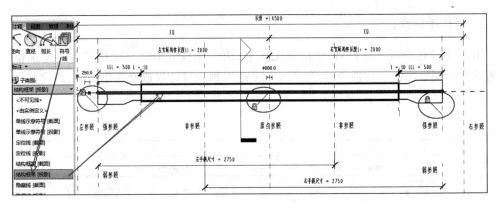

图 4-34　构件符号线的表示

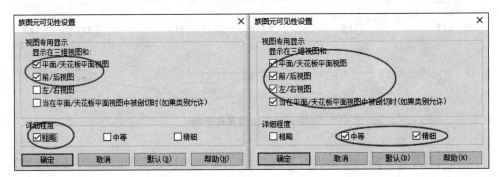

图 4-35　符号线及模型的可见性设置

节所述,类型目录中所声明的参数为类型参数,而实例参数不能在类型目录中声明。为了使用方便,可通过 Excel 表格编辑 CSV 格式文件,完成后把后缀改为 txt 即可。

表 4-5　BRB. txt 文件内容

,L1＃＃Length＃＃millimeters,L2＃＃length＃＃millimeters,L3＃＃Length＃＃millimeters,t＃＃length＃＃millimeters,t1＃＃Length＃＃millimeters

BRB_CN_002,250,80,50,4,6

BRB_CN_003,250,80,50,4,6

BRB_CN_004,250,80,80,5,8

BRB_CN_005,300,100,80,5,8

BRB_CN_006,300,100,100,6,10

BRB_CN_007,300,100,100,6,10

6. 测试与安装

BRB 结构构件族的完整性和正确性可通过以下测试进行验证:

在族编译器中调整模型参数,验证模型尺寸及其驱动行为是否正确无误。

保存族模型,连同族类型目录文件一起载入项目中,载入项目时,可只选择需要的类型而不必把所有的类型都载入项目中,见图 4-36,可通过参数过滤掉不需要的族类型,提高操作和运行效率。

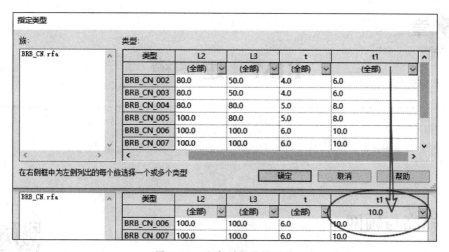

图 4-36　族类型目录的过滤

在框架结构中布置 BRB 构件，调整节点长度、手柄、参数等模型参数，验证模型在项目中的行为与设计构思的符合程度。

第 5 章

BIM 建模

5.1 标高与轴网

5.1.1 标高

1. 标高的基本操作

绘制标高包括 6 个基本操作,见图 5-1,路径为:【建筑】→【基准】→【标高】。

(1) 标高数据:单击后修改数据可实现自动修改标高位置;

(2) 复选框:用于控制标高标头是否显示;

(3) 锁住:单击可切换是否与其他标高标头对齐锁定,用于批量修改或移动;

(4) 3D/2D:单击可切换维度模式,用于设置标高标头是否仅适用于当前视图;

(5) 弯折符号:用于标高标头符号对齐时局部上下调整,避免重叠;

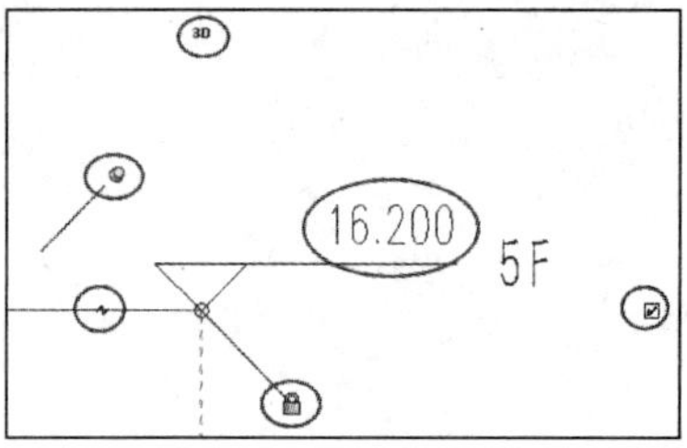

图 5-1 标高标头的基本操作

(6) 锁定:用于把图元锁定在视图上,可通过关闭【选择锁定图元】,不选择被锁定的图元。

2. 标高族的编辑

根据标头形式的不同,标高族分为【上标头】【下标头】【正负零标高】等多种族类型,见图 5-2,其类型参数的设置包括基面的选择,线宽、颜色及线型图案设置,其线型图案、线宽、颜色的设置详见 7.1.4 节。同时,可设置标头符号的选择与显示状态。

3. 标头符号的修改与设置

右击项目浏览器→搜索【上标高标头】→通过右击进入族编辑模式→修改标高数据和楼层数据的文字样式,见图 5-3,保存并载入当前的项目中,完成标头符号族的编辑,其他的标头也可按此方法进行修改。注意:

(1) 标高族与高程点注释的区别,详见 7.1.3 节;

(2) 标高族的影响范围和使用方法同轴网,详见 5.1.2 节。

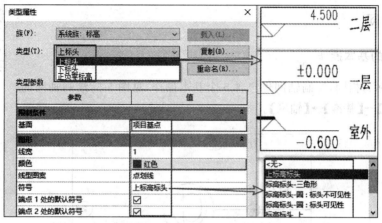

图 5-2　标高族的参数设置

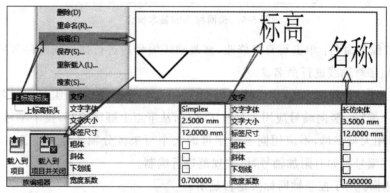

图 5-3　标头符号族的编辑

4．标高与平面视图

通过标高创建楼层平面视图、天花板平面视图、结构楼层平面视图等，见图 5-4，创建楼层后的视图对应的标高标头族由黑色变为蓝色，双击标头可以直接进入相应的视图，或右击→【转到楼层平面】。

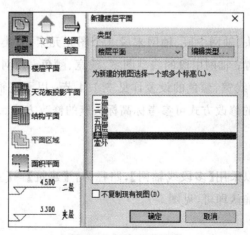

图 5-4　创建平面视图

5.1.2 轴网

1. 轴网的基本操作

与绘制标高相同,绘制轴网也包含 6 个基本操作,见图 5-5,绘制轴网的路径:【建筑】→【基准】→【轴网】。

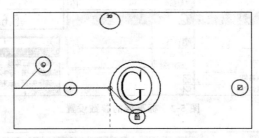

图 5-5 轴网标头的基本操作

(1)轴线编号命名:单击可直接修改,修改轴线编号后进行拷贝或阵列等操作,系统可自行按默认顺序对轴线进行命名。

注:轴号的命名规则应按《房屋建筑制图统一标准》进行,如横向编号应用阿拉伯数字,从左至右顺序编写;竖向编号应用大写拉丁字母,从下至上顺序编写,拉丁字母作为轴线号时,应全部采用大写字母,不应用同一个字母的大小写来区分轴线号。拉丁字母的 I、O、Z 不得用作轴线编号。如有附加轴号,可按规范进行编制。

(2)复选框:用于控制轴网标头是否显示。

(3)锁住:单击可切换是否与其他轴网标头对齐锁定,用于批量修改或移动。

(4)3D/2D:单击可切换维度模式,用于设置轴网标头是否仅适用于当前视图。

(5)弯折符号:用于轴网标头符号对齐时局部调整,避免重叠。

(6)锁定:用于把图元锁定在视图上,可通过关闭【选择锁定图元】,不选择被锁定的图元。

2. 轴网族的编辑

轴网族包括轴网标头、轴网中段、轴网末段 3 个图元元素,其类型参数设置:轴网标头符号族的选择与显示设置;轴网中段的线型图案、线宽、颜色;轴网末段的线型图案、线宽、颜色、长度,其线型图案、线宽、颜色的设置详见 7.1.4 节;以天正轴网设置为参考,其设置见图 5-6,其轴网标头族的修改方式可参考标高标头族的修改方式。

3. 多段线轴网

绘制曲线的轴网可以采用【多段线轴网】,路径为:【建筑】→【基准】→【轴网】→【多段线】,绘制多段线后勾选确认即可,见图 5-7。

5.1.3　标高与轴网的实例

某 50 层建筑的首层地面标高为±0.000,层高为 6.0m,2～4 层层高为 4.8m,5 层以上均为 4.2m,按图 5-8 的要求绘制轴网,并建立每个标高的楼层平面视图及尺寸标注,视图比例均为 1∶500,设①×Ⓐ轴交点处为项目基点和测量点的位置,并设置指北针的方向为如图 5-8(a)所示的 45°方向。

5-3

图 5-6　轴网族的参数设置

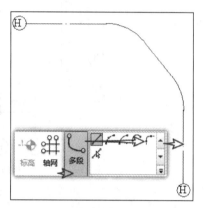

图 5-7　多段线轴网的绘制

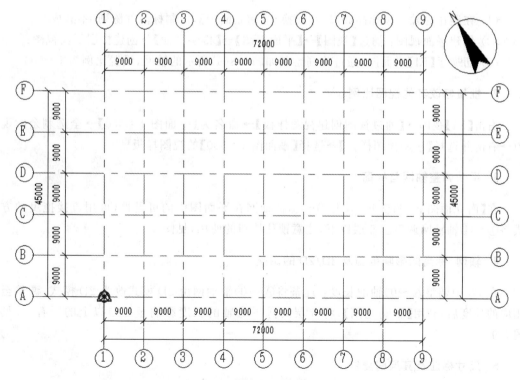

(a) 1~4 层轴网平面布置图

图 5-8　轴网平面布置图

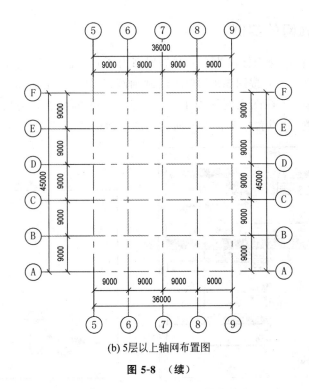

(b) 5层以上轴网布置图

图5-8 （续）

1. 标高与轴网族的复制与阵列

（1）在制作完轴网及标高族以后，切换至【南立面图】，绘制标高并陈列，不必成组；

（2）创建平面视图：通过【视图】→【平面视图】→【楼层平面】→创建楼层平面视图；

（3）切换至【F1】平面图，通过阵列绘制如图5-8(a)所示的轴网，设置比例为1∶500。

2. 批量修改其他视图比例

右击【F1】视图→【通过视图创建视图样板】→命名为【平面图1∶500】→全选剩余的视图→右击并选择【应用视图样板】→选择【平面图1∶500】的视图样板。

3. 手动调整轴网与标高

在【南立面图】中调整F5以上①～④轴轴网在平面图中的可见性，可用直接拖曳的方式将①～④轴轴网调整至5层以下，注意锁住按钮的使用，见图5-9。

4. 轴网、标高的影响范围及3D/2D的调整

在F5中调整Ⓐ～Ⓕ轴的长度：逐条将Ⓐ～Ⓕ轴轴网由3D模式改为2D模式，调整至相应的长度后，利用【影响范围】，将5层的Ⓐ～Ⓕ轴的长度影响至5层以上的所有层，见图5-9。

5. 尺寸标注及其层间复制

在【F1】中进行尺寸标注(注意设置尺寸标注线的捕捉距离，保持图形的美观)，通过过

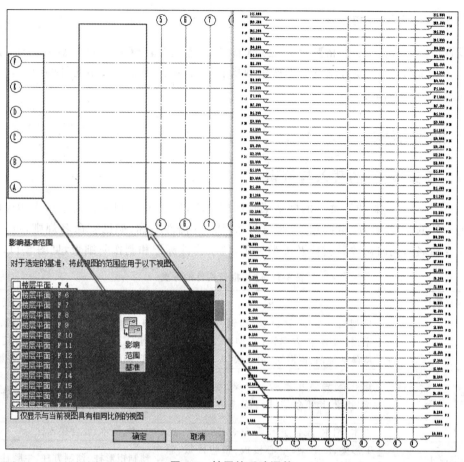

图 5-9　轴网的手动调整

滤器全选尺寸标注→【复制】→【与选定的视图对齐】,先将尺寸标注复制至 F5,在 F5 上修改完善后,再复制至 F5 以上所有的视图。

6. 添加与调整项目基点与测量点

通过【视图】→【可见性/图形】(VG)→设置【测量点】和【项目基点】的可见性,在平面视图中修改点的【裁剪状态】后,可以移动项目基点及测量点至①×Ⓐ轴的交点处,见图 5-10,完成后修改【裁剪状态】为不可调整的状态。

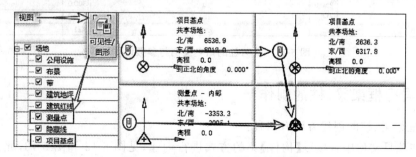

图 5-10　项目基点与测量点的调整

7. 旋转正北,绘制指北针

设置视图的方向为【正北】方向,通过【管理】→【位置】→【旋转正北】,旋转至南偏西45°;载入指北针族,在项目浏览器中搜索到指北针后,拖入视图完成指北针的绘制,并将视图方向调整回【项目北】。

5.2 框架结构

5.2.1 框架梁、柱的载入与编辑

Revit 提供不同材质下常见的框架梁与框架柱族,见表 5-1;可根据需求载入相应的族,并根据构件的位置、性质、截面形式、强度等级等设置构件名称(如已有命名规则,可一次性批量完成命名),同时修改其材质及类型标记,便于构件标记和制作明细表,见图 5-11。

表 5-1 结构框架构件的分类

按材质区分	梁	柱
钢	H型钢、(双)角钢、(双)槽钢、T型钢、工字钢、圆钢管、方钢管;C型钢、Z型钢、冷弯薄壁型钢、钢桁架、钢屋架	H型钢、(双)角钢、(双)槽钢、T型钢、工字钢、圆钢管、圆钢、矩形管、矩形钢、冷弯薄壁型钢、轻型钢
混凝土梁	矩形梁、异型边梁、变截面梁、型钢混凝土梁、托梁、墙下条基、柱下条基	矩形柱、圆形柱、其他截面形状柱、矩形钢管混凝土柱、圆形钢管混凝土柱、型钢混凝土柱
木	方木、圆木、胶合层木梁、复合托梁	方木、圆木、胶合层木柱
预制混凝土	T形梁、L形梁、空心楼板、密肋楼板、斜梁、桁架、屋架	预制矩形柱、预制方柱、牛腿柱

图 5-11 梁与柱的命名实例与参数设置

5.2.2 异型框架梁、柱的制作

异型框架梁、柱的创建方法有两种:

(1) 在项目文件中直接以【构件】集的方式进行创建,见图 5-12 和图 5-13,此方法适用于创建少量构件,并不需要参数化的实例。其路径为:【结构】→【构件】→【内建模型】→【结

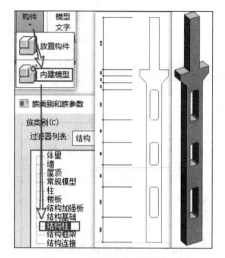

图 5-12　异型框架柱的创建

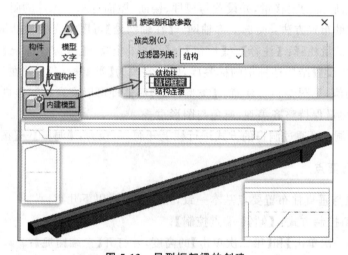

图 5-13　异型框架梁的创建

构柱/结构框架】→创建几何模型,同时为构件创建材质、类型标记等信息。注意:只有选对族类别,才可为构件添加钢筋、保护层厚度等结构信息。

（2）采用【公制结构柱】【公制结构框架】或【公制常规模型】创建族,载入项目后使用,使用方法同常规的梁、柱族,适合批量构件,并可设置必要的参数,同时可为构件按规则进行命名,设置其材质和类型标记等信息。

5.2.3　框架柱的布置

1.垂直柱的布置要点

垂直柱的布置要点如下（图 5-14）。

（1）方向调整:可以按空格键旋转,或勾选【放置后旋转】。

（2）高度设置:在【上下文选项卡】中选择【高度】并设置高度的上值（下值默认为当前标高）。

（3）房间面积扣除设置:勾选【房间边界】,用于扣除柱截面占用的房间面积。

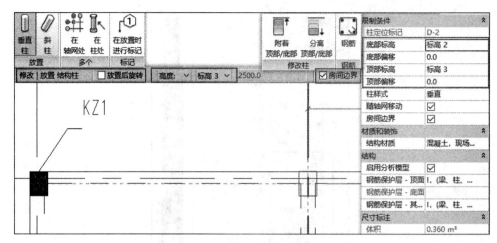

图 5-14　垂直柱的布置要点

（4）设置顶、底部的偏移量，并设置与地坪、楼面、屋面等水平构件的附着或分离状况。

（5）柱的批量布置方法：交选全部轴网→【在轴网处】可以实现柱的批量布置。

（6）柱标记批量注释：【注释】→【标记】→【全部标记】→【结构柱标记】，可实现柱的全部标记，需要预先设置结构柱标记的标签族，即标签改为【类型标记】；并在柱的族参数中设置【类型标记】的值，见图 5-11。注意：【类型标记】的整理可以配合过滤器进行操作，调整标记的位置，使它尽量保持整齐美观，避免与图形重叠。

（7）柱上开洞：可通过洞口的方式进行柱上开洞，路径为：【洞口】→【按面】。

2．斜柱布置要点

斜柱的布置与垂直柱布置要点基本一致，且还需注意以下几点：

- 选择倾斜控制方式：【倾斜-端点控制】；
- 设置【第一次单击】和【第二次单击】的高度，并打开【三维捕捉】；
- 设置顶/底部截面构造样式及延伸值；如选择【水平】及【0.0】，见图 5-15。

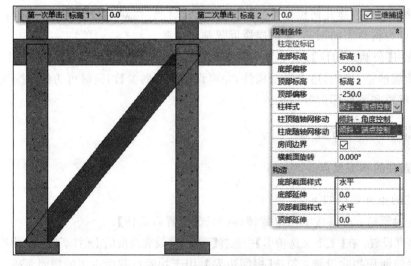

图 5-15　斜柱的放置要点

3．柱的显示控制

【平面视图】所剖切到的框架柱在比例小于 1：100 的情况下应涂黑显示，可通过【可见性/图形替换】设置结构柱的截面填充图案来实现，见图 5-16。

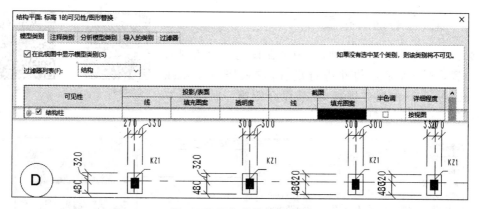

图 5-16　框架柱的显示控制

5.2.4　框架梁的布置

框架梁的布置要点见图 5-17。

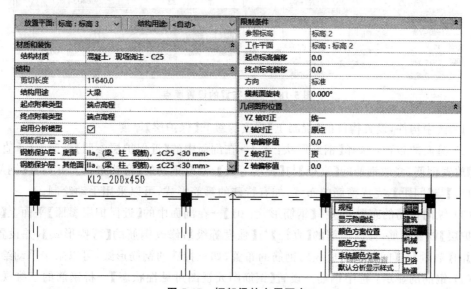

图 5-17　框架梁的布置要点

（1）选择【放置平面】，并预设【结构用途】【混凝土强度等级】【保护层厚度】；通过绘制线条的选择，可以实现直线梁、弧形梁和放样梁的绘制。

（2）梁的批量布置方法：交选轴网后可以实现梁的批量布置。

（3）调整梁的起点、终点偏移量，同时可设置截面旋转角度、几何图形位置等。

（4）不可见梁的虚线图示设置：将结构平面视图的规程改为【结构规程】，则在布置结构板后，不可见的梁边线即可显示虚线。

（5）在调整梁与墙、柱对齐后，通过【连接和切换连接顺序】实现梁柱的连接方式。

（6）梁标记批量注释：【注释】→【标记】→【全部标记】→【结构框架标记】，可实现梁的全部标记，梁标记族的设置同柱的设置，见 5.2.3 节。

（7）梁上开洞：可通过洞口的方式进行梁上开洞，路径为：【洞口】→【按面】。

5.2.5　梁、柱的钢筋布置

梁、柱钢筋的布置有两种，一种是在预先设置的剖切面上布置，另一种是按构件进行设置，需采用 Autodesk Revit Extensions 的插件进行，此处仅介绍第一种布置方式，见图 5-18，绘制过程如下。

5-4

5-5

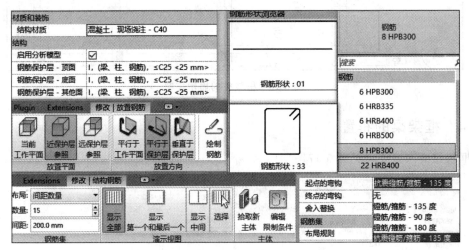

图 5-18　钢筋布置的设置要点

（1）选中构件，设置构件的【混凝土】强度等级和【保护层】厚度。

（2）箍筋的布置：选择【钢筋形状：33】→在剖面中的【近保护层参照】平面上【垂直于保护层】放置钢筋，修改钢筋的【直径】与【强度等级】，修改钢筋的【弯钩形式】，并设置【钢筋集】的【数量】与【间距】，完成箍筋的布置，如有特殊的箍筋形式，可以采用手动绘制。

（3）纵向钢筋的布置：选择【钢筋形状：01】→在剖面中的【近保护层参照】平面上【平行于保护层】放置钢筋，修改钢筋的【直径】与【强度等级】，修改钢筋的【弯钩形式】，并设置【钢筋集】的【数量】与【间距】，完成纵向钢筋的布置，如有特殊的钢筋形式，可以采用手动绘制。

（4）钢筋的显示：选中钢筋→设置【钢筋图元视图可见性状态】→将钢筋的三维视图的【清晰的视图】和【作为实体查看】勾选，同时将三维视图的视图详细程度调整为【精细】，即可在三维视图中显示钢筋的实体状态，见图 5-19。

图 5-19　钢筋显示设置

5.3 墙与幕墙

5.3.1 墙的构造设置

5-6

Revit 提供的墙分为【内墙】【外墙】【基础墙】【挡土墙】【檐底板】【核心竖井】等功能,并提供丰富、灵活的控件。下面以图 5-20 的【涂料外墙_200】为例,详解墙体构造设置的操作要点。

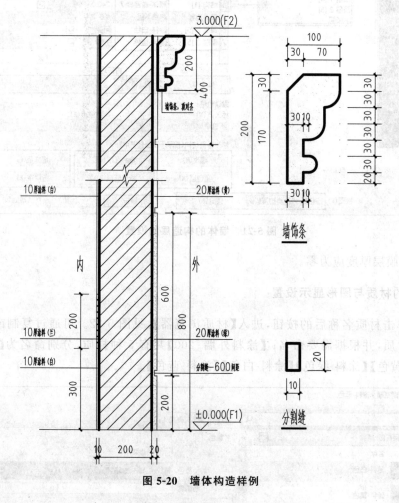

图 5-20 墙体构造样例

1. 墙的构造层的内外、功能与厚度设置

根据图 5-20 的要求,分别按顺序设置 5 层构造层,其内外关系、功能数值与厚度值的设置见图 5-21,其他设置要点如下:

(1) 构造层内外布置方式:上外下内;

(2) 核心边界的作用:用于区分主体结构层部分与表面装饰部分;

(3) 构造层的添加、删除与排序;

(4) 功能的优先等级:[ ]内数字越小,墙体连接时的优先权越高;

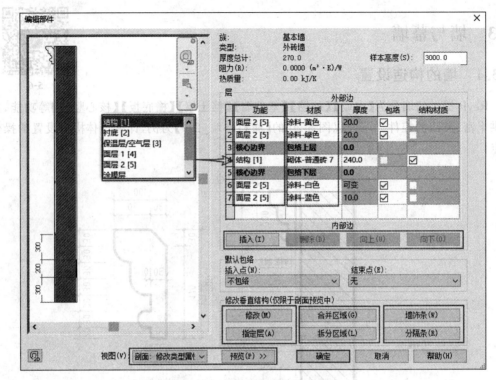

图 5-21 墙体的构造层的设置

（5）涂膜层厚度应为零。

2. 墙的材质与图形显示设置

通过单击材质名称后的按钮，进入【材质浏览器】，见图 5-22。可通过复制或新建材质来创建新材质，并根据需要命名；【涂料外墙_200】共有 5 种材质，分别命名为【砌体-普通砖】【涂料-黄色】【涂料-绿色】【涂料-白色】【涂料-蓝色】。

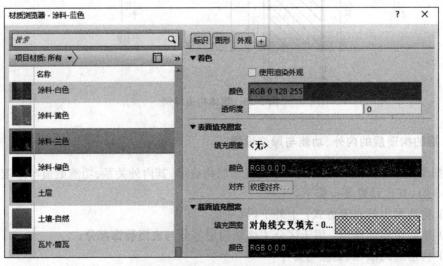

图 5-22 材质的创建与图形显示设置

材质的【图形】设置可用于设置【着色】模式下的显示颜色和透明度,同时可设置其【表面填充图案】(用于立面图显示)和【截面填充图案】(用于剖面图或平面图显示)的样式。图案样式的设置详见 7.1.8 节。【涂料外墙_200】的【砌体-普通砖】【涂料-蓝色】【涂料-绿色】的材质着色设置见图 5-23。

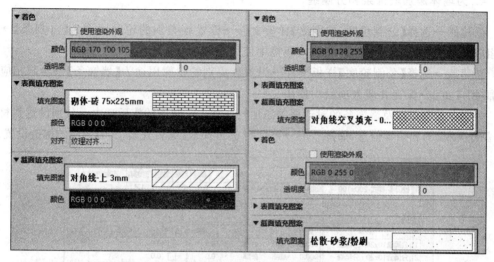

图 5-23　材质的着色设置

材质的【外观】设置一般采用现有的材质外观库替换的方式,【涂料外墙_200】的 4 种涂料材质外观可通过搜索资源外观库中的墙漆,选中相应的材质,双击即可替换,见图 5-24。

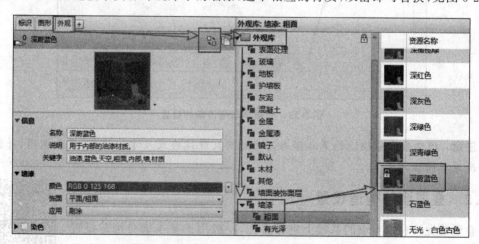

图 5-24　材质外观的替换

3. 墙体垂直结构构造的指定与修改

通过单击图 5-21 左下角的【预览】,并选择视图为【剖面-修改类型属性】状态,进入墙体垂直结构构造的修改状态。根据图 5-20 的要求,通过【修改】【拆分区域】【合并区域】【指定层】等操作,实现墙根部构造层的设置,其操作要点如下。

(1)【修改】:选中墙体层边界,可修改厚度值,也可直接拖动边界来修改位置;

（2）【拆分区域】：靠近墙体层边界线后即可拆分区域；

（3）【合并区域】：单击需要删除的分隔线即可合并两块区域；

（4）【指定层】：先选中构造层，再单击图形区域，即可实现指定层。

4．为墙体添加墙饰条和分隔缝

新建族→选择【公制轮廓_分割缝】样板文件→设置族类别的轮廓用途为【分割条】→绘制相应的轮廓（图 5-20）→保存并载入项目中使用。

新建族→选择【公制轮廓】样板文件→设置族类别的轮廓用途为【墙饰条】→绘制相应的轮廓（图 5-20）→保存并载入项目中使用。

分别在分割条以及墙饰条的对话框中添加行→载入已制作的族后选中→分别设置其材质（分割缝无材质）和位置信息，如图 5-25→根据图 5-20 完成【涂料外墙_200】的墙的构造设置。

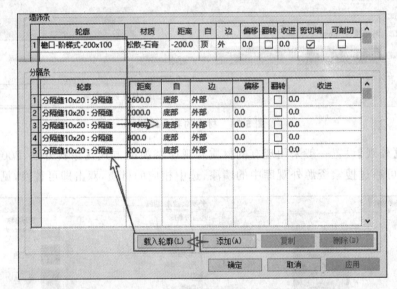

墙饰条

	轮廓	材质	距离	自	边	偏移	翻转	收进	剪切墙	可剖切
1	檐口-阶梯式-200x100	松散-石膏	-200.0	顶	外	0.0	☐	0.0	☑	☐

分隔条

	轮廓	距离	自	边	偏移	翻转	收进
1	分隔缝10x20 : 分隔缝	2600.0	底部	外部	0.0	☐	0.0
2	分隔缝10x20 : 分隔缝	2000.0	底部	外部	0.0	☐	0.0
3	分隔缝10x20 : 分隔缝	400.0	底部	外部	0.0	☐	0.0
4	分隔缝10x20 : 分隔缝	800.0	底部	外部	0.0	☐	0.0
5	分隔缝10x20 : 分隔缝	200.0	底部	外部	0.0	☐	0.0

载入轮廓(L) ← 添加(A)　复制　删除(D)

确定　取消　应用

图 5-25 分隔缝与墙饰条的设置

注意：墙饰条和分隔缝轮廓族保存的名称应反映风格或尺寸等信息，便于调用，并保证不修改原有的族库。

5.3.2 叠层墙的构造设置

叠层墙允许在基本墙的基础上进行叠加，一般用于基本墙身构造设置上，如外墙身由底层墙＋中层墙＋女儿墙组成，可分别设置底层外墙、中间外墙和屋顶女儿墙等基本墙，然后采用叠层墙进行叠加（图 5-26），设置基本墙之间的对齐方式，并设置中间墙的高度为可变，允许随实际建筑物高度进行调整（注：可变层只能设置一个）。

5-7

5.3.3 墙的布置

墙布置的操作要点如下。

（1）上下文选项卡：设置墙的放置高度或深度、定位线、偏移量、半径等

5-8

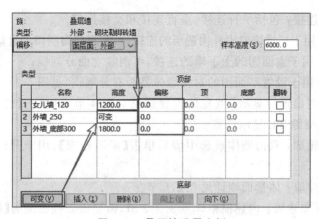

图 5-26　叠层墙设置实例

信息；

（2）高度限制条件：设置墙底部及顶部的限制条件及偏移量；

（3）附着顶部/底部：设置与楼屋面、建筑地坪的连接对齐关系，见图 5-27；

（4）内外方向调整：使用空格键可以实现墙体的内外翻转，双箭头符号处为外部方向。

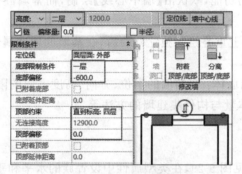

图 5-27　放置墙体的基本操作

（5）墙与柱的连接：【取消连接几何图形】或【连接几何图形】，并注意【切换连接顺序】，见图 5-28。

图 5-28　墙与其他构件的连接

（6）墙与墙的连接：包括平行连接、垂直连接和交接连接。

- 平行连接：用于三层墙时内外构造层的连接，可实现门窗洞口的自动剪切，见图 5-28；
- 垂直连接：用于立面图的上下墙的连接，可消除立面分割线；
- 交接连接：用于设置平面图的对接墙体是否有分隔线，见图 5-28。

（7）墙体的线宽设置与显示：线宽的设置详见 7.1.4 节，可单击【快速访问工具栏】的【细线】或用默认快捷键 TL 显示线宽。

（8）墙的编辑轮廓：双击墙体或选中墙后单击【编辑轮廓】，用于开门窗洞口或其他造型洞口。

（9）利用体量建墙：体量面墙详见 3.2.6 节。

（10）利用构件集建墙：内建模型详见 3.3.2 节，需要设置族类型为【墙】。

5.3.4　幕墙的布置

5-9

1. 幕墙的绘制

（1）独立幕墙：【建筑】→【墙】→属性中选取幕墙，可单独绘制幕墙；单独绘制幕墙时无定位线的功能，默认沿【墙中心线】绘制，而幕墙嵌板、竖梃的偏移可在类型属性中设置。

（2）墙内幕墙：在墙上重叠绘制独立幕墙后，在幕墙的构造属性中勾选【自动嵌入】，可将幕墙嵌入墙体内。

（3）其他布置方法同墙体：包括墙的定位、方向、高度方向的限制条件、实例属性、连接与剪切方法、轮廓编辑、体量与构件集建墙的方法等。

2. 幕墙网格划分

（1）自动网格划分，见图 5-29，在类型属性中设置族的水平和垂直网格尺寸，如【定距等分】等方式。

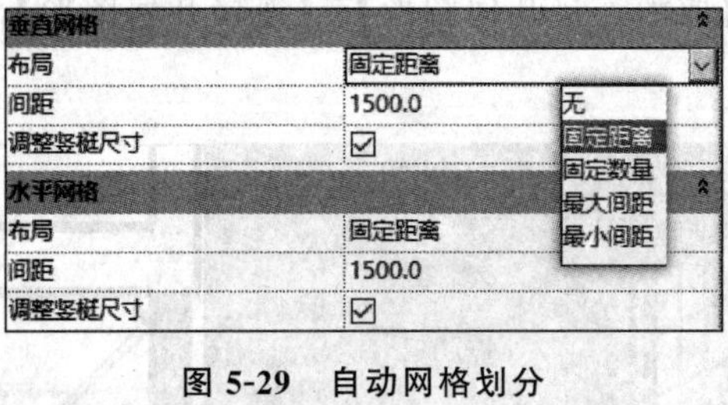

垂直网格		
布局	固定距离	
间距	1500.0	无
调整竖梃尺寸	☑	固定距离
水平网格		固定数量
布局	固定距离	最大间距
间距	1500.0	最小间距
调整竖梃尺寸	☑	

图 5-29　自动网格划分

（2）配置网格布局，见图 5-30，可实现自由网格划分，操作要点如下。

- 切换网格中心点：单击箭头，网格中心点将沿着箭头方向移动，用于设置偏移量的起点；
- 设置网格起点偏移量：可设置（1）、（2）两个方向；
- 设置网格旋转的角度：可设置（1）、（2）两个方向。

（3）手动网格划分，见图 5-31；实例见图 5-32。其操作要点如下。

- 手动布置网格：【建筑】→【幕墙网格】→【放置】→全部分段等方式；

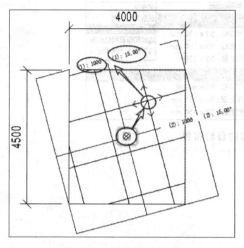

图 5-30　配置网格布局

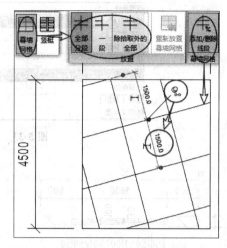

图 5-31　手动网格划分

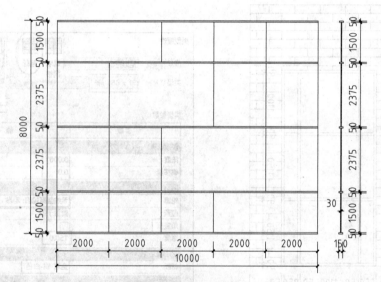

图 5-32　幕墙网格手动划分实例

- 局部网格删除：选中网格线→【添加/删除线段】；
- 局部位置修改：选择网格线→【解锁】→修改临时尺寸、尺寸或拖动对齐等均可实现。

幕墙网格划分方法一般采用先进行自动网格划分，再进行必要的网格布局配置，最后手动调整网格划分。

3．幕墙竖梃

（1）自动布置竖梃，见图 5-33，垂直、水平竖梃及内部和边界竖梃均需分别设置；同时，设置竖梃间的连接条件，如【水平网格连续】。

（2）手动布置与修改竖梃，实例见图 5-34。其操作要点如下。

手动布置竖梃：【建筑】→【幕墙竖梃】→【放置】→【网格线】等方式，见图 5-35；

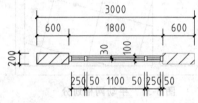

图 5-33 竖梃的自动布置

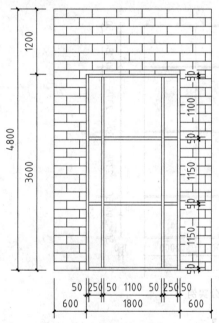

图 5-34 幕墙竖梃布置实例

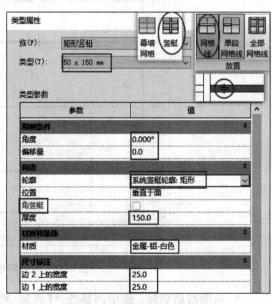

图 5-35 竖梃族类型的编辑

局部连接方式的修改：单击连接切换符号，见图 5-35；

位置的修改：先放置基本竖梃，修改临时尺寸、尺寸或拖动对齐等均可实现。

（3）竖梃族的编辑：类型名称、尺寸、材质、位置等信息的编辑见图 5-35，其中的轮廓族【系统竖梃轮廓：矩形】，可通过修改或自制轮廓族来丰富。

4. 玻璃嵌板的编辑

（1）玻璃厚度修改：用 Tab 键选中玻璃，修改类型属性中的厚度。

（2）弧形玻璃嵌板的制作：可以通过 9 个自适应点与通过点的样条曲线来制作自适应族。

（3）幕墙中内嵌门窗：先载入【玻璃嵌板族】，路径为：【建筑】→【幕墙】→【门窗嵌板】，然后将玻璃嵌板替换即可。注意：点爪式幕墙嵌板也可采用将点爪式构件建在嵌板上的方式实现。

5-10

5.4　门窗

5.4.1　门窗族的制作

窗族的参数化制作方法详见 4.3.2 节，此处以图 5-36 的门族为例，阐述门窗族制作要点。门的要求如下：门框尺寸均为 100mm×100mm，门扇边框尺寸为 100mm×60mm，门扇中框尺寸为 100mm×40mm，门板厚度为 30mm，材质均为樱桃木，其中墙、门框、门扇、门板全部中心对齐，并创建门的平面、立面表达。

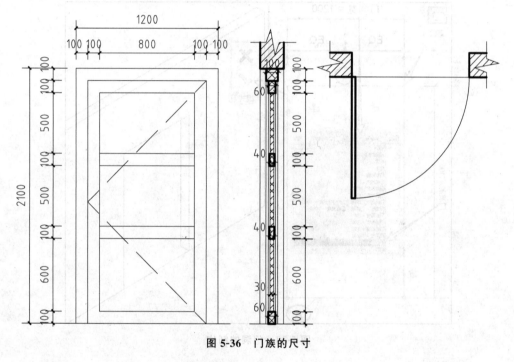

图 5-36　门族的尺寸

1. 族样板、族类型及族参数的设置

门族的样板采用【基于墙的公制常规模型】，设置族类别为【门】；族参数可根据需要设定，并制定初始值，见图 5-37。本例尺寸均为【类型参数】，参数分组均为【尺寸标注】，规程均采用【公共规程】。注意：【实例参数】会在名称后自动加上（默认），表示同一类型的每个实例可以有不同的值，当前值为默认值。

2. 门洞的创建与定位

进入【放置边】视图，创建洞口，使洞口底部与地面对齐锁定，其高度和宽度通过尺寸标注并指定标签来确定，使用 EQ 功能使门洞与墙中对齐，见图 5-38。

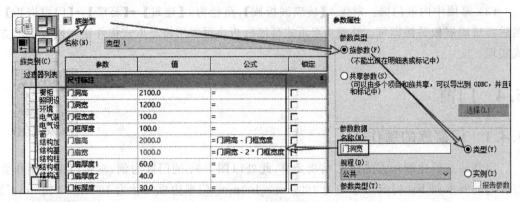

图 5-37　门族的参数

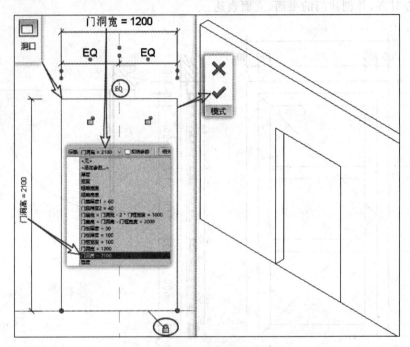

图 5-38　门洞的制作

3．门框、门扇及门板的制作

门框、门扇及门板的制作相似，以制作门框为例，采用拉伸命令，将其拉伸轮廓与洞口边界锁定，指定相应的尺寸的标签为【门框宽度】，同时在侧立面上指定厚度尺寸为【门框厚度】，且利用 EQ 功能保证门框与墙体之间的对中关系。注意：采用 EQ 进行中对齐时，其对中的定位平面应选择定义原点的参照平面，如图 5-39 所示。完成门框、门扇及门板的制作后的效果见图 5-40。

4．材质设置

新建材质，在外观中替换材质为【樱桃木】材质，见图 5-41。

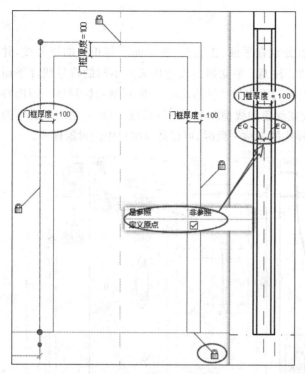

图 5-39 门框的制作与定位

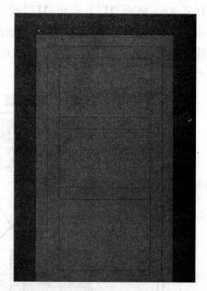

图 5-40 门族构建图

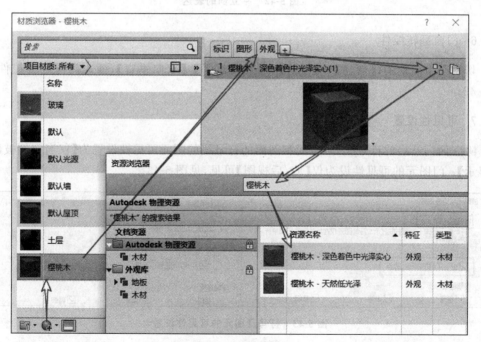

图 5-41 材质设置

5．平立剖的表达

符号线的绘制：【注释】→【符号线】，分别在平面、正立面、侧立面绘制相应的符号线，并与相应位置的定位线对齐锁定，见图5-42。注意：平立剖的表达均采用不同的符号线，【平面打开方向［截面］】【门［截面］】【隐藏线［投影］】等均为对象样式的名称，可通过【可见性/图形替换】→【对象样式】→【门】对象的线型的线宽颜色和线型图案等进行修改，也可自建门子类下的线型对象样式；当保持族与项目中对象样式的名称一致时，可仅修改项目中的对象样式。

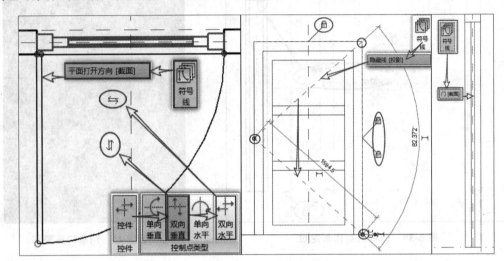

图 5-42　平立剖的表达

6．门窗翻转控件

切换至平面视图，【创建】→【控件】→【双向水平】/【双向垂直】，插入门窗翻转控件，见图5-42。

7．可见性设置

除立面门开启的符号线外，平面和剖面的符号线的图元可见性设置为【仅当实例被剖切时显示】；门图元的可见性设为仅【前/后视图】可见，见图5-43。

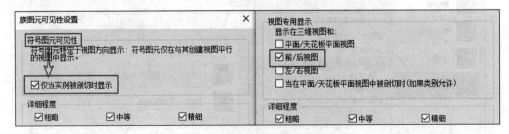

图 5-43　符号及图元的可见性设置

8．保存及调试

保存并载入项目，调试参数及控件，直至满足设计要求。

5.4.2　门窗的布置

5-11

（1）布置方法：一般先设置族类型及参数，放置后再标注尺寸，最后调整尺寸。

（2）参数修改：类型参数的修改一般在放置之前即操作完毕，放置后根据需要逐个修改实例参数，如窗台高等，也可采用选择框和过滤器选中多个实例后，实现批量修改实例参数，还可以通过门窗表提取参数，并统一控制实例参数或类型参数，详见 6.2.2 节。

（3）类型标记标注：【注释】→【标记】→【全部标记】/【按类别标记】，可实现单独标记和批量标记，其标记内容与门窗族中的【类型标记】的内容相对应，不同类型之间不能重复使用同一标记。

（4）类型匹配：类型匹配（MA）功能使得门窗类型的修改更为方便。注意：同类型之间可匹配，如窗与窗之间可以匹配，但其实例参数不匹配；不同类型之间不能匹配，如门与窗之间不能匹配。

（5）方向调整：空格键可实现门窗的左右/内外翻转。

（6）层间复制：【复制到剪贴板】→【粘贴】→【与选定的标高对齐】。

5.5　楼板、天花板与屋面

5-12

5.5.1　楼板创建与设置

1. 楼板构造

在楼板构造中设置功能为【内部】，添加构造结构层，其上下关系即表示楼板构造层的上下关系，而功能层[]内数字越小，连接时的优先等级越高，同时可为各层设置材质和厚度，见图 5-44。

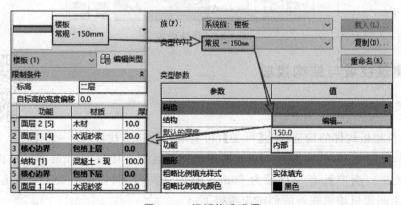

图 5-44　楼板构造设置

2. 楼板绘制

- 绘制楼板时需要设定绘制的标高及其高度偏移值，其参考高度为楼板上表面。
- 楼板的【边界线】可使用修剪（TR）命令来完善；使用对齐（AL）命令修改线条的对齐

方式;设置偏移值,可用于绘制固定偏移值的边界(图 5-45),按空格键切换偏移的方向;通过拾取墙的方式绘制楼板时,可配合 Tab 键,拾取【首尾相连的墙】。

- 设置楼板的限制标高及偏移值(创建斜楼板时,此功能失效,详见下文叙述)。
- 设置楼板配筋的保护层厚度(选择建筑楼板时无此功能,可通过勾选【结构】,再次选中楼板后可以设置钢筋的保护层厚度)。

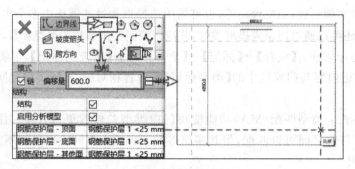

图 5-45　楼板的绘制

3. 楼板开洞

通过【编辑边界】直接绘制洞口,也可通过【竖井】绘制洞口,竖井功能可批量裁剪多层楼板、天花板和屋顶,如开口相同的楼梯间或天井、中庭等。

4. 体量面楼板

通过创建体量,选中体量后创建【体量楼层】,通过【面楼板】功能,选中【体量楼层】后【创建楼板】,见图 5-46。注意:体量的可见性通过【可见性/图形替换】(VG)设置,并通过 Tab键或过滤器可以帮助挑选其中的体量及体量楼层。

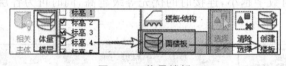

图 5-46　体量楼板

5.5.2　建筑找坡与结构找坡

1. 建筑找坡

5-13

通过设置楼板构件的构造层为【可变】,可实现楼板建筑找坡,以一卫生间楼板为例,见图 5-47,其构造为:100mm 厚的钢筋混凝土楼板,60mm 厚的水泥砂浆找平层(建筑找坡层),当中且有一直径为 60mm 的垂直洞口,洞口中心处的找平层厚度减少60mm。卫生间楼板建筑找坡的创建步骤如下:

(1) 绘制楼板边界及定位洞口的参照平面,按要求设置楼板构造,勾选水泥砂浆面层为【可变】构造层,然后绘制楼板边界,勾选即可完成楼板的绘制。

(2) 选中楼板,通过【添加点】和【添加分割线】分割表面;利用 Tab 键选中点后,修改其高度为−60mm,完成卫生间楼板的建筑找坡。

(3) 通过洞口→垂直洞口创建直径为 60mm 的洞口,见图 5-48。

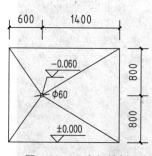

图 5-47　卫生间楼板

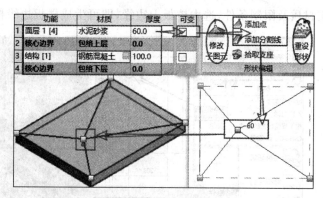

图 5-48　建筑找坡

注意：选择楼板后，单击【修改子图元】进入分割楼板表面的编辑状态；【重设形状】可删除原分割楼板表面的划分形式。

2. 结构找坡

通过【跨方向】设置楼板的传力方向，点选边界可以切换【跨方向】的位置；通过【坡度箭头】设置斜楼板的首尾高度，见图 5-49，分别设置箭头两端的参考标高及其偏移值（箭头指向最高处标高）。

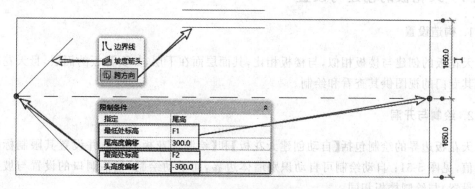

图 5-49　楼板的结构找坡

注意：(1)设置箭头的偏移高度以箭头的起始点为准，延长范围内按斜率自动延伸，故一般箭头需绘制全长，以保证坡度的准确性；(2)板的实例属性中的标高限制条件不能再次设置，即板的箭头高度设置的优先权高于高度实例参数的优先权。

5.5.3　楼板边缘构件

利用楼板边缘构件可以为楼板添加楼板边装饰条、楼板边梁、楼梯起步踏梁、雨棚板的反口梁、阳台、平台及走廊反口等构件。以阳台楼板边缘构件为例，创建步骤如下。

5-14

(1)以【公制轮廓.rft】为模板新建轮廓族，设置轮廓用途为【楼板边缘】，绘制如图 5-50所示的二维轮廓，注意插入点位置，保存为【阳台边梁轮廓.rfa】；

(2)通过【楼板：楼板边】→指定构造中的轮廓为【阳台边梁轮廓：阳台边梁轮廓】，并设定材质及限制条件,选中楼板上边缘,即可生成楼板边缘构件,见图 5-50。

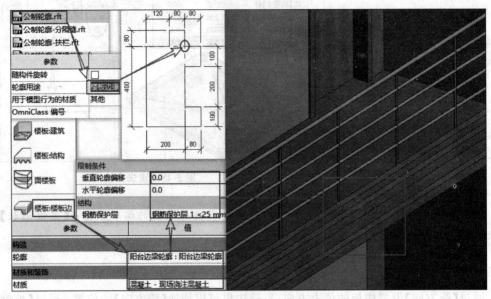

图 5-50　阳台楼板边缘构件

5.5.4　天花板的创建与设置

1. 构造设置

天花板的创建与楼板相似,与楼板相比,其面层面在下层,如石膏板的面层,且天花板视图有其专门的视图供其查看和绘制。

2. 绘制与开洞

天花板边界的绘制包括【自动创建天花板】和【绘制天花板】两种,并设置其限制标高和偏移值,见图 5-51;自动绘制可自动识别墙体边界,而手动绘制(包括洞口的设置与坡度的箭头设置)与绘制楼板相同。

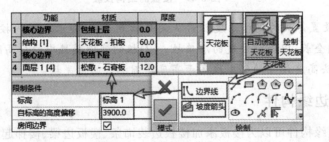

图 5-51　天花板的创建

3. 视图查看

通过【视图】→【平面视图】→【天花板投影平面】,创建天花板视图平面,可查看已经放置的天花板。

5.5.5 屋顶的创建与设置

5-15

1. 屋顶构造

屋顶构造同楼板,迹线屋顶的基准面为下表面,而拉伸屋顶的基准面为上表面。

2. 迹线屋顶

(1)边界绘制:当采用拾取墙体边界作为屋顶边界时,可设置悬挑值,当采用模型线绘制时可设置偏移量;选中迹线,可单独设置屋檐的相对高度,也可与现有的屋檐迹线的屋檐对齐,见图 5-52。

(2)平屋顶的创建:不选中【定义坡度】可创建平屋面。

(3)平屋顶的建筑找坡:设置构造层的厚度为【可变】,并划分屋顶表面,方法同图 5-48 卫生间的楼板实例。

(4)平屋顶的结构找坡:绘制【坡度箭头】,方法同图 5-49 的楼板实例。

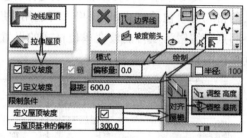

图 5-52 迹线屋顶绘制工具

(5)创建坡屋顶:选中【定义坡度】可设置坡屋顶,各迹线(屋檐起坡等高线)可单独设置坡度和高度,也可通过实例参数批量修改。

注意:

- 对于山墙上的屋顶边缘,去除【定义坡度】即可,见图 5-53 的实例。
- 双向起坡点位于屋檐边线的时候,见图 5-54 的实例,可采用迹线坡度与【坡度箭头】联合设置的方式,其中【坡度箭头】部分的迹线需要单独绘制并去除坡度,设置箭头的起止点高度及偏移值的方法同图 5-49。

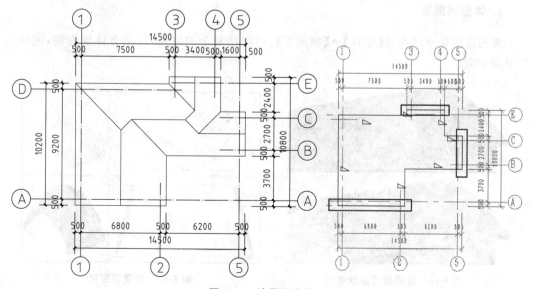

图 5-53 坡屋面实例一

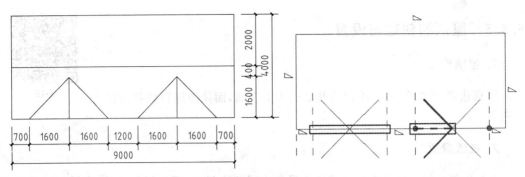

图 5-54　坡屋面实例二

（6）坡度标注及坡度单位格式：【注释】→【高程点坡度】，编辑注释的类型属性，设置箭头的格式与单位的格式，单位格式可选用【使用项目设置】，其文字和箭头的位置可通过拖动小圆点来编辑。项目的坡度单位格式的设置路径：【管理】→【项目单位】→【坡度】→修改坡度单位的格式，见图 5-55。

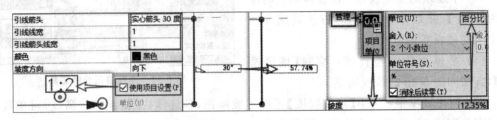

图 5-55　坡度单位的格式设置

3．拉伸屋顶

通过【拉伸屋顶】→在指定的工作平面上绘制拉伸曲线，可制作曲面屋顶，并使用【连接屋顶】工具与其他大屋顶连接，见图 5-56。

4．体量面屋顶

先创建体量→再通过【屋顶】→【面屋顶】，可创建复杂的屋顶，以融合体量为例，创建过程见图 5-57。

图 5-56　拉伸屋顶的创建

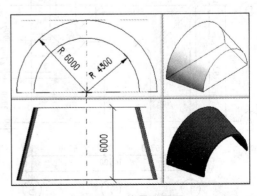

图 5-57　体量面屋顶

5．屋顶开洞

屋顶开洞有 4 种方式：【按面】【竖井】【垂直】【老虎窗】，见图 5-58。

图 5-58　屋顶开洞

（1）【按面】：按面开洞口的方向垂直于屋面表面，选中屋顶→【按面】→在屋顶面上绘制洞口轮廓。按面开洞口可在平面视图中操作，也可在三维视图中操作。

（2）【竖井】：竖井洞口可以同时为楼板、天花板和屋顶开洞口，但只能在平面视图中绘制。

（3）【垂直】：垂直洞口的开洞方向为垂直向下，与【竖井】不同，垂直洞口仅为选中的对象开洞口，且只能在平面视图中操作。

（4）【老虎窗】：老虎窗洞口需要预先绘制老虎窗的小屋顶和墙体，通过【拾取屋顶/墙边缘】线，实现挖切屋顶的老虎窗洞口。

注意：拾取的小屋顶边缘线的洞口挖切方向为水平方向，拾取墙边缘线的洞口挖切方向为垂直方向，见图 5-59。

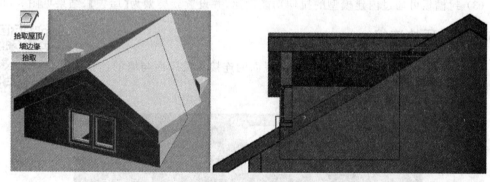

图 5-59　老虎窗洞口

5.5.6　玻璃斜窗

选中屋顶后，将屋顶类型切换至【玻璃斜窗】，可实现布置玻璃屋顶。其操作同幕墙，可参考 5.3.4 节，内容包括：

（1）利用类型属性自动划分网格和设置竖梃。

（2）利用【幕墙网格】【幕墙竖梃】手动修改网格和竖梃，配置网格布局。

（3）挑选【玻璃嵌板】进行编辑与替换等。

5-16

5.5.7　檐沟与封檐板

利用【屋顶】→【檐槽】工具为屋顶边缘添加装饰条、边梁、檐沟等，方法与楼板边缘构件相似（图 5-50），檐沟和封檐板的制作方法及步骤如下：

5-17

（1）以【公制轮廓.rft】为模板新建轮廓族，设置轮廓用途为【檐沟】，绘制如图 5-60 所示的二维轮廓，注意插入点位置，保存为【檐口轮廓族】。

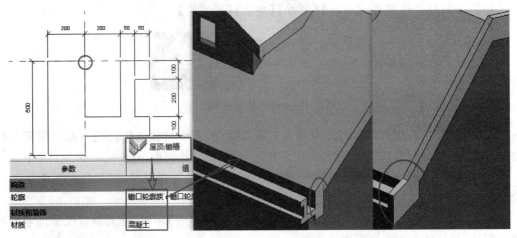

图 5-60　檐沟及封檐板

（2）通过【屋顶】→【檐槽】→指定构造中的轮廓为【檐口轮廓族】→设定材质及限制条件→选中迹线屋顶上边缘，生成檐沟→连接檐槽与屋顶。注意：檐槽还可实现内外、上下翻转和角度设置等操作。

（3）封檐板可通过内建模型的拉伸功能创建，并设置族类型为【屋顶】，结果见图 5-60。

5.5.8　屋顶的连接

通过【连接屋顶】工具，可实现屋面与屋面的连接以及屋面与墙的连接，见图 5-61。

5-18

图 5-61　屋顶连接

5.6　栏杆扶手

5.6.1　栏杆扶手的绘制

栏杆扶手的绘制包括【绘制路径】与【放置在主体上】两种,前者绘制后需要配合拾取新主体,而后者直接在主体上绘制。绘制路径前可以切换新主体,编辑栏杆扶手转角连接方式,及时【预览】等;绘制路径时可以设置栏杆扶手的路径的【偏移量】,栏杆相对主体的【限制条件】;绘制完成后还可以【拾取新主体】或【重设栏杆扶手】,见图 5-62。

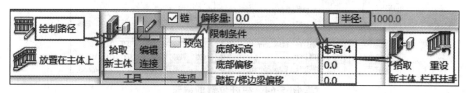

图 5-62　绘制栏杆扶手的工具条

5.6.2　扶栏结构的设置

通过【扶栏结构】,可设置水平方向的扶栏,扶栏的截面形式可以自由设置,以【圆形扶手】为例,见图 5-63,制作步骤如下。

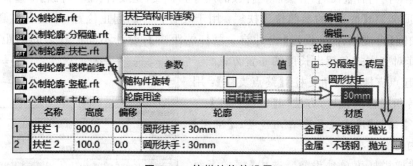

图 5-63　扶栏结构的设置

（1）打开【公制轮廓-扶栏.rft】族样板→设置轮廓用途为【栏杆扶手】→另保存为【圆形扶手】→以原点为中心绘制半径 $r=15\text{mm}$ 的圆,并添加类型参数 $d=2r$→添加族的类型名称【30mm】→保存并载入项目→在项目浏览器中的【轮廓】下可找到族【圆形扶手:30mm】。

（2）在扶栏结构中添加扶栏,设置【名称】【高度】【偏移】【轮廓】【材质】等,此处指定轮廓为【圆形扶手:30mm】。另外,扶栏结构为栏杆的设置提供起止的参考位置,见图 5-64 的【扶栏 1】。

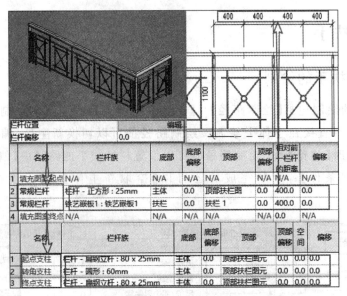

	名称	栏杆族	底部	底部偏移	顶部	顶部偏移	相对前一栏杆的距离	偏移
1	填充图案起点	N/A		N/A	N/A	N/A	N/A	N/A	N/A
2	常规栏杆	栏杆 - 正方形：25mm	主体	0.0	顶部扶栏图	0.0	400.0	0.0
3	常规栏杆	铁艺嵌板1：铁艺嵌板1	扶栏	0.0	扶栏 1	0.0	400.0	0.0
4	填充图案终点	N/A		N/A	N/A	N/A	N/A	N/A	N/A

	名称	栏杆族	底部	底部偏移	顶部	顶部偏移	空间	偏移
1	起点支柱	栏杆 - 扁钢立杆：80 x 25mm	主体	0.0	顶部扶栏图元	0.0	0.0	0.0
2	转角支柱	栏杆 - 圆形：60mm	主体	0.0	顶部扶栏图元	0.0	0.0	0.0
3	终点支柱	栏杆 - 扁钢立杆：80 x 25mm	主体	0.0	顶部扶栏图元	0.0	0.0	0.0

图 5-64　栏杆位置的编辑

5.6.3　栏杆位置的设置

5-21

通过编辑【栏杆位置】，可设置竖直方向的中间【常规栏杆】、起止点和转角点的【起点支柱】【转角支柱】【终点支柱】，见图 5-64，具体设置要点如下。

（1）【栏杆族】：载入已有的栏杆族（包括插入玻璃嵌板、铁艺栏杆），可在项目浏览器中找到后重命名，并编辑栏杆族的尺寸和材质，完成后在【栏杆族】中选择即可。

（2）【顶部】和【底部】的参照位置扶栏：用于设置栏杆的起止位置，并设置其偏移量。

（3）中间【常规栏杆】：设置【相对前一栏杆的距离】，设计不同栏杆之间的距离。同时可以设置其对齐方式和超出长度的布置方式。

（4）【起点支柱】【转角支柱】【终点支柱】：用于端头和转角栏杆的设置，方法同【常规栏杆】。

注意：【偏移】用于设置左右偏移量；【空间】用于设置内外偏移量。

（5）楼梯栏杆可单独设置：选中【楼梯上每个踏板都使用栏杆】，数量为【1】，且平台处可使用【平台高度调整】，见图 5-65。

扶栏结构(非连续)	编辑...
栏杆位置	编辑...
栏杆偏移	0.0
使用平台高度调整	是
平台高度调整	150.0
斜接	添加垂直/水平线段
切线连接	延伸扶手使其相交
扶栏连接	修剪

☑ 楼梯上每个踏板都使用栏杆(T)　每踏板的栏杆数(R)：1

栏杆族(F)：栏杆 - 圆形：25mm ∨

图 5-65　楼梯栏杆的调整

5.6.4　顶部扶栏和扶手的设置

5-22

顶部扶栏与扶手 1 的制作相似，以顶部扶栏为例，见图 5-66，步骤如下。

（1）以【公制轮廓-扶栏.rft】为族样板，制作需要的轮廓，设置轮廓用途为【栏杆扶手】，绘制轮廓及指定类型参数后，保存为【木扶手轮廓 40：木扶手轮廓 40】并载入项目。

（2）在项目浏览器的顶部扶栏类型中复制并重命名顶部扶栏类型，如【木扶手 40】，指定其类型的【轮廓】为【木扶手轮廓 40】，并设置其【材质】【默认连接】【手间隙】（内外偏移位置）

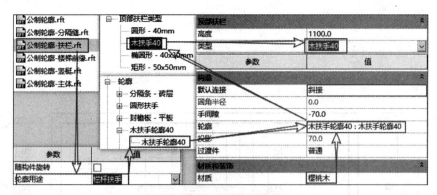

图 5-66 顶部扶栏的制作

等信息。

（3）在栏杆的【类型属性】的【顶部扶栏】中选择【木扶手 40】，并设置其高度，完成顶部扶栏的制作。

（4）另外，可通过 Tab 键单独挑选出顶部扶栏及扶手 1、扶手 2，进行轮廓和路径编辑。

5.7 楼梯及坡道

5.7.1 楼梯（按构件）

5-23　　　　5-24

1. 普通楼梯

楼梯一般首选按构件绘制，以楼梯实例一为例，见图 5-67，创建要点如下。

（1）绘制楼梯的准备：绘制标高及添加视图，绘制相应的轴线、场地、墙体、门窗、建筑地坪、楼地面，并绘制相应的参照平面作为绘制楼梯的定位依据，见图 5-68。

（2）【楼梯（按构件）】：设置定位线、偏移量、实际梯段宽度、自动平台功能，选择楼梯类型为【现场浇筑楼梯】；设置楼梯底部和顶部标高及偏移量、楼梯的实际踢面数、实际踏板深度等参数，见图 5-69。

（3）梯段：沿着参照线绘制路径，注意提示的楼梯踢面数，见图 5-70；也可进入【草图】绘制模式。

（4）平台：在自动布置平台的基础上继续修改平台的平面尺寸，平台的绘制可以根据两个梯段自动连接，也可以采用手动绘制，见图 5-71。

（5）梯段类型：包括【下侧表面】类型、【结构深度】（即结构厚度，水平方向截止至起步踏面平面）、【踏板】、【踢面】等设置，可按图 5-72 和图 5-73 进行设置。

（6）平台类型：包括设置平台的【整体厚度】和【整体式材质】，平台踏板的设置可以选择与梯段相同，也可以自行设置，见图 5-74。

（7）梁式楼梯：边梁和中梁的设置包括尺寸及材质，并注意其类型为【闭合】和【开放】的区别，见图 5-75。

（8）翻转楼梯方向：选中楼梯后，单击【向上翻转楼梯方向】即可。

（9）栏杆与边梁的关系：通过选择【翻转栏杆扶手方向】，可调整栏杆与边梁的关系。

（10）平台栏杆：应分段绘制，并选择【使用平台高度调整】，并设置斜接的方式等。

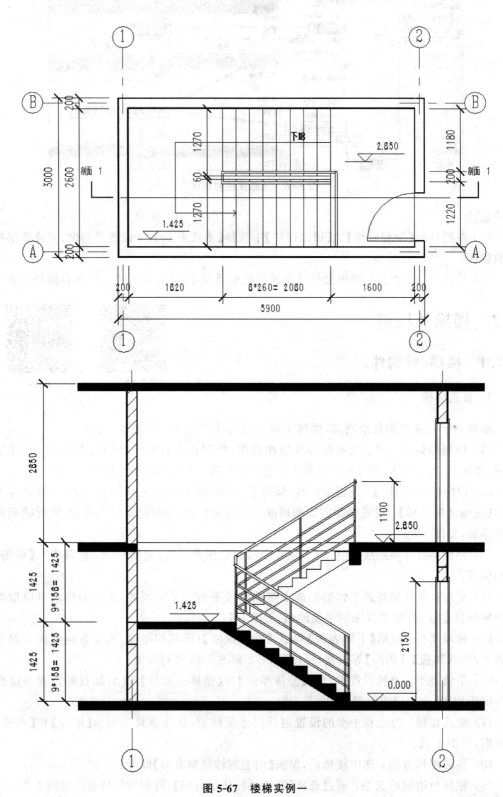

图 5-67　楼梯实例一

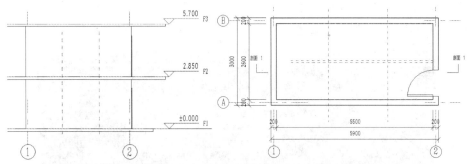

图 5-68　绘制楼梯的准备

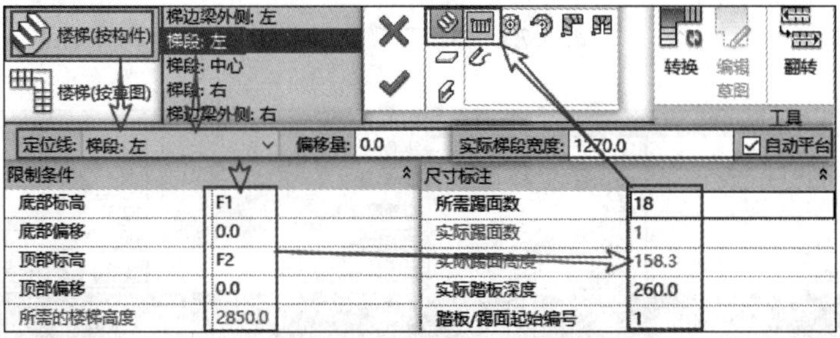

图 5-69　楼梯（按构件）的绘制

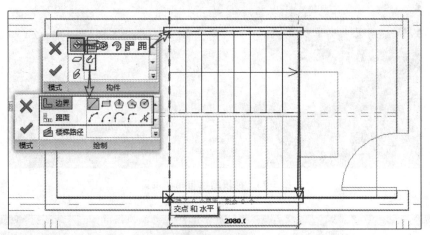

图 5-70　梯段的绘制

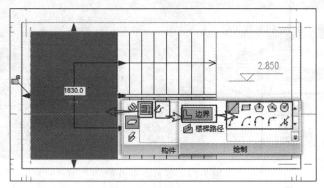

图 5-71　平台的绘制

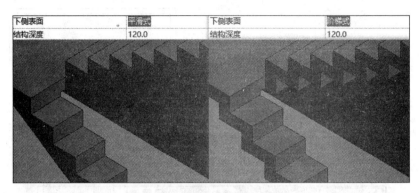

图 5-72 梯段下侧表面设置

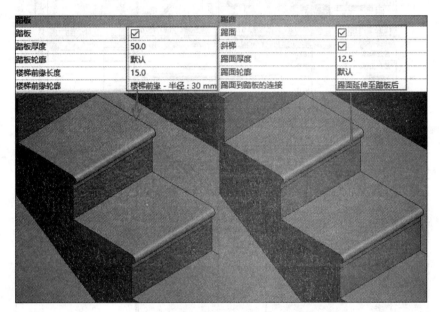

图 5-73 梯段踏板与踢面设置

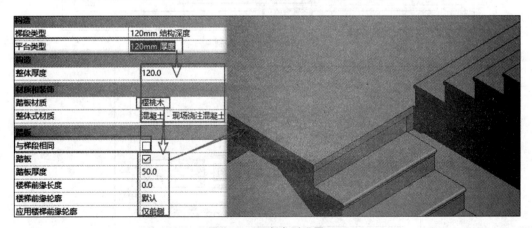

图 5-74 平台类型设置

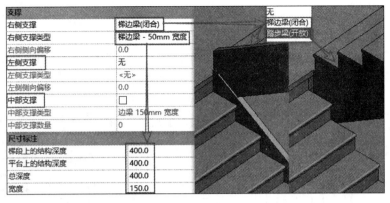

图 5-75　边梁设置

注意：顶层楼梯护栏应在顶层视图中绘制栏杆路径；转角接头扶手可根据需要另外制作。

2. 复杂楼梯

复杂楼梯可以先采用楼梯（按构件）绘制，再通过转换草图的工具，进入编辑草图状态进行补充设计，以楼梯实例二为例（图 5-76），创建要点如下。

（1）绘制准备：调整标高并绘制相应的参照平面作为绘制楼梯的定位依据。

（2）参数设置：单击楼梯（按构件）进入楼梯绘图状态，设置定位线、偏移量、梯段宽度，楼梯类型为【现场浇筑楼梯】；设置楼梯底部和顶部标高及偏移量、楼梯的踢面数、实际踏板深度等参数，同时设置梯段类型和平台类型的尺寸及材质，见图 5-77。

（3）对称梯段绘制：根据定位参照平面的位置绘制相应的梯段，并镜像复制，见图 5-78，且可通过拖动小圆点增加步数。

（4）平台的绘制：选择绘制平台，有【拾取两个梯段】和【创建草图】两种方式绘制平台边界；选择【拾取两个梯段】后，分别选中两梯段，在自动生成平台的基础上进行调整，选择【转换】→【编辑草图】，可编辑平台的边界；如采用【创建草图】的方式，可直接绘制相应的平台边界，见图 5-79。

注意：平台和梯段构件均可转换为草图进行编辑，但转换的过程是不可逆的。

5.7.2　楼梯

【楼梯（按草图）】绘制可提供更为灵活的楼梯绘制功能，见图 5-80。其中梯段可以采用整体【梯段】绘制，也可分别绘制【边界】（绿色）和【踢面】（黑色）；梯段部分拖动小圆点可以增加步数，两梯段自动连接为平台（平台被视为一级台阶）。类型属性可参考 5.7.1 节进行设置。

5.7.3　坡道

以室外无障碍坡道为例（图 5-81），室外坡道的绘制步骤如下。

（1）通过【建筑】→【坡道】进入坡道创建模式，设置坡道的高度【限制条件】以及坡道【宽度】，见图 5-82。

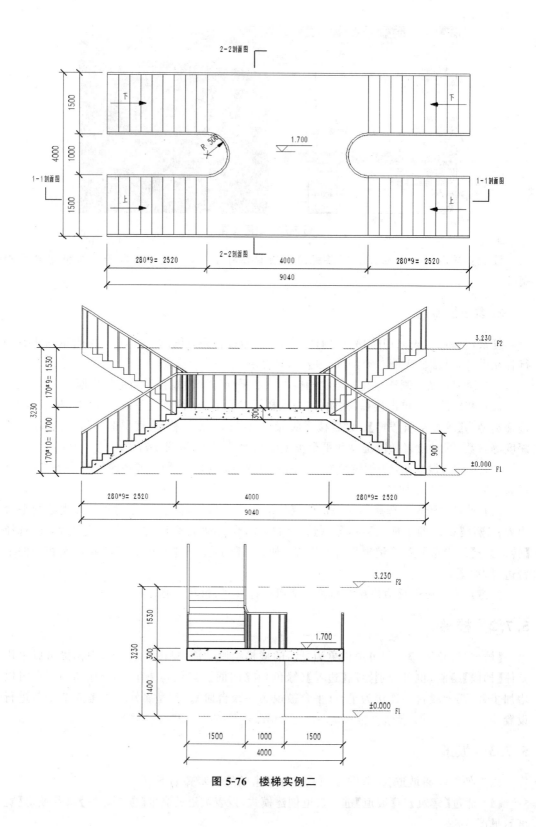

图 5-76　楼梯实例二

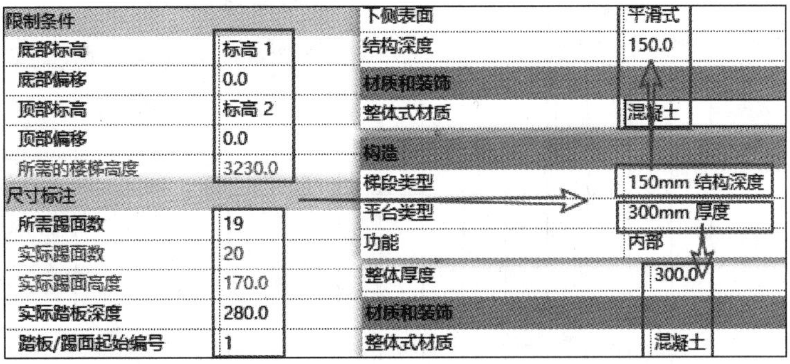

限制条件		下侧表面	平滑式
底部标高	标高 1	结构深度	150.0
底部偏移	0.0		
顶部标高	标高 2	材质和装饰	
顶部偏移	0.0	整体式材质	混凝土
所需的楼梯高度	3230.0		
尺寸标注		构造	
所需踢面数	19	梯段类型	150mm 结构深度
实际踢面数	20	平台类型	300mm 厚度
实际踢面高度	170.0	功能	内部
实际踏板深度	280.0	整体厚度	300.0
踏板/踢面起始编号	1	材质和装饰	
		整体式材质	混凝土

图 5-77　楼梯实例二的类型参数设置

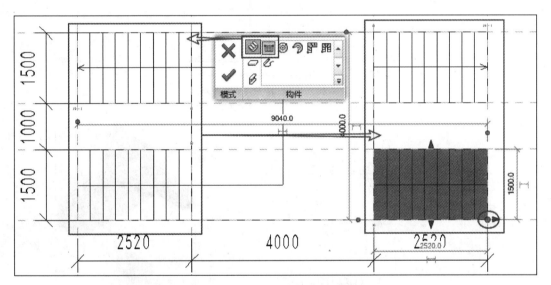

图 5-78　对称楼梯梯段的绘制

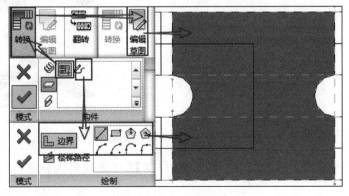

图 5-79　平台的绘制

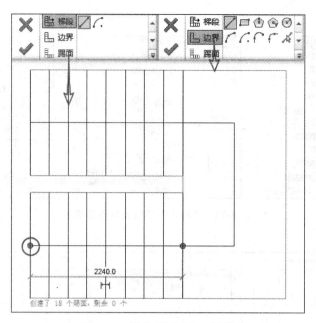

图 5-80　楼梯(按草图)工具栏

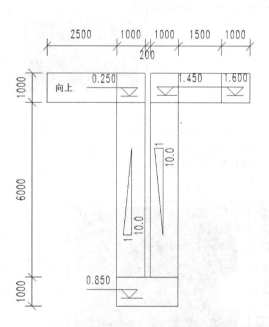

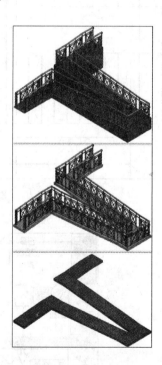

图 5-81　室外无障碍坡道

（2）通过【编辑类型】→设置【功能】、构造【厚度】【材质】【最大斜坡长度】【坡道最大坡度】，见图 5-82。

（3）坡道草图绘制：可整体绘制梯段，也可分别绘制【边界】(绿色)和【踢面】(黑色)。

注意：坡面和平台面之间由黑色的踢面线间隔分布，见图 5-83。

（4）编辑栏杆扶手类型及位置，设置栏杆是否【使用平台高度调整】。

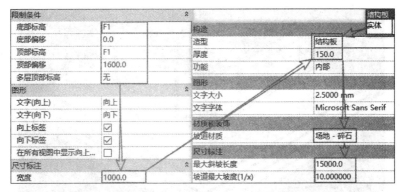

图 5-82　坡道属性设置

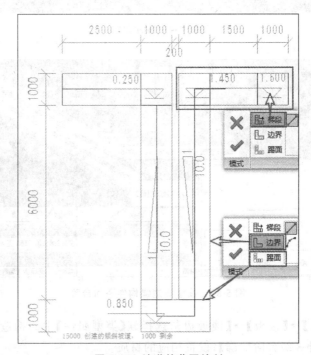

图 5-83　坡道的草图绘制

5.8　室外台阶、散水及雨棚

5-25

5.8.1　室外台阶

创建如图 5-84 所示的室外台阶的方式包括【楼板边缘构件】【内建模型】【楼梯】等。

1. 按【楼板边缘构件】的方式创建台阶

（1）先创建平台楼板，见图 5-85。

（2）选择【公制轮廓.rft】为模板，创建台阶的轮廓，注意插入点的位置，设置轮廓用途为【楼板边缘】，保存为【室外 3 台阶.rfa】并载入当前项目。

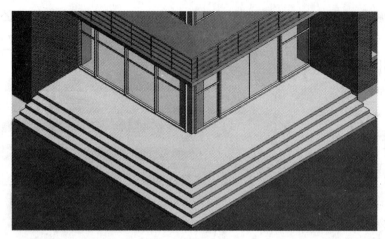

图 5-84　室外台阶

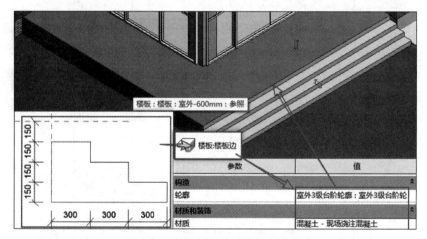

图 5-85　按楼板边缘构件添加台阶

　　(3)通过【建筑】→【楼板】→【楼板边】,选择族【类型属性】中的构造【轮廓】族为【室外3级台阶轮廓:室外3级台阶轮廓】,设置相应的材质。

　　(4)按顺序点选需要添加台阶的位置,即可生成台阶,同时调整高度、角度和内外翻转的方向。

　　2.按【内建模型】的方式创建台阶

　　(1)选择【内建模型】,设置族类别为【常规模型】,见图5-86。

　　(2)按【放样】的方式进行创建。

　　(3)设置放置轮廓的工作平面,并切换至该工作平面,绘制台阶轮廓,勾选确认完成轮廓。

　　(4)绘制路径,切换至平面图中绘制路径,勾选确认完成路径。

　　(5)再次勾选确认,完成台阶构件的创建。

　　(6)选中构件,设置材质,再次勾选确认,完成台阶的构件集创建。

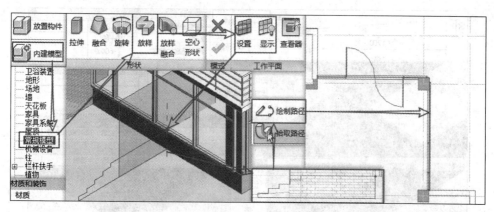

图 5-86　按内建模型创建台阶

3. 按【楼梯】的方式创建台阶

（1）选择【楼梯（按构件）】，分别绘制梯段和平台，见图 5-87。

（2）设置台阶的底部/顶部限制条件、台阶数量与尺寸，修改梯段深度和平台厚度为 600mm，并设置其材质等。

（3）如遇边界条件较复杂，可使用转换工具，把梯段或平台转换为草图模式，详见 5.7.2 节的楼梯（草图）部分。

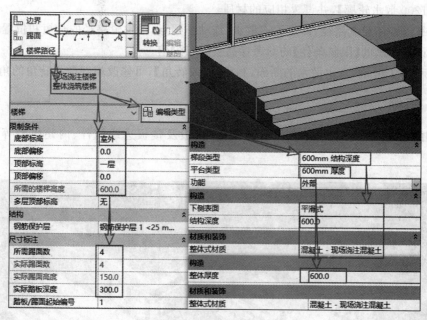

图 5-87　按楼梯创建台阶

5.8.2　室外散水

室外散水可以按【墙饰条】和【内建模型】等方式进行创建，以【墙饰条】为例，室外散水的步骤如下（图 5-88）。

（1）以【公制轮廓.rft】为模板，创建散水的轮廓，注意插入点的位置，设

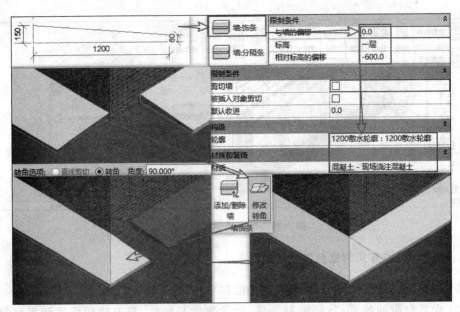

图 5-88　按墙饰条创建散水

置轮廓用途为【墙饰条】，保存为【1200 散水轮廓.rfa】并载入当前项目。

（2）通过【建筑】→【墙】→【墙饰条】，选择族【类型属性】中的构造【轮廓】族为【1200 散水轮廓：1200 散水轮廓】，并设置相应的材质。

（3）靠近墙体绘制路径，即可生成散水，拖动小圆点，可编辑路径的长短和位置。

（4）设置散水的【限制条件】的参考标高及【偏移】值。

（5）利用 Tab 键，选中散水的断面，利用【修改转角】，可修改端部散水转角的角度。

5.8.3　雨棚

雨棚的创建方式包括制作专门的雨棚族、楼板及楼板边缘构件、内建模型等方式，见图 5-89。

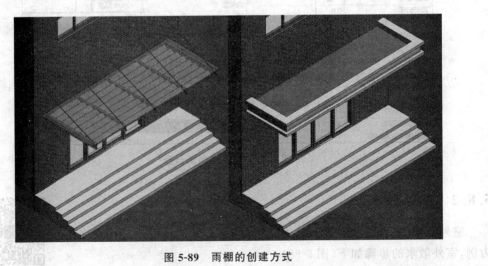

图 5-89　雨棚的创建方式

(1)对于创建特殊的雨棚族,如钢结构等,可采用族的方式。其优点是可设定灵活的参数,便于调整;缺点是制作成本较高。

　　(2)对于创建中等复杂的雨棚,可采用内建模型的方式。其优点是创建灵活方便,可定义多种构件及材料;缺点是参数化不如族方便。

　　(3)对于创建简单的雨棚,可采用楼板及楼板边缘构件的方式。其优点是创建简洁方便;缺点是比较呆板,不利于参数化调整。

第 **6** 章

场地、明细表及其他

6.1　场地设计及构件布置

6.1.1　场地设计

6-1

场地设计及布置包括地形表面生成、等高线表示及标记、场地拆分与合并、场地平整、建筑红线、子面域、建筑地坪、场地构件等。

1．地形表面的生成

地形表面生成的方式包括【放置点】【导入文件】等；以【放置点】的方式为例，见图 6-1，
在确定的位置放置绝对高程值的点；如需修改
高程点，可选中高程点后修改绝对高程值，高程
点的显示单位为 m，而输入单位默认为 mm；定
义场地材质【草坪】，勾选确认完成地形表面的生
成，见图 6-2。

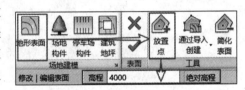

图 6-1　场地表面的建立

2．等高线的设置与标注

通过【体量和场地】→【场地设置】对话框，见图 6-3，取消选中【显示等高线】的【间隔】，
在【附加等高线】栏中插入【主等高线】(间距 1m)和【次等高线】(间距 0.25m)，并在可见性/
图形替换中选中【显示】，其中的线型、线宽及颜色等设置按默认情况，见图 6-3，也可在【对象
样式】中设置主/次等高线的线型、线宽及颜色，见图 6-3。完成后回到场地视图，见图 6-4。

通过【体量和场地】→【标记等高线】，在地形表面上绘制出需要标注等高线标记的路径，
见图 6-4；修改等高线标记族的参数(包括文字大小、颜色、字体、单位以及是否仅标注主等
高线等)，见图 6-5，完成等高线的标注与设置。

3．平整区域与土方量统计

(1) 创建平整区域的【阶段 1 地形】表面：先对现有地形标记名称为【原有地形】，通过
【体量和场地】→【平整区域】→【仅基于周边选中平整区域】→选中【原有地形】表面创建新的
地形表面→名称记为【阶段 1 地形】，并根据图 6-6 的括号内的新高程值，添加和修改地形表
面的高程点，勾选确认完成平整区域的新地形表面。

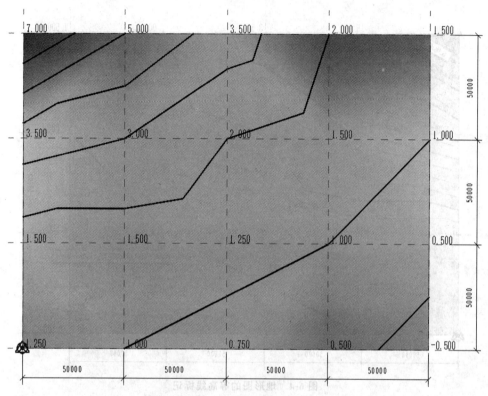

图 6-2　地形表面生成

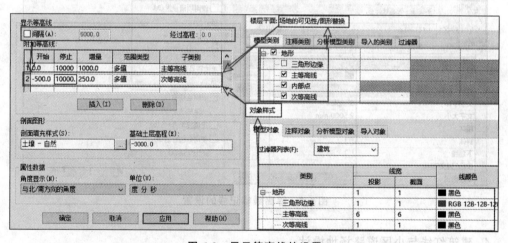

图 6-3　显示等高线的设置

　　（2）设置阶段：在【管理】→【阶段】中添加阶段名称【原地形】和【阶段 1 地形】，见图 6-6。

　　（3）土方量统计：将原有地形的创建阶段设为【原地形】，拆除阶段设为【阶段 1 地形】；将【阶段 1 地形】的创建阶段设为【阶段 1 地形】，拆除阶段设为【无】；选中【阶段 1 地形】表面，在属性栏中可查看当前阶段地形表面相对于【原地形】的【截面】（挖方）、【填充】（填方）和【净剪切/填充】（净填方）的数量，见图 6-6。

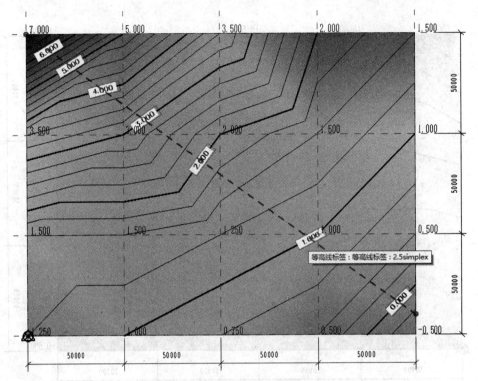

图 6-4　地形图的等高线标记

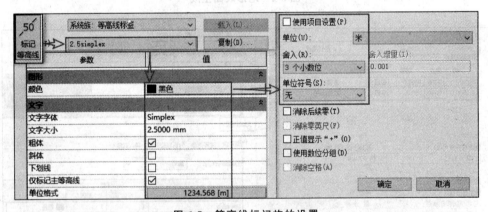

图 6-5　等高线标记族的设置

4. 建筑红线与小区道路场地设计

（1）建筑红线：通过【体量和场地】→【建筑红线】绘制建筑红线，见图 6-7。

（2）子面域：通过【体量和场地】→【子面域】绘制场地道路和停车场地面，见图 6-7，并设置其材质为【沥青】。其中，【子面域】必须与主体地形表面具有相同的【创建的阶段】和【拆除的阶段】参数（默认与【阶段 1 地形】的参数相同）。

（3）拆分和合并：对地形表面进行拆分与合并的同时可拆分与合并地形表面内部的子面域。

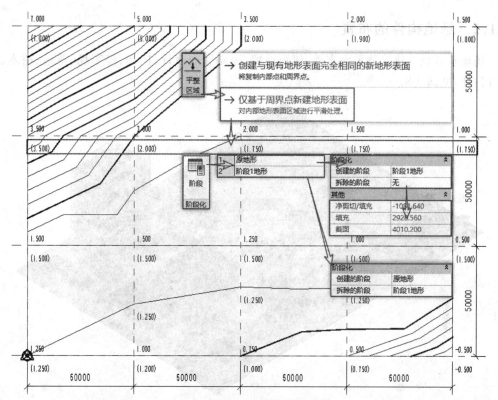

图 6-6 平整区域与土方量统计

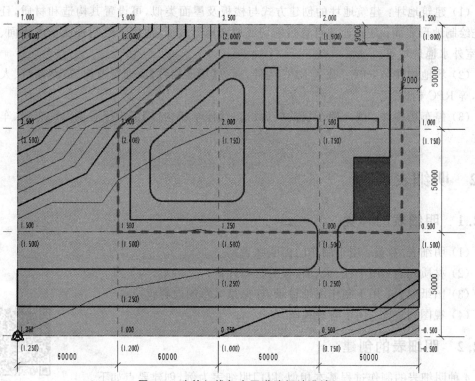

图 6-7 建筑红线与小区道路场地设计

6.1.2 场地构件的布置

场地布置包括建筑物平面布置、建筑地坪、道路竖向设计、广场、停车场、草地、树木、路灯等构件,见图 6-8。

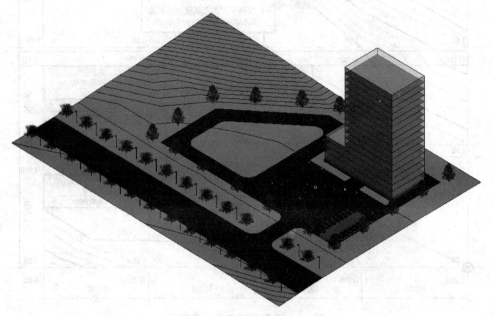

图 6-8 场地布置及场地构件

(1) 建筑地坪:建筑地坪的创建方式与楼板及屋面类似,可设置其构造和材质,且需要预先绘制地形表面;建筑地坪可直接挖切或填充地形表面,适用于绘制普通室内地面、地下室、室外水池地坪等。

(2) 场地构件与 RPC:载入 RPC 构件,通过【场地构件】添加行道树、道路路灯、人物及树木等 RPC 构件。

(3) 停车场构件:载入停车场的族后,通过【停车场构件】可为停车场添加车辆、车位等构件。

6.2 明细表

6.2.1 明细表的种类

(1) 明细表/数量:用于制作门窗明细表;

(2) 材质列表:用于柱、梁、墙、板的材料计量;

(3) 图纸列表:用于制作图纸目录,详见第 7 章的内容;

(4) 视图列表等:用于管理视图。

6.2.2 明细表的创建

4 种明细表的制作过程基本相似,以门明细表为例,创建要点如下。

1. 明细表字段与带公式的自定义字段

（1）添加明细表字段：通过【视图】→【明细表/数量】→选择【门】类别→【明细表属性】，可根据需要添加字段，见图 6-9。

（2）带公式的自定义字段：除了可用的字段以外，还可以通过【计算值】自定义带公式的字段，见图 6-9。注意：【计算值】定义的字段的【类型】必须与公式的单位相对应。

（3）【明细表字段】还可以临时添加类型参数、实例参数或提取项目的共享参数。

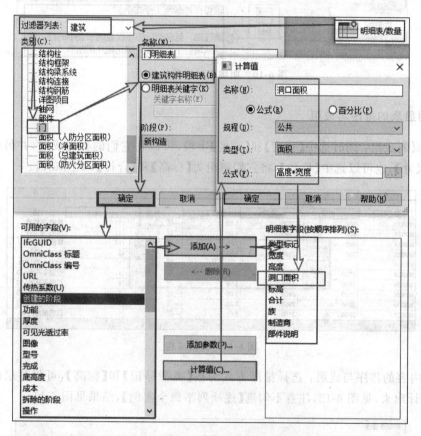

图 6-9　自定义包含公式的明细表字段

2. 明细表的过滤器用法

（1）控制明细表显示内容：利用过滤器可以过滤表格中不需要统计的信息，如通过高度和标高过滤后，表格中仅统计一层的高度大于等于 2100mm 的门，见图 6-10。

（2）高亮显示选中模型图元：选中明细表中的参数，可以在模型中高亮显示该图元，见图 6-10。对于同一类型有多个图元时，可以单击【显示】按钮，按顺序显示这种类型的不同的图元。

（3）批量修改模型参数：选中明细表中的参数，直接修改表格中的参数可用于批量修改图元参数，包括删除图元。

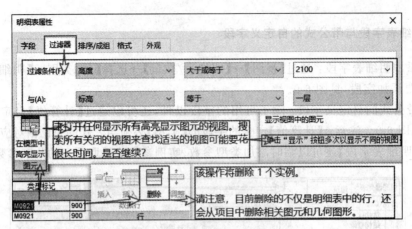

图 6-10　明细表过滤器的用法

3．明显表的排序与成组

（1）页眉成组：同时选中【宽度】和【高度】字段，可以将它们的页眉成组，并另外定义名称【洞口尺寸】，也可以选中【樘数】，将它们解组为【标高】和【合计】，见图 6-11。

A	B	C	D	E	F	G
	洞口尺寸			樘数		
类型标记	宽度	高度	洞口面积	标高	合计	族
M0921	900	2100	1.89	一层	11	单扇-与墙齐
M0921	900	2100	1.89	二层	11	单扇-与墙齐
M0921	900	2100	1.89	三层	13	单扇-与墙齐
M0922	900	2000	1.80	一层	2	M1221_教材
M1021				二层	1	M1221_教材20
M1524	1500	2400	3.60	一层	4	双扇平开木门3
M1524	1500	2400	3.60	二层	4	双扇平开木门3
M1524	1500	2400	3.60	三层	1	双扇平开木门3
M3030	2950	2950	8.70	一层	1	门嵌板_双扇地
M3621	3600	2100	7.56	一层	1	四扇推拉门2
总计: 52						

图 6-11　页眉成组

（2）内容的排序与成组：选择排序方式为按【类型标记】和【标高】，可将各层的门类型及数量统计出来，见图 6-12，注意不勾选【逐项列举每个实例】，结果见图 6-11。

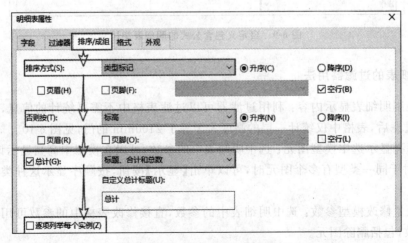

图 6-12　内容的排序与成组

4．明细表的外观与格式

（1）标题与页眉的格式与外观：选中标题或页眉，可设置其背景颜色、字体和对齐方式，见图 6-13；同时也可以设置其列宽和行高，见图 6-14。

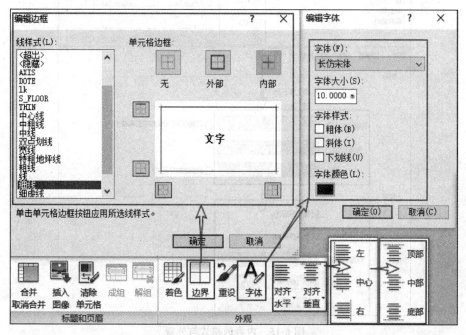

图 6-13　标题与页眉的格式与外观

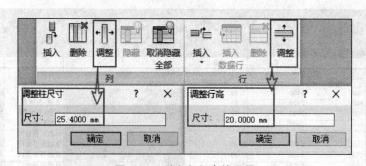

图 6-14　列宽和行高的设置

（2）内容的格式与外观：通过【格式】，可替换各字段的名称，也可在明细表中直接修改；修改栏目的对齐方式，通过外观可修改表格的网格线和轮廓、字体、标题和页眉的显示控制，见图 6-15。

注意：以上设置主要用于添加到图纸中的明细表的格式和外观。完成后把明细表添加到图纸中，见图 6-16。

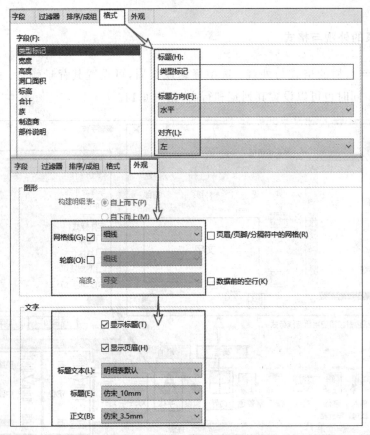

图 6-15　内容的格式与外观

类型标记	洞口尺寸		洞口面积	樘数		族	制造商
	宽度	高度		标高	合计		
M0921	900	2100	1.89	一层	11	单扇-与墙齐	协91J604
M0921	900	2100	1.89	二层	11	单扇-与墙齐	协91J604
M0921	900	2100	1.89	三层	13	单扇-与墙齐	协91J604
M0922	900	2000	1.80	一层	2	M1221_教材	
M1021				一层	1	M1221_教材20	
M1524	1500	2400	3.60	一层	4	双扇平开木门	协91J604
M1524	1500	2400	3.60	二层	4	双扇平开木门	协91J604
M1524	1500	2400	3.60	三层	4	双扇平开木门	协91J604
M3030	2950	2950	8.70	一层	1	门联板_双扇	
M3621	3600	2100	7.56	一层	1	四扇推拉门 2	协91J604

图 6-16　门明细表

6.2.3　明细表的导出与出图

(1) 明细表的导出：通过【导出】→【报告】→【明细表】，可以导出明细表，后续可用 Excel、Word 或 CAD 进行编辑。

(2) 明细表的出图：将以上明细表拖入已经做好的图纸视图中（或在图纸视图中添加明细表视图），继续调整至合适的格式后，与图纸一起出图，详见 8.5.2 节。

6.3　项目信息与协作

6.3.1　项目信息

1. 项目信息设置

6-3

（1）项目的【地点】【坐标】【位置】【项目方向】可实时调整，见图 6-17。

注意：旋转正北时，需要图纸视图的方向属性为【正北】。

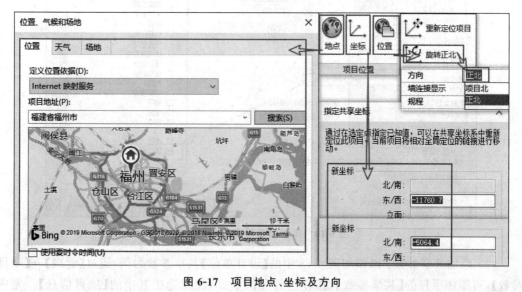

图 6-17　项目地点、坐标及方向

（2）项目信息：通过【管理】→【项目信息】，可以填写【项目发布日期】【项目名称】【项目编号】等，见图 6-18。

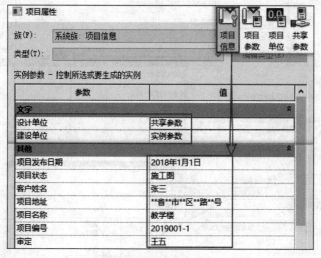

图 6-18　项目信息

2．添加项目信息参数

（1）添加实例参数：以添加图 6-18 中的【建设单位】实例参数为例，通过【管理】→【项目参数】，可添加【实例】参数和【类型】参数，操作过程见图 6-19，注意选中其中的【项目信息】，完成后可在【项目信息】中查看【建设单位】并填写参数内容，见图 6-18。

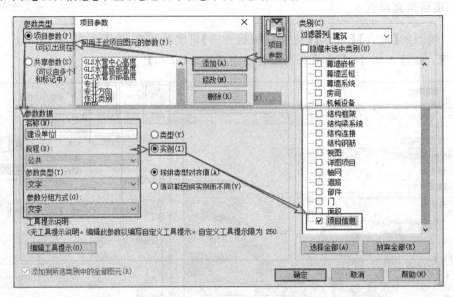

图 6-19　添加项目信息的实例参数

（2）添加共享参数：以添加图 6-18 中的【设计单位】共享参数为例，通过【管理】→【项目参数】，可添加项目的【共享参数】，操作过程见图 6-20，注意选中其中的【项目信息】。完成后可在【项目信息】中查看【设计单位】并填写参数内容，见图 6-18。

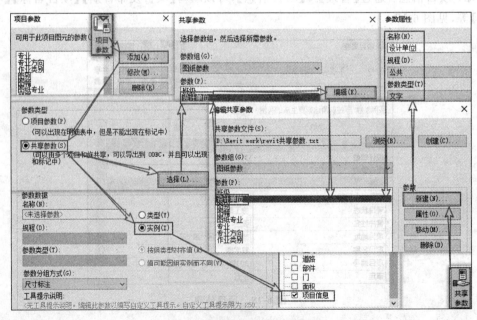

图 6-20　添加项目信息的共享参数

6.3.2 阴影设置与日光研究

（1）阴影设置：在状态栏中选择【图形显示选项】,可分别设置视觉样式的【阴影】【透明度】【日光设置】等,见图6-21,并通过状态栏的按钮进行开关切换。

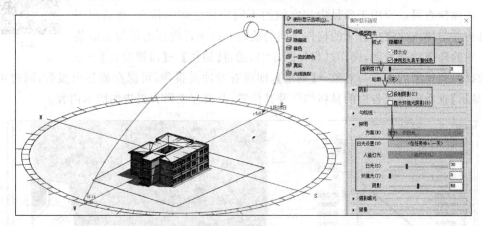

图 6-21 阴影设置

（2）日光设置：在状态栏中选择【日光设置】,可设置静止、一天、多天、照明4种模式,见图6-22。以一天为例,分别设置其时间和地点,其中地点设置见图6-17,时间可根据规范的日照分析的要求进行设置,如上午9时至下午4时。

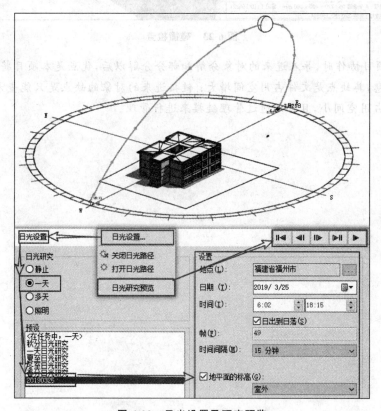

图 6-22 日光设置及研究预览

（3）日光研究预览：在状态栏中选择【日光研究预览】，可研究日光及阴影的动态过程，见图 6-22，并可适时保存目标帧。

6.3.3　碰撞检查

6-4

碰撞检查可以应用于项目内部之间的不同构件之间的检查，也适用于项目构件与导入或链接进来的构件之间的检查。以项目内部的墙与卫浴装置之间的碰撞检查为例，操作过程见图 6-23，通过【协作】→【碰撞检查】→分别选择两列模型的来源与对象→【确定】，即可查看冲突报告，可保存或导出报告，同时可通过【显示】查看碰撞报告中的具体构件及其位置，并保存图形为报告的图示内容。

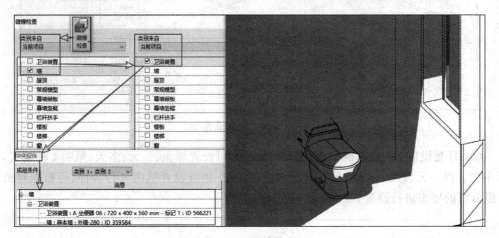

图 6-23　碰撞检查

注意：项目协作时，导入进来的对象分解和部分分解以后，优点是本项目将得到导入对象的所有信息，其缺点是文件占用空间增大；链接进来的对象的缺点是只能查看不能分解，优点是文件占用空间小，且可以通过管理链接来进行管理。

第 7 章

制图要求与信息设置

7.1 制图的基本设置

7.1.1 文字样式

添加注释文字的路径：【注释】→【文字】→【编辑类型】。可对文字进行排版、添加或删除箭头、修改引线箭头，如15°箭头、圆点、无箭头等，见图7-1；可添加注释汉字、字母、数字及符号等，见图7-2。注意添加【注释文字】与添加【模型文字】（三维文字模型）的区别。

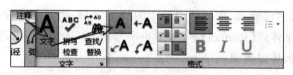

图7-1 添加注释文字

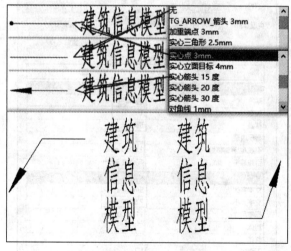

图7-2 注释文字添加箭头

1. 汉字

根据制图规范的建议要求，图样及说明中的文字宜采用长仿宋字，最小字号3.5号，可选择字号依次为3.5,5,7,10,14,20,具体设置见图7-3。注意：类型命名宜反映字体高度，如【仿宋_3.5mm】；文字背景应为透明；长仿宋字字体为系统自带字体，效果见图7-2。

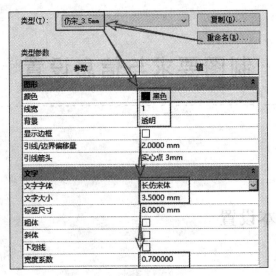

图 7-3　长仿宋字设置方法

2. 字母及数字

根据制图规范的建议要求,图样及说明中的拉丁字母、阿拉伯数字与罗马数字,宜采用单线简体【Simplex】字体或【Roman】字体,最小字号为 2.5000mm,可选择字号依次为 2.5,3.5,5,7,10,14,20,具体设置见图 7-4。

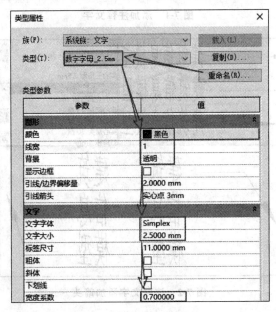

图 7-4　字母及数字设置方法

3. 钢筋符号

钢筋符号需要特殊的字体,双击【REVIT. tff】文件即完成安装字体,在类型属性中设置

字体后即可显示钢筋符号,分别用【$】【%】【&】【#】代表【HPB300】【HRB335】【HRB400】
【HRB400R】,其对应关系见图 7-5。

7.1.2　尺寸标注样式

尺寸标注的类型包括【对齐】【线性】【角度】【径向】【直径】【弧长】等格
式,见图 7-6。

7-2

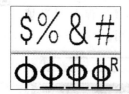

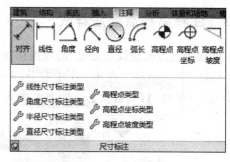

图 7-5　钢筋符号字体的安装与设置　　　　图 7-6　尺寸标注类型

以【线性】尺寸标注为例,尺寸标注元素包括【起止符号】【尺寸界限】【尺寸线】【尺寸数
字】4 要素。根据制图规范的建议与要求,符号及线型设置见图 7-7,文字设置见图 7-8。

- 【起止符号】:记号采用【对角线 3mm】或【实心箭头 15 度】,如图 7-7,记号线宽为【4】
  (粗线);

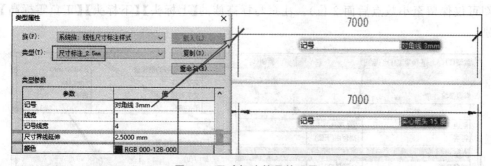

图 7-7　尺寸标注符号的设置

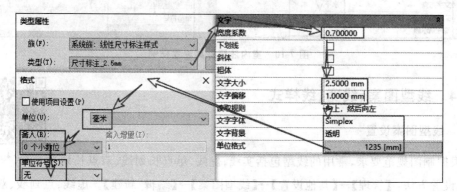

图 7-8　尺寸标注数字的设置

- 【尺寸线】:线宽为【1】(细线);
- 【尺寸界线】:线宽为【1】(细线)、尺寸界线延长为【2.5000mm】;
- 【尺寸数字】:文字字体选【Simplex】、文字大小为【2.5000mm】、文字偏移设为【1.0000mm】,其单位及格式的设置见图 7-8。

注:尺寸标注类型名或名称应与内容相对应;线宽粗细是相对的,可在【管理】→【其他设置】→【线宽】中设置。

7.1.3 注释高程点标注样式

7-3

根据制图规范的建议与要求,高程点标注样式有三种:室外标高、室内(平面)标高、立面标高。在 Revit 中有分别对应的族为:【高程点-外部填充】【高程点(平面)】【高程点】,见图 7-9,载入族后即可选用。

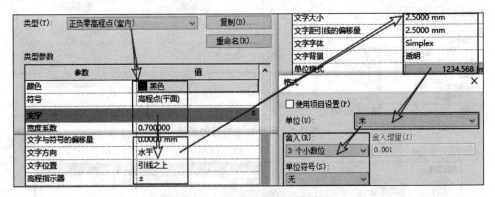

图 7-9　标高标注样式与族名称

以室内±0.000 标高为例,设置方法见图 7-10;由符号族【高程点】另存为【高程点(平面)】,在文字中添加高程指示器【±】,标高单位为【米】,并保留【3 个小数位】(路桥施工图可仅保留至小数点后面 2 位)。注意与标高族的【上标头】【下标头】【正负零标高】的区别。

图 7-10　室内注释标高设置样例

7.1.4 线型图案、线宽、线样式

7-4

1. 线型图案设置

根据制图规范要求,常用的线型包括实线、虚线、单点长划线、双点长划线,其设置方法:【管理】→【其他设置】→【线型图案】→【编辑/新建】。虚线、点划线、双点划线的图像长度值见图 7-11,其绘制效果见图 7-12,实线无需设置。

图 7-11　线型图案设置

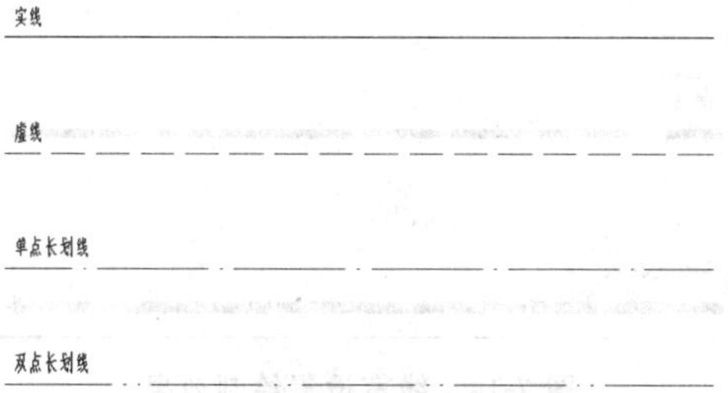

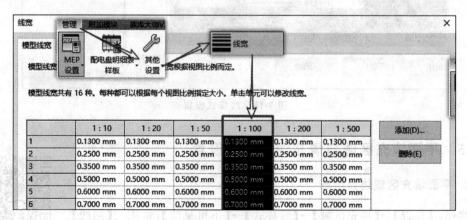

图 7-12　线型设置绘制效果

2．线宽设置

根据制图规范要求，线宽设置包括粗线、中粗线、中线、细线和特粗地坪线，以比例为 $1：100$ 下的线宽为例，按表 7-1 的线宽组选 $B=0.5\,\mathrm{mm}$，设置方法：【管理】→【其他设置】→【线宽】，见图 7-13，绘制效果见图 7-14。注意：其中线宽代号不代表宽度。

表 7-1　线宽组选用表

名　　称	线宽比	线宽组 B/mm				线宽代号
粗线	b	1.4	1.0	0.7	0.5	4
中粗线	$0.7b$	1.0	0.7	0.5	0.35	3
中线	$0.5b$	0.7	0.5	0.35	0.25	2
细线	$0.25b$	0.35	0.25	0.18	0.13	1
特粗地坪线	$1.4b$	2.0	1.4	1.0	0.7	6

图 7-13　线宽设置

图 7-14　线宽设置绘制效果

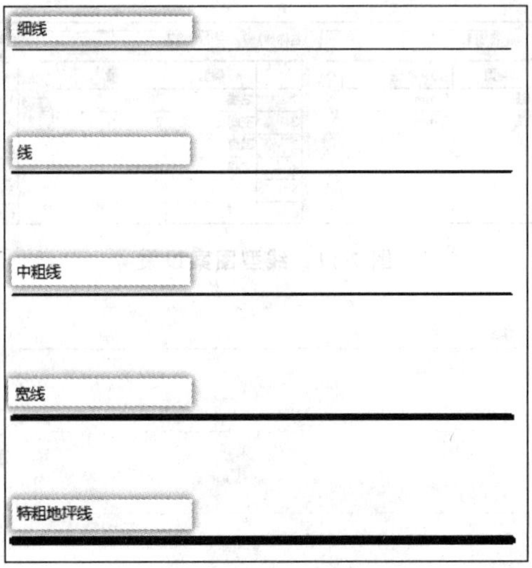

3. 线样式设置

线样式设置包括线宽、线型及颜色,其设置方法为【管理】→【其他设置】→【线样式】→【新建】:除了已有的默认的【中粗线】【宽线】【线】【细线】外,另创建【特粗地坪线】【细虚线】【中心线】【双点划线】等,见图 7-15。

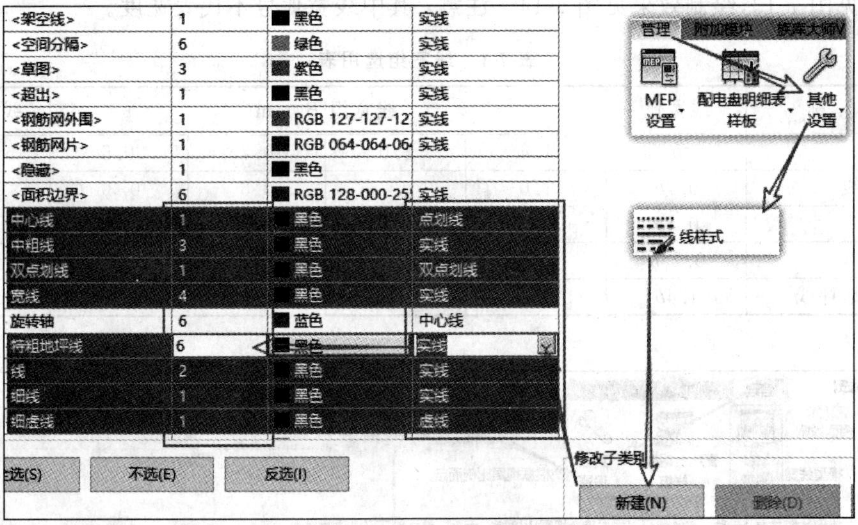

<架空线>	1	■黑色	实线
<空间分隔>	6	■绿色	实线
<草图>	3	■紫色	实线
<超出>	1	■黑色	实线
<钢筋网外围>	1	RGB 127-127-12	实线
<钢筋网片>	1	RGB 064-064-06	实线
<隐藏>	1	■黑色	
<面积边界>	6	RGB 128-000-25	实线
中心线	1	■黑色	点划线
中粗线	3	■黑色	实线
双点划线	1	■黑色	双点划线
宽线	4	■黑色	实线
旋转轴	6	■蓝色	中心线
特粗地坪线	6	■黑色	实线
线	2	■黑色	实线
细线	1	■黑色	实线
细虚线	1	■黑色	虚线

全选(S)　不选(E)　反选(I)

管理　附加模块　族库大师V

MEP设置　配电盘明细表样板　其他设置

线样式

修改子类别

新建(N)　删除(D)

图 7-15　线样式设置

7.1.5　平面填充区域与填充图案样式设置

1. 平面填充区域边界绘制

路径:【注释】→【填充区域】→【线样式】→【不可见线】(常用)、【细线】、【宽线】等,见图 7-16。

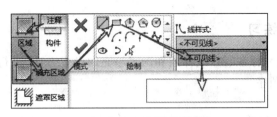

图 7-16　填充区域边界设置

2.图案填充样式设置

常用的图案填充样式见图 7-17,以土壤为例,其类型属性的设置方法见图 7-18;当 Revit 中的图案填充样式较少时,可以导入 CAD 中的图案填充样式文件 acad.pat 加以补充,路径及方法见图 7-19,可同时设置其导入的比例。

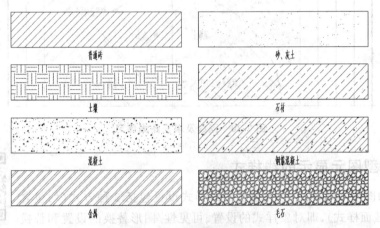

图 7-17　常用的图案填充样式

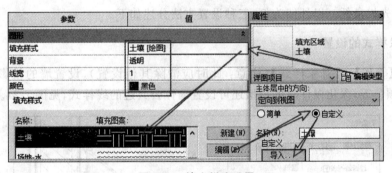

图 7-18　填充样式设置

图 7-19　填充样式的导入

7.1.6　图线综合练习

按照上述文字、尺寸标注、2D 线样式和图案填充的设置方法,进行图 7-20 的练习,注意图案填充的显示层次顺序。

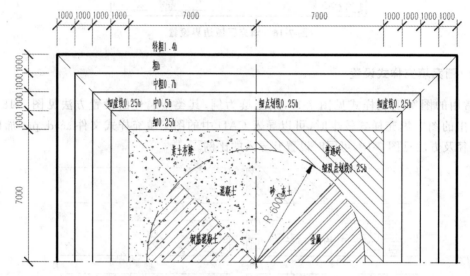

图 7-20　图线及填充图案练习

7.1.7　模型图元显示的线样式

与 2D 的图线不同,模型图元显示的线样式设置包括 3 种方式(均包含投影样式和截面样式),即对象样式的设置、可见性/图形替换的设置和替换主体层截面线样式的设置,其中替换主体层截面线样式的优先权最高,而对象样式的优先权最低。以外墙为例,三种设置方法分述如下。

7-6

1. 对象样式的设置

路径:【管理】→【对象样式】(注意:此时应清除其他设置),设置墙的投影、截面的线宽、线型和颜色等,深化设计时的模型还可设置墙体公共边的线样式,见图 7-21。

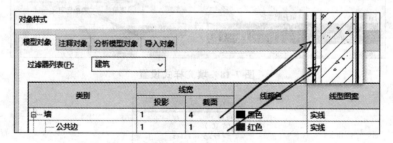

图 7-21　模型图元的对象样式的线设置

2. 可见性/图形替换的设置

路径:【视图】→【可见性/图形替换】,替换墙的投影、截面的线宽、线型和颜色等,同样也可以改变公共边的线样式。（注意：【可见性/图形替换】同时替换粗略比例下的墙图元的剖面线样式，见图 7-22。）

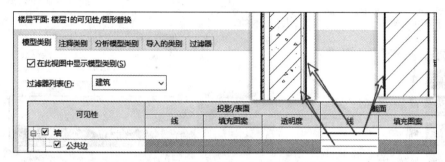

图 7-22　模型图元的可见性/图形替换的线设置

3. 替换主体层截面线样式的设置

路径：【视图】→【可见性/图形替换】→【替换主体层】→【截面线样式】→【编辑】，按功能层逐一设置截面的线样式，见图 7-23。

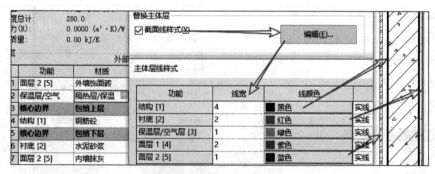

图 7-23　替换主体层截面线样式的设置

7.1.8　模型图元的表面、截面填充图案

7-7

与 2D 的图案填充不同，模型图元的表面、截面填充图案设置有两种方式，即通过材质的设置和通过可见性/图形替换的设置，其中通过可见性/图形替换设置的优先级大于通过材质设置的。此外，Revit 还提供粗略比例下的填充样式。以钢筋混凝土外墙为例，模型图元的表面及截面填充图案设置如下。

1. 通过材质的设置

路径：选中墙→【类型属性】→【构造】→【结构】→【编辑】→【材质浏览器】，设置钢筋混凝土的表面、截面填充图案，如图 7-24 所示。

2. 通过可见性/图形替换的设置

路径：【视图】→【可见性/图形替换】→【墙】→【截面】→【填充图案】，按需求进行替换，如图 7-25 所示。

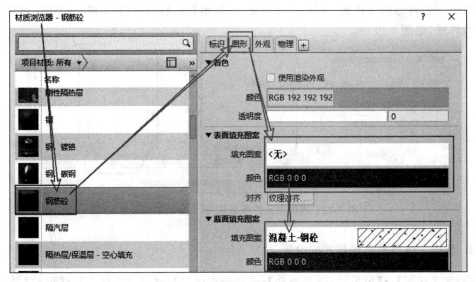

图 7-24　通过材质的设置

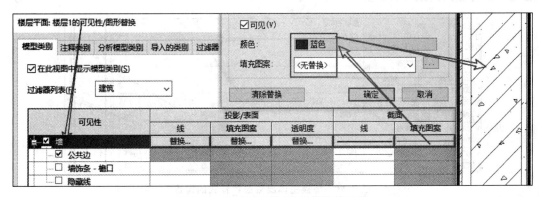

图 7-25　通过可见性/图形替换的设置

3. 粗略比例下的填充样式的设置

选中墙→【类型属性】→【图形】→【粗略比例填充样式】,可单独设置粗略比例下的截面填充图案和颜色,见图 7-26。

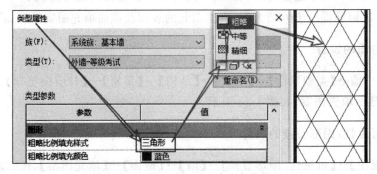

图 7-26　粗略比例下的填充样式设置

7-8

7.2　项目及图框信息的创建与设置

7.2.1　图框信息的创建

图框的信息包括图框、标题栏、会签栏,以【A1_毕设图框.rfa】为例,其制作步骤如下:

(1) 打开图框族文件【A1.rfa】,另存为【A1_毕设图框.rfa】。

(2) 在对象样式中设置专门用于设置图框的中粗线、宽线和细线的线宽,见图 7-27(注意:此处不能采用图形中的线样式设置,线条被当作对象来处理,而不是图元在某视图中的投影线)。

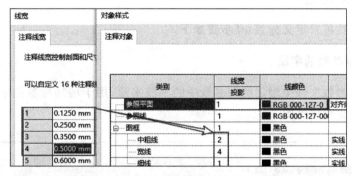

图 7-27　图框的线宽设置

(3) 创建不同字号的长仿宋字字体(3.5、5.0、7.0、10 号字),见图 7-28。

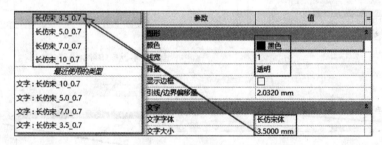

图 7-28　长仿宋字的设置

(4) 根据国标图框的要求设置相应的尺寸参数(图 7-29),绘制图框、会签栏(图 7-30)和标题栏(图 7-31)(注意:按制图规范绘制标准图框,原有的图框线不能复制和删除,标题栏和会签栏的内容各自成组)。

参数	值
尺寸标注	
a	25.000
c	10.000
b	594.000
l	841.000

图 7-29　图框类型参数设置

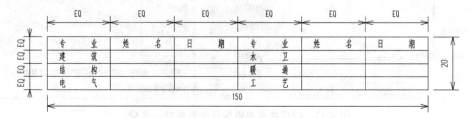

图 7-30　会签栏尺寸样例

图 7-31   标题栏尺寸样例

7.2.2 自定义标签

利用共享参数可自定义标签,其步骤如下。

1. 增加共享参数的字段

通过在共享参数文件中增加类别参数中的字段来源,用于增加标签的字段,以增加【专业】字段为例,设置顺序见图 7-32。

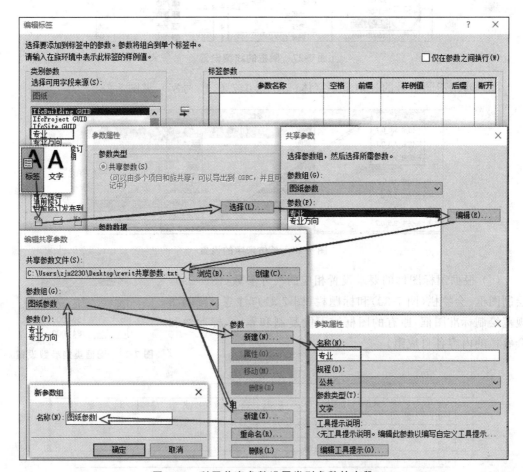

图 7-32   利用共享参数设置类别参数的字段

2．设置标签格式

标签格式包括标签颜色、线宽、背景、文字字体、文字大小等信息，同时设置 3.5,5.0,7.0,10 号字的标签，见图 7-33，注意名称与字号的对应关系，方便识别。

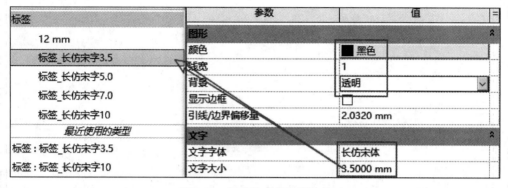

图 7-33　标签格式的设置方法

3．添加标签

可设置单一标签和复合标签。复合标签的设置方法见图 7-34，可添加多个字段，同时可以设置每个标签的前缀和后缀，丰富复合标签的格式。

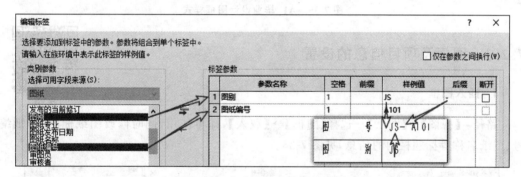

图 7-34　自定义复合标签的设置

4．完善图框信息

利用填充区域设置 logo，整理并隐藏尺寸标注，最终效果见图 7-35。

图 7-35　A1_毕业设计图框样式

7.2.3　图框及项目信息的设置

1. 插入图框

路径：【视图】→【图纸】→选择【图框】→【载入】，即可使用，同时修改图纸标题、图纸编号、图纸名称等标题栏内的信息，见图 7-36。

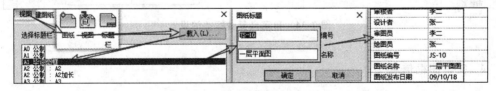

图 7-36　插入图框

2. 修改项目信息

路径：【管理】→【项目信息】，可修改标题栏中相关的值。

3. 给图纸视图添加共享参数

路径：【管理】→【项目参数】→【添加】→【共享参数】，以添加标签栏中的【作业类别：毕业设计】为例，设置方法见图 7-37（注意：需把共享参数同时添加到图纸和视图的属性中）。

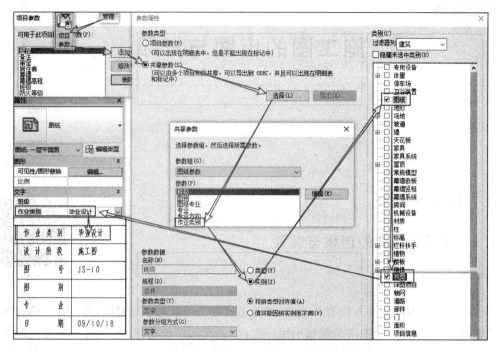

图 7-37　给图纸视图添加共享参数

4．给项目信息添加共享参数

路径：【管理】→【项目参数】→【添加】或【修改】→【共享参数】，其添加方法同上，只需把类别中勾选的图纸【视图】改为【项目信息】即可。以【班级】为例，添加后即可在共享信息中修改【班级】信息，也可在图纸视图属性中修改【班级】信息，见图 7-38。

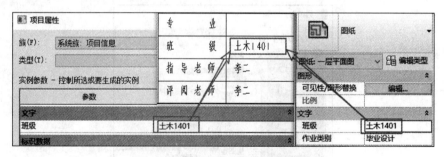

图 7-38　给项目信息添加共享参数

第8章

施工图的出图与打印

8.1 建筑平面图

8.1.1 视图标题族的创建与设置

1. 添加视图

添加视图至图纸中的方法有两种，一种是通过右击图纸来添加视图，另一种是将视图拖到图纸视图中，注意一个视图只能被引用一次，如遇视图已被引用，可采用带细节复制或复制作为相关视图，再添加该视图。

2. 编辑视图标题族

右击项目浏览器中的视图标题族→【编辑】→【另存为】视图标题为【视图标题_比例.rfa】，见图 8-1。注意：此族无法通过双击或编辑族按钮等完成操作，且应避免污染原有的族库。

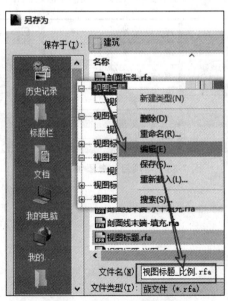

图 8-1 编辑视图标题的方法

3. 添加和设置视图标题族的标签格式

进入视图标题族后,在【视图名称】后添加比例标签的方式见图 8-2,修改标签的格式与对齐方式见图 8-3,注意设置视图名称为【右】对齐方式,视图比例为【左】对齐方式,且移动至上下左右均对齐后保存并载入。

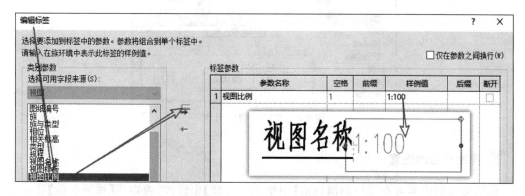

图 8-2　添加视图比例标签

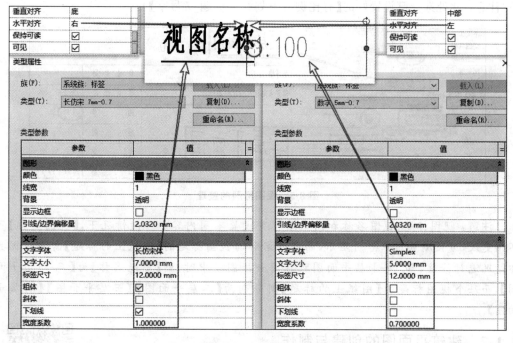

图 8-3　视图标签的格式与对齐方式

4. 视图标题族的引用

在图纸中选中视口后,编辑视口的类型属性,复制并命名为【有比例有下划线的标题_7号字】,并指定标题族为【视图标题_比例】,完成视图标题的编辑,见图 8-4,选中图纸中的视图标题,移动到合适的位置后保存文件。

图 8-4　视图标题的引用

5. 视图标题的设置

视图标题的内容可在视口的属性的【图纸上的标题】中修改,否则按【视图名称】显示,其优先权大于【视图名称】,见图 8-5。视图标题可选择显示、隐藏等,通过切换视图标题族即可(注意:此处选择已设置好的【有比例有下划线的标题_7 号字】)。

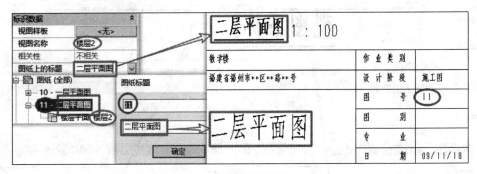

图 8-5　视图标题的整理

注意:视图标题、视图名称和图纸名称可设置不同内容。一般情况下,【视图名称】可不用更改,方便浏览器中排列显示,而图纸名称与视图标题的【图纸上的标题】需要根据具体情况进行修改,如 2~4 层平面图放在同一张图纸中时,则【图纸名称】为【二-四层平面图】,而每个视图标题的【图纸上的标题】则分别为【二层平面图】【三层平面图】【四层平面图】。

8.1.2　建筑平面图的创建与制作

1. 裁剪区域、视图范围和视图基线的调整

先显示裁剪区域,调整到合适的位置后,勾选【裁剪视图】,并隐藏裁剪

8-2

区域,见图 8-6。调整视图范围,以【楼层 2】为例,其视图的相关标高均以【楼层 2】为基础进行偏移,一般情况下可以采用图示值;设置视图的基线为【无】,也可选同其他楼层,用于建模时所参考的楼层。

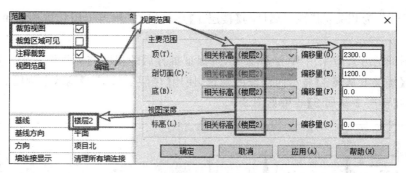

图 8-6　视图裁剪区域与视图范围设置

2．视图平面区域的运用

通常雨棚的部位不在上述视图范围内，故采用视图平面区域修改局部的视图范围和深度，用于局部显示雨棚，见图 8-7。编辑平面区域的视图范围，修改视图深度使雨棚构件在本层平面视图中可见。

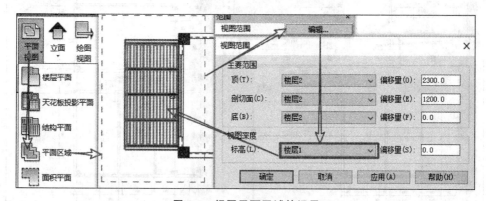

图 8-7　视图平面区域的运用

3．拆分视图与布图

对于长条形的建筑物，需要将视图拆分后放入不同的图纸中，它们之间的联系用连接线连接起来，故需要将原图纸视图进行复制。复制图纸有以下两种方式，见图 8-8。

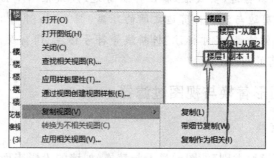

图 8-8　复制视图的两种方式

（1）带细节复制：如【楼层 1-副本 1】，其视图属性与【楼层 1】是相互独立的，即可以分别设置其视图属性，包括设置视图样板和可见性/图形替换等（相当于用相机拍照了 2 次）；

（2）复制作为相关：其视图属性与【楼层1】互相相关（相当于用相机拍照了1次，冲洗了2次）。

拆分图纸的方式应采用第（2）种方式，可保证拆分后的视图与原视图一致。以【楼层1】为例，使用【楼层1-从属1】显示西侧段的建筑，使用【楼层1-从属2】显示东侧段的建筑，加上折断线后的【楼层1-从属2】效果见图8-9。

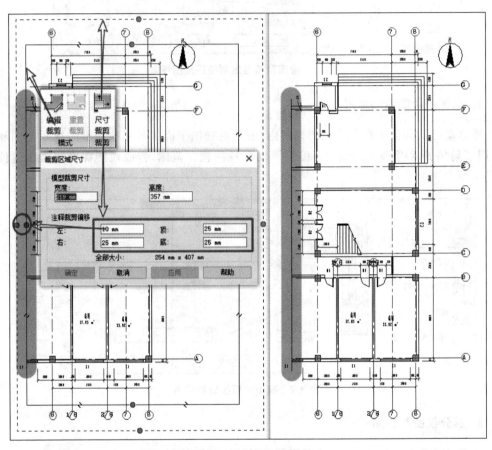

图 8-9　拆分视图与布图

注：裁剪区域分为裁剪边（实线框）和注释裁剪边（虚线框），单击【尺寸裁剪】可以编辑裁剪区域尺寸，设置裁剪边与注释裁剪边之间的距离（图8-9）；其中，裁剪边（实线框）裁剪对象为模型图元，不裁剪轴线、尺寸标注、折断线等符号标注、门窗及房间标记等，而注释裁剪边（虚线框）裁剪所有的图元。

8.1.3　可见性/图形替换与视图过滤器

1. 可见性/图形替换

常用的操作包括【模型类别】的图示显示与替换（如墙的投影表面、截面的线样式和填充图案样式等），【注释类别】的显示与替换（如尺寸标注、标高标注等注释类别），【导入的类别】的显示与替换（包括 rvt 和 dwg 文件等）以及【过滤器】的应用，见图8-10。

8-3

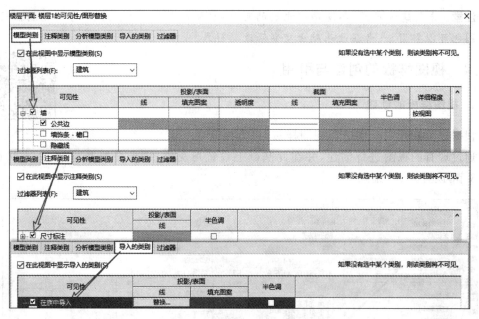

图 8-10　可见性/图形替换

2．视图过滤器的使用

视图过滤器提供快速搜索符合条件的图元的功能,可快速实现可见性/图形替换,见图 8-11,将平面图中大于 250mm 的墙用红色填充,把墙类型名称为【内墙-等级考试】的墙用绿色填充,其效果一般用于展示或分析。

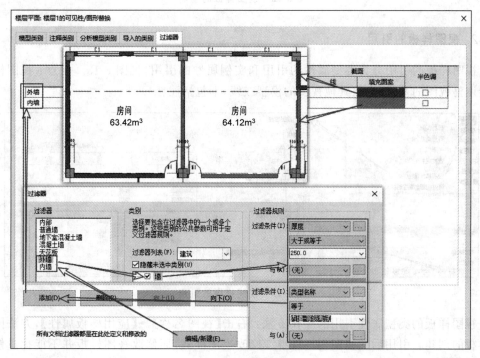

图 8-11　视图过滤器

注意：先创建过滤器，再设置过滤器的可见性/图形替换的样式；保存该过滤器后，其他视图也可以引用，或者在此基础上重新修改其样式。

8.1.4 视图样板的创建与引用

1. 视图样板的创建

8-4

根据规程和视图类型选择视图样板，可方便管理和引用；视图样板也可以通过现有的视图进行创建，并在此基础上设置可见性/图形替换和过滤器，方法详见8.1.3节，设置方法见图8-12。

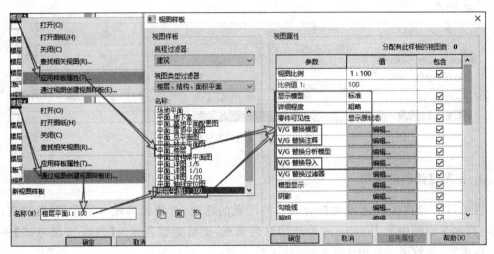

图 8-12 视图样板的创建

2. 视图样板的引用

视图样板的引用分为类型属性的引用和实例属性的引用，见图8-13。注意：视图样板不会调整视图的基线（参照其他视图的模型或线，不包括注释）。

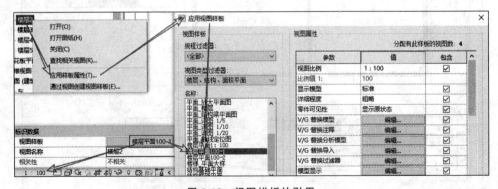

图 8-13 视图样板的引用

视图样板的类型属性引用的操作方法：右击【视图名称】→【应用样板属性】，方法同视图样板的创建。引用后的视图仍可以继续修改视图样式，而修改视图样板并不能批量修改被引用的视图属性，要实现批量修改可通过批量选择后重新引用来实现。

视图样板的实例属性引用的操作方法：视图的【实例属性】→【标识数据】→【视图样板】→选择已有的视图样板，修改后的视图显示样式变为不可修改模式（灰色），可通过修改视图样板实现批量修改引用此样板的视图属性，见图 8-13。

8.1.5 标记族与符号族的制作

1. 门标记族的制作路径

右击项目浏览器中的【标记_门】→【编辑】，将其另存为【标记_门 A】，修改标签族的字体格式等内容，完成门标记的编辑后载入项目：【注释】→【全部标记】→【门标记】，修改门类型属性中的【类型标记】的内容（或直接选中门标记文字修改），则可实现批量修改门标记，如把【M1】改为【M0921】，见图 8-14。窗标记族的修改方式和路径与门标记族相同。

8-5

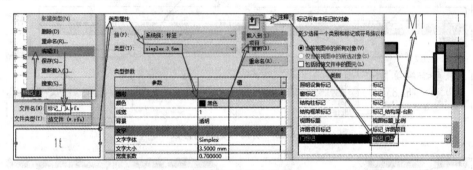

图 8-14 门标记族的修改

2. 房间标记族的制作

路径：右击项目浏览器中的【标记_房间】→【编辑】，将其另存为【标记_房间_有面积_仿宋_5_3.5mm】，修改标记族的字体格式见图 8-15，设置【有面积】和【无面积】两个族类型，载入项目，在创建房间后：【注释】→【全部标记】→【房间标记】，选中房间标记，并把族类型改为【标记_房间_有面积_仿宋_5_3.5mm】，完成房间标记的编辑和修改。

注意：与门窗标记不同，房间名称为实例参数，而门窗标记的名称为类型参数，且房间标记可同时设置【有面积】和【无面积】两种类型。

3. 排水坡度的族的制作与标注

排水坡度的标注包括屋面的排水坡度、天沟、雨棚、阳台、卫生间、室内地面、排水沟的排水坡度等，其标注方式有两种，即高程点坡度表示方法和排水坡度符号表示方法。

（1）高程点坡度为实际的图元坡度值，如屋面排水坡度为 2%，其设置方法和要求见图 8-16，注意选择合适的箭头，如不能满足，可自行绘制箭头族后载入供选用，而【文字】部分的文字字体、文字大小、单位格式等设置见图 8-16。

（2）排水坡度符号为仅图示坡度，与图元表面实际坡度值无关，如天沟的局部 0.5% 的排水坡度，以单面箭头的排水坡度符号为例，其设置方法和要求见图 8-17。

注意：可根据需要移动排水坡度符号的方向和数值表达的位置，并及时另存为【符号_排水箭头 A】，以避免污染系统自带的族库。另外，因标注方向问题导致文字方向倒置，可以另制作一个文字对称的排水符号族，并利用对称和旋转操作调整至合适的位置。

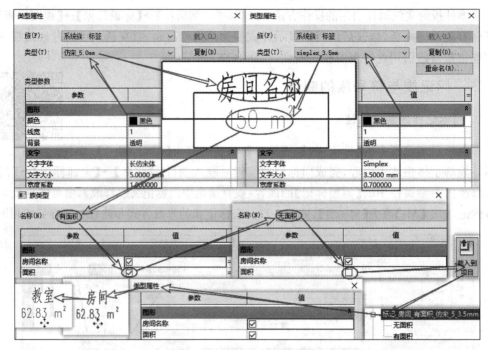

图 8-15　房间标记族的修改

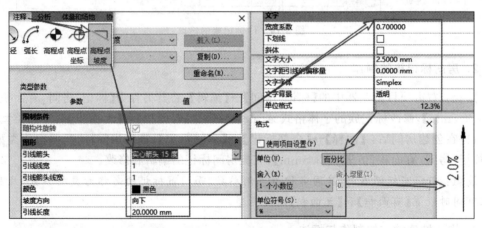

图 8-16　高程点坡度

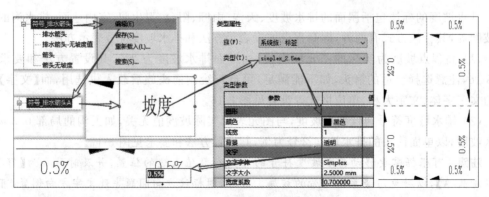

图 8-17　排水坡度符号

8.1.6　建筑平面图图示的完善

1. 轴网的命名

8-6

根据《房屋建筑制图统一标准》(GB/T 50001—2017)对轴线的命名规则,对定位轴线、附加轴线进行编号,同时调整互相靠近的轴号的位置,避免重叠。

轴线线宽的设置:在【管理】→【其他设置】→【线宽】→【注释线宽】中设置,注意区别与模型线宽和透视视图线宽的不同。

轴网的调整方式:

(1) 影响范围:可调整楼层间轴号的属性;

(2) 视图范围框:采用创建视图的轴线范围框修改轴线的显示区域(也包括标高和参照线),并设置范围框在不同视图下的可见性和特点,其优先权在轴网的影响范围之上;

(3) 轴号的维度切换:利用轴号的 2D—3D 之间的切换修改局部轴线的显示差异。

2. 墙与柱子

内容包括:调整墙体内外方向、与柱子的对齐方式;调整墙柱的连接顺序(一般先柱后墙)、上下墙体的连接方式,可在当前平面视图属性中设置墙的连接显示为:清理所有墙连接或清理相同类型的墙连接,同时配合设置规程;其次调整不同比例要求下的墙体和柱子的图示方式,当比例大于 1∶100 时,截面应按实际材料进行填充绘制,当比例小于等于 1∶100 时,墙体截面可以外边界的双线显示,而柱子需要涂黑,见图 8-18。墙体的显示也可分别采用粗略显示下的图形图线替换、精细显示下的可见性/图形替换和替换主体层进行控制,方法详见 7.1.7 节、7.1.8 节。

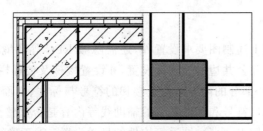

图 8-18　不同比例下的墙体和柱子的显示方式

3. 房间

创建房间、房间名称标注及修改名称,包括房间的特殊要求(如防爆防火、洁净度等)。

4. 门窗

检查门窗的类型参数和尺寸,调整门窗的位置、开启方向,并标注门窗标记;通过族类型参数可批量修改门窗标记名称,也可通过明细表批量修改门窗标记、门窗尺寸等参数信息。

5. 尺寸标注要点

外轮廓总尺寸、轴线间尺寸、门窗洞口等定位尺寸要注全(其中墙尺寸标注的位置一般可为核心层表面）；尺寸还包括：墙体厚度，局部柱的高宽，内门窗、内隔墙的尺寸；楼梯、电梯、台阶、走廊、坡道、阳台、雨棚、散水、明沟、雨水管、管道井、孔洞、进风口等位置的尺寸标注。另外，多道尺寸线的间距可通过设置尺寸标注的线捕捉距离来规定；墙与门窗的批量标注，可通过同时拾取整个墙或多个墙，并设置标注的选项来实现，见图 8-19。

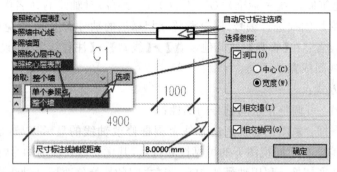

图 8-19　批量尺寸标注要点

批量标注后可通过标注的＋/－或小圆点移动修改局部的尺寸标注；不同层之间尺寸标注可通过复制粘贴的方式复制到其他视图中；调整尺寸标注的位置，同时调整尺寸文字位置，避免重叠。

6. 标高标注要点

标高标注包括室内外地面、楼面、屋面、地下室、主要房间的标高；阳台、卫生间、厨房等用水房间的标高；走廊、走道、坡道或楼梯平台的标高；地沟、孔洞、进风口、管道井口等标高。

7. 其他

首层平面图除了按上述制图要求设置外，还需隐藏 RPC 等环境构件、隐藏不需要的参照平面、柱子涂黑、墙去除公共边的显示等设置，并设置楼梯及楼梯栏杆的显示方式（隐藏可见性/图形替换中<高于>部分的内容），检查楼梯的符号与标注、剖面图的剖切位置符号、指北针、详图索引符号、洞口符号和其他需要的辅助线等内容是否完整。

首层平面图的室外散水、台阶、坡道等构件的显示设置：①正确绘制散水、台阶、坡道等图元，并保证该图元在视图中的可见性；②设置视图基线为"无"，设置视图范围的视图深度为"室外地坪"；③设置【线样式】中的<超出>线为黑色实线，见图 8-20。

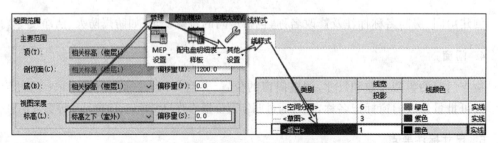

图 8-20　首层室外散水、台阶、坡道的显示设置

　　中间标准层平面图除了按上述制图要求设置外,需要注意设置雨棚等的局部视图范围(设置方法见 8.1.2 节的视图平面区域的运用),同时在可见性/图形替换的注释类别中,去除平面区域的选项,以隐藏该范围框。

　　屋面平面图需标注出屋面电梯、水箱、天窗、分水线、排水坡度、变形缝、屋面坡度、女儿墙、檐沟、落水口等屋面构件及设施,其详细程度根据建模的精度要求确定。

8.2　建筑立面图

8-7

8.2.1　建筑立面图的创建与制作

　　(1)立面图的创建与视图远裁剪。在平面图中创建立面视图及其符号,设置立面视图的远裁剪属性,见图 8-21,根据需要设置立面视图的裁剪深度,一般可设置为不裁剪,即立面全深度的视图范围。

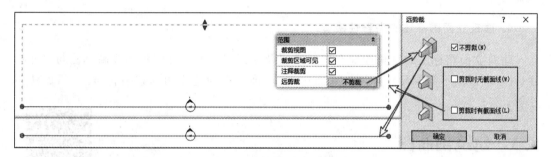

图 8-21　立面视图远裁剪设置

　　(2)立面图的视图范围。切换至立面视图,先显示裁剪区域,调整到合适的位置后,勾选【裁剪视图】,并隐藏裁剪区域,其操作与平面视图的调整方法相同,注意区别其中的注释裁剪与视图裁剪区域。

　　(3)视图标题的添加与设置。在添加图纸和相应的视图后,选择已经设置好的视图标题族,如【有比例有下划线的标题_7 号字】,需要根据要求修改【图纸名称】和【视图标题】的【图纸上的标题】的内容,如【1-8 轴立面图】。

　　(4)其他操作同平面图。

8.2.2　建筑立面图图示的完善

1. 建筑立面图轴线的整理

　　保留首尾轴线,永久隐藏中间不需要的轴线,调整首尾轴线的长度,如与其他视图相互矛盾,可将轴线由 3D 改变为 2D 后再调整长度。

2. 建筑立面图的线宽处理

　　地坪线处理为特粗、外轮廓的加粗、线条的消线等。其方法有两种:①采用 2D 详图线覆盖绘制;②采用修改工具下的线处理的方式进行修改,见图 8-22。

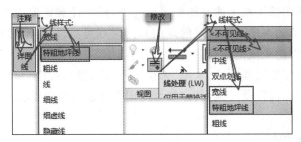

图 8-22　立面图的线宽处理

3. 建筑立面图内容的完整性检查

检查建筑物的外形全貌，如阳台、门窗（按规范门窗图例的要求设置门窗开启方式的立面表达）、台阶、花池、雨棚、勒脚、檐口、女儿墙、预留孔、室外的楼梯、墙柱、墙面分隔线、其他装饰构件等。

4. 建筑立面图标注的完整性检查

建筑立面图标注的完整性检查包括楼层及立面门窗等关键位置的标高标注与尺寸标注（注：轴线间不需要尺寸标注）、立面构造、装饰节点构造详图的索引符号、立面做法引注等。

8.3　建筑剖面图

8.3.1　建筑剖面图的创建与制作

8-8

（1）剖面图的创建与剖切位置调整。在平面视图中创建剖面图的位置，通过拆分线段可实现阶梯剖切，见图 8-23。

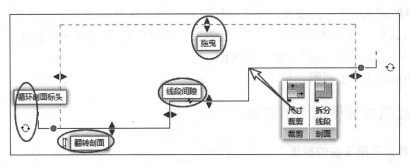

图 8-23　阶梯剖面的创建

（2）剖面图的视图范围。切换至剖面图视图，通过尺寸裁剪可调整模型裁剪尺寸和注释裁剪尺寸；通过远裁剪可实现剖面视图深度的调整；通过编辑裁剪可以绘制任意形状的裁剪边界；通过重置裁剪可以恢复默认裁剪边界；剖面图的视图调整设置样例见图 8-24。

（3）视图标题的添加与设置。在添加图纸和相应的剖面视图后，设置需要的比例，选择已经设置好的视图标题族，如【有比例有下划线的标题_7 号字】；并根据要求修改【图纸名

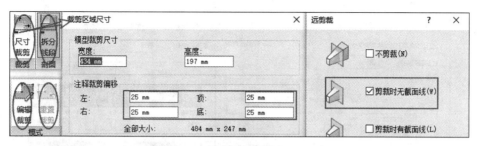

图 8-24　剖面图的视图调整设置样例

称】和【视图标题】的【图纸上的标题】的内容,如【1-1 剖面图】。

（4）其操作与平面视图的调整方法相同,此处不再赘述。

8.3.2　建筑剖面图图示的完善

1．建筑剖面图轴线的整理

保留必要的轴线,永久隐藏不需要的轴线,调整轴线的长度,如与其他视图相互矛盾,可将轴线由 3D 改变为 2D 后再调整长度。

2．建筑剖面图的线宽处理

地坪特粗线的处理可采用 2D 详图线覆盖绘制,其他线宽修改与设置方法（包括消线处理）同立面图的线宽处理。

3．建筑剖面图内容的完整性检查

房屋高度方向的结构形式与构造；墙、柱、定位轴线、梁、板、门窗（包括门窗的立面、剖面的完整表达方式）、楼梯、门洞、阳台、雨棚、台阶、花池、檐口、女儿墙、预留孔洞、室外楼梯或台阶等细部的定位与构造。

4．建筑剖面图标注的完整性检查

总体尺寸与轴线间尺寸、总高尺寸与楼层间尺寸、室内外标高与楼面屋面标高标注、楼梯平台与台阶的尺寸与标高标注、其他关键部位的尺寸与标高标注等；地面、楼面、屋面等构造引注说明,节点大样索引符号。

5．剖面的填充图案与截面线宽

比例≤1∶100 时的图示设置：墙的截面填充图案采用隐藏模式,并去除公共边等不需要的图线,楼屋面及楼梯截面均涂黑表示（其中的墙、楼板和屋面板均可采用其粗略比例填充样式进行设置,但其优先权低于可见性/图形替换,详见 7.1.8 节内容）,剖切到的对象样式的截面线宽均采用粗线（4 号线）表示,见图 8-25。比例＞1∶100 的图示设置：剖切到的截面均按实际材料进行填充,图线要求按详图图示要求进行表示,两种效果的对比见图 8-26。

图 8-25　剖面的填充图案与截面线宽设置

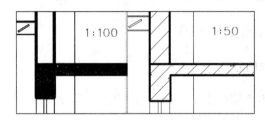

图 8-26　不同比例下的剖面图的图示效果对比

6. 框架梁与楼梯梁

框架梁与楼梯梁的图示有 4 种方法：

(1) 按实际情况绘制相应的结构梁,并设置框架部分的剖面填充图案和截面线宽。

(2) 按添加板边缘构件进行处理,并设置边缘构件的剖面填充图案和截面线宽。

(3) 绘制填充区域的路径：【注释】→【区域】→【填充区域】(填充区域必须闭合),设置填充图案和边界线宽(如涂黑＋宽线)。

(4) 绘制剖切面轮廓路径：【视图】→【剖切面轮廓】,选择楼板,绘制相应的不闭合的边界,调整填充区域且箭头向内,其填充图案和边界线样式与原样式相同,不需要另外设置。

7. 场地与建筑地坪

场地、建筑地坪的剖面表达有两种方法。第一种是按各种场地及地坪的材质的剖面表达及尺寸根据实际情况设置,剖切后即可得到剖面表达,调整过程较为复杂;多数情况下可以采用第二种方法,即先用遮罩区域把地坪剖面不需要的地方隐藏,再用填充区域填充地面做法的剖面表达,最后【线处理】加粗地坪线等线条。其中遮罩区域设置的路径：【注释】→【遮罩区域】→【线样式】→【不可见线】(边界线采用不可见线);填充区域的路径：【注释】→【填充区域】→【线样式】与【填充样式】。

8.4 建筑详图

8.4.1 详图视图的创建

建筑详图一般包括楼梯大样、卫生间大样、平面节点大样、剖面节点大

8-9

样、引用节点大样等图样。创建详图包括以下 3 种方法。

1.【视图】→【详图索引】

可绘制不同形状的视口,适合用于除三维视图和漫游视图外的各种视图。

2. 带细节复制相应的视图

优点是:可以用于任何视图;缺点是:视口需要重新调整。

3. 导入 CAD 的绘图视图

可导入已经制作完成的 CAD 节点图。

8.4.2　折断线符号族的制作

折断线为详图的断开线,一边表示大样图,另一边表示省略的部分,符号族的制作方法有以下两种。

8-10

1. 修改剖断线符号族

双击已有的剖断线符号或在项目浏览器中搜索到剖断线符号,进入族编辑器,在剖断线的一边添加遮罩区域,遮罩区域的边界线为不可见线和注释线,见图 8-27;另存该族并载入项目即可使用,其优点是方便快速,缺点是不够灵活、不能拖动边界、不能随意更改延长线。

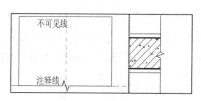

图 8-27　折断线符号族的设置方法

2. 自建 2D 详图折断线族

以【公制详图项目】为样板,通过设置参数来调整其中的关键位置,设置可操作的手柄方便实时拖动,见图 8-28。其优点是调整方便,缺点是族的制作比较复杂。

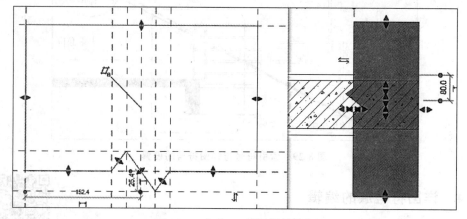

图 8-28　自建 2D 详图折断线族

8.4.3 建筑详图图示的完善

建筑详图内容的整理包括视图范围调整、视图省略设置、视图样式调整、布图与视图编号设置等内容。其设置步骤如下。

1．视图范围调整

裁剪视图、裁剪注释并调整其具体的位置，并调整视图范围和远裁剪属性。

2．视图省略设置

添加折断线进行省略表示。

3．整理大样图

调整合适的比例，设置必要的视图的可见性/图形替换、属性，引用已有的大样图视图样板，补充尺寸标注，增加辅助线条等，其他的调整方法可参看上述的对应的平立剖视图；此外，还需要注意：①大比例下的剖面的图示特点：要求采用实际材料填充样式；②大样图的剖面符号的隐藏：可在视图的属性中设置【当比例粗略度超过下列值时隐藏】，如当前的墙身大样比例为 1∶30，为了在平面图中不显示剖切符号，可在视图的属性中设置【当比例粗略度超过 1∶20 时隐藏】；③导入的 CAD 大样图：需删除不需要的图层、部分分解、调整文字、尺寸标注、修改 2D 详图线条等细节的操作。

4．创建图纸

依序把视图加入图纸，合理布图，同时设置详图编号（只有插入图纸后才可以设置）、图纸名称和视图名称，检查索引符号和详图符号的对应关系，见图 8-29。

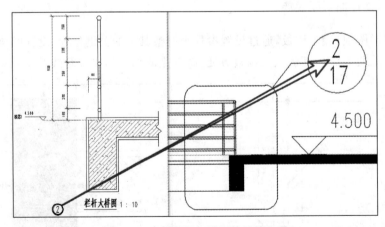

图 8-29　索引符号与详图符号的设置

8.4.4 详图符号族的编辑

详图视图符号族的调整包括：视图比例（1∶10）、详细程度（精细）、详图编号，并设置符号仅显示在父视图上。通过编辑类型，分别选择详图索引

8-11

标记和剖面标记的族,如需修改,则需要在项目浏览器上找到后,右击选择编辑进行修改,其修改的方式(包括修改标签)同【视图名称】,见图 8-30。

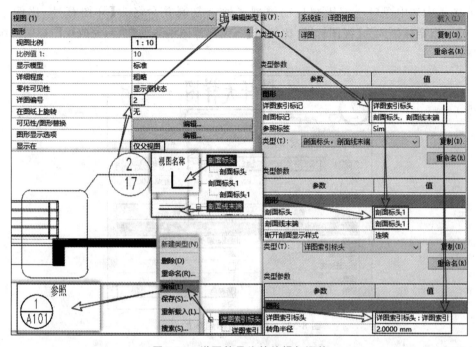

图 8-30　详图符号族的编辑与调整

8.4.5　详图视图标题族的制作与引用

1. 详图视图标题族的制作

在项目浏览器中右击【视图标题_详图】→【编辑】→另存为【视图标题_详图_1.rfa】→进入视图标题族编辑模式,在【详图编号】和【视图名称】后添加【视图比例】标签,同时修改标签的字体格式与对齐方式,保存并载入到项目(注意:不要覆盖系统自带的族,标题族无法直接通过双击方式进入编辑族模式),见图 8-31,其中①为【详图编号】标签。

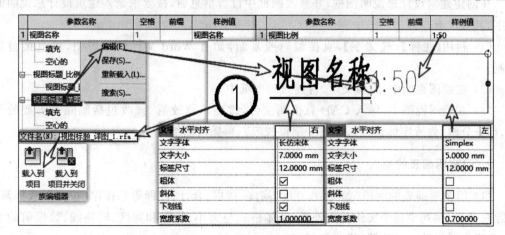

图 8-31　详图视图标题族的制作

2．详图视图标题族的引用

在图纸中选中视口→编辑视口的类型属性→复制并命名为【详图符号_比例_下划线_7.0】→指定标题族为【视图标题_比例_1】→设定详图编号的数字,完成视图标题的编辑,见图 8-32。

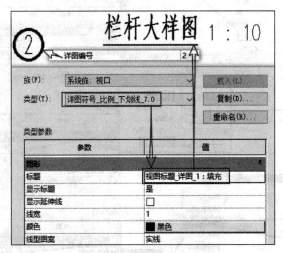

图 8-32　详图视图标题族的引用

8.5　图纸说明、目录与打印输出

8.5.1　建筑设计总说明

建筑设计总说明一般包括工程概况、设计依据、各部位主要做法及措施、装饰装修工程做法与构造、门窗明细表、门窗图例等信息。建筑设计总说明的样例如图 8-33 所示。

1．文字的输入

在创建建筑设计总说明图框,并修改图框中设置信息后,按要求录入建筑设计总说明的文字,其方法有 3 种。

(1) 利用【注释】→【文字】,直接编辑或复制,如有 Word 文档的总说明,可直接整段复制。

(2) 在绘图视图中,编辑文字,再插入到图纸中。

(3) 在绘图视图中,导入 CAD 总说明文件,按要求修改后(修改包括删除不需要的图层,部分分解,修改字体、符号,调整文字位置等),再插入图纸中。

2．门窗明细表的插入

(1) 门窗明细表的字段(如类型、宽度、高度、楼层、合计、注释等)、排序(按类型或标高,去除总计、逐项列举每个实例等)、外观(字体格式与大小、行距和宽度、网格线、数据前的空行、是否显示标题)、过滤器、格式等调整。

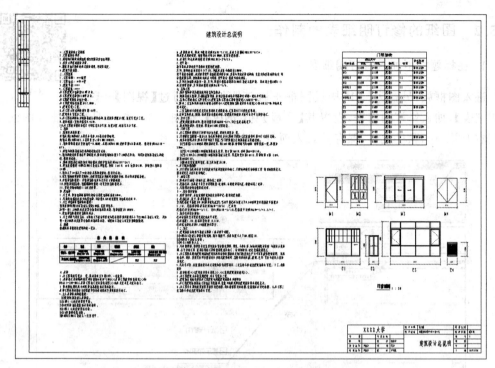

图 8-33　建筑设计总说明的样例

（2）完成后在图纸中插入门窗明细表,对齐布图。

3. 门窗图例的插入

（1）通过【视图】→【图例】来添加图例视图。

（2）设置图例视图的比例、引用的视图样板、可见性/图形替换、视图名称等信息。

（3）在项目浏览器中把需要的门窗（或构件）拖动到图例视图中,设置需要放置图例的视图方向,添加必要的尺寸标注和注释,见图 8-34。

（4）把门窗图例视图加入建筑设计总说明中,见图 8-33。

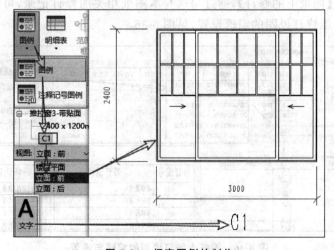

图 8-34　门窗图例的制作

8.5.2 图纸的修订明细表的制作

1. 在标题栏中加入修订明细表

8-13

进入图框族,另存为【A1_毕设图框＋修订明细表】,通过【视图】→【修订明细表】,加入修订明细表,设置其【字段】和【外观】,见图 8-35,并把明细表插入图框,固定至右上并与标题栏成组,保存并载入项目完成制作。

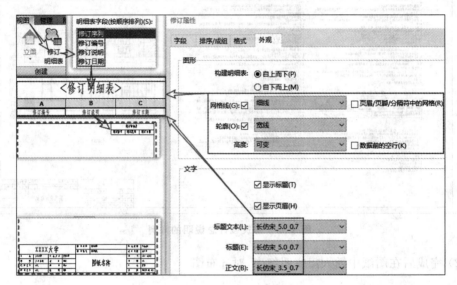

图 8-35　在图框中加入修订明细表

2. 在项目中添加修订明细表的信息

(1) 通过【视图】→【修订】,可以编辑图纸发布和修订的记录表,添加必要的修订记录信息,如【修订日期】【修订说明】【是否已发布】【发布者】【修订标记显示】等,见图 8-36。

(2) 在图纸视图中,把图框设置为【A1_毕设图框＋修订明细表】,在不选择任意图元的情况下,单击编辑【图纸上的修订】,通过勾选与本图纸相关的修订记录,可设置不同图纸的修订记录,完成图纸修订说明的编辑设置,见图 8-36。

图 8-36　图纸上修订说明的编辑与设置

8.5.3　图纸目录的制作

1. 图纸列表的创建

通过【明细表】→【图纸列表】,创建图纸列表,添加需要的字段【图纸编
号】【图纸名称】【图别】【图幅】【数量】【备注】,按图纸编号进行排序,修改明细表外观,包括
字体格式与大小,行距和宽度,网格线、数据前空号曲线、是否显示标题等,见图 8-37。

8-14

		图纸目录				
	图纸编号	图纸名称	图别	图幅	数量	备注
明细表/数量	00	图纸目录	JS	A4	1	
图形柱明细表	01	建筑设计总说明	JS	A1	1	
材质提取	05	一层平面图	JS	A1	1	
	08	二层平面图	JS	A1	1	
图纸列表	10	1—8轴立面图	JS	A1	1	
	15	1—1剖面图	JS	A1	1	
注释块	16	楼梯大样图	JS	A1	1	
视图列表	17	大样图	JS	A1	1	

图 8-37　图纸目录的创建

2. 添加新字段

【图幅】为图纸目录中新增加的字段,可采用增加共享参数的方式加入,见图 8-38,同时

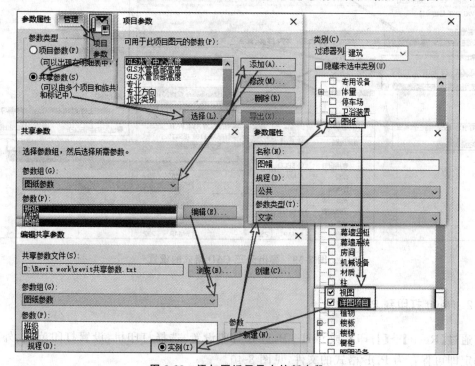

图 8-38　添加图纸目录中的新字段

在图纸视图的属性中填写每张图纸的图幅的属性值,即可在图纸目录的【图幅】字段中统计出本套图纸的图幅明细。

3. 创建图纸目录

(1) 创建空白图纸,在图纸中绘制需要的封面或图纸目录的格式,插入图纸列表。

(2) 创建绘图视图,导入已有的 CAD 格式,部分分解,并替换相应的线条和文字样式。

(3) 载入已有的图纸目录的图框,插入图纸列表,修改视图属性中的信息,保存并完成图纸目录的制作。

8.5.4　导出天正样式的设置与打印

8-15

1. Revit 导出天正 CAD 样式

通过【Revit】➔【导出】➔【CAD 格式_dwg】,进入 DWG 导出设置,可采用【仅当前视图/图纸】导出设置,分别对导出设置中的层、线、填充图案、文字和字体、颜色、实体、单位、坐标、常规等进行设置,见图 8-39。注意:不勾选【将图纸上的视图和链接作为外部参照导出】,保证输出为单个 dwg 文件,打开该 dwg 文件检查内容和格式。

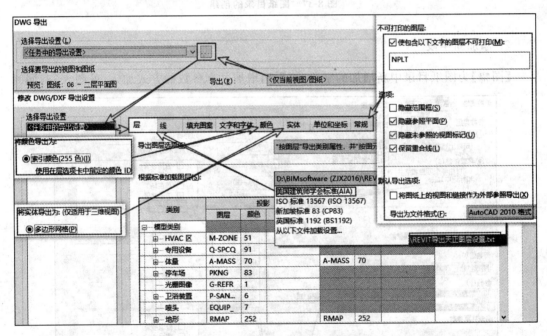

图 8-39　导出天正 CAD 格式的设置

2. Revit 打印到 PDF

通过【Revit】➔【打印】,或 Ctrl+P,进入打印设置,选择打印机,设置打印范围、外观等后确定即可保存为 PDF 格式的文件,见图 8-40。

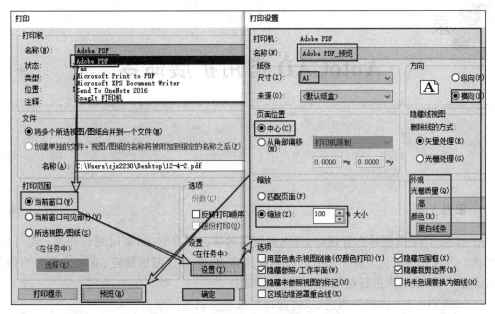

图 8-40　Revit 打印成 PDF 文件的设置

附　　录

AutoCAD 常用扩展命令

1. 图层工具

（1）LMAN：图层状态管理器，可以将图层的状态保存起来，随时进行切换；也可以将图层状态写入文件或从文件中加载。根据绘图需要，将部分图层锁定、冻结或置为当前等，将其保存下来，在下次进行相同场景修改时调用。

（2）LAYCUR：设置为当前层，将选择对象移动到当前层上。

（3）LAYISO：图层隔离，点选或框选对象，只显示选择对象的图层，将其他图层关闭，可以简化图形，方便操作。

（4）LAYFRZ：图层冻结，选择一个或多个对象，冻结对象所在图层。

（5）LAYOFF：关闭图层，选择一个或多个对象，关闭对象所在图层。

（6）LAYLCK：锁定图层，选择一个或多个对象，锁定对象所在图层。

（7）LAYULK：图层解锁，选择一个或多个对象，解除对象所在图层的锁定。

（8）LAYON：打开所有图层，将所有被关闭的图层打开。

（9）LAYTHW：图层解冻，将所有被冻结的图层解冻。

2. 文字工具

（1）TEXTFIT：文字拟合，设置文字的宽度，压缩或拉伸文字。

（2）TEXTMASK：文字遮罩，可以生成遮罩来遮挡文字后面的重叠对象。解除遮罩是TEXTUNMASK。

（3）TXTEXP：文字分解，将文字分解为图形对象，如果文字作为设计的一部分，可以使用这种功能将文字炸开成线，避免在不同的环境下打开文字发生变化。另外，还可以通过将操作系统的字体炸开，获取文字的轮廓线，得到空心文字或利用文字轮廓线建模。

（4）TXT2MTXT：文字合并，将一个或多个单行文字对象转换为多行文字对象。文字对象之间的文字大小、字体和颜色差异将尽可能保持不变。

多行文字转换为单行文字，使用【分解】命令。

（5）ARCTEXT：弧形文字，可以沿弧线放置文字。

（6）TEXTJUST：更改文字对象的对正点而不移动文字，使用特性等改变文字对正方式时会改变文字位置，TJUST 则仅改变对正方式而不改变文字位置。

（7）TORIENT：文字旋转。旋转文字、多行文字和属性定义对象，将文字类对象旋转至接近水平或与图纸阅读方向一致，以提高其可读性。

（8）TCIRCLE：围绕每个选定的文字或多行文字对象创建圆、长孔形或矩形，例如创建轴线编号及圆。

（9）TCOUNT：将连续编号作为前缀、后缀或替换文字添加到文字对象中。

（10）TCASE：更改选定文字、多行文字、属性和标注文字的大小写。

（11）RTEXT：创建远程文字或动态文字，可以使用 rtext 对象作为文件参照来显示用于多个图形的文字，或使用它来显示较大的文本正文，也可以利用 DIESEL 语句来定义一些动态文字，例如日期、保存时间、图纸名等，动态文字的功能与 CAD 的字段类似。

3．图块工具

（1）BURST：分解块，同时将属性值转换为文字对象。

（2）BLOCKREPLACE：图块替换，可以用其他图块替换选定的图块。

（3）BLOCKTOXREF：图块转换为外部参照，外部参照通过绑定可以转换为图块，图形通过这个功能也可以转换为图块。

（4）GATTE：修改块的全部实例的属性值。

（5）BCOUNT：图块数量，可以统计整个图纸或选定对象中图块的数量，将以列表的形式显示在命令历史中。这个命令在菜单中找不到，但只要安装了扩展工具，都可以运行。

（6）XL（1）ST：查询 Block、Xref 内部文件，列出块或外部参照中嵌套对象的类型、块名称、图层名称、颜色和线型等。

（7）BTRIM：以块为边界修剪对象。

（8）BEXTEND：以块为边界延伸对象。

（9）NCOPY：复制包含在外部参照、块或 DGN 参考底图中的对象。可以将选定对象直接复制到当前图形中，而不分解或绑定外部参照、块或 DGN 参考底图。

4．编辑工具

（1）MSTRETCH：多重选框拉伸（Stretch），同时拉伸多个对象。

（2）MOCORO：使用单个命令移动、复制、旋转和缩放选定的对象。

（3）EXTRIM：扩展修剪，可以一次性修剪一个封闭对象内或外的所有对象。

（4）MPEDIT：多重多段线对象编辑。

（5）XPLODE：超级分解：分解对象并指定分解后的特性。

（6）FLATTEN：变平，去掉所选择对象的 Z 坐标，三维对象将会变成平面对象。

（7）OVERKILL：删除重合对象。这个命令除了可以去除一些重叠的多余数据外，还可以处理部分重叠的直线或多段线，避免重叠部分影响后续的编辑。

（8）CLIPIT：对外部参照或图像进行修剪。

（9）DIMREASSOC：将测量值恢复为替代或修改的标注文字（还原标注尺寸）。

说明：有些扩展命令不在拓展工具菜单中，但可在命令行输入其命令名进行操作。

5．绘图工具

（1）SUPERHATCH：超级填充，可以将图片、图块、外部参照等作为填充单元进行填充，还可以很方便地生成和边界匹配的区域覆盖（wipeout）以遮挡图块后面的图形。

（2）BREAKLINE：绘制折断线。

6. 文件工具

（1）MOVEBAK：移动备份文件，可以将 BAK 文件移动到一个指定的目录。

（2）PLT（2）DWG：将 PLT 文件转换回 DWG，这个 PLT 文件必须是矢量的 HPGL 格式的文件。

7. 其他工具

（1）ALIASEDIT：别名编辑，可以在对话框中编辑命令的快捷键，比直接编辑 PGP 文件更加直观。

（2）SYSVDLG：系统变量编辑器，可以查询和编辑图中的系统变量，还可以将图纸的系统变量保存或读取保存的系统变量文件。

（3）MKLTTYPE：制作线型，可以画好一到两个单元，可以包含线、文字，然后通过选择这些图形就可以定义一种线型。

二维码索引